国学与人生

主　编　汪　枫
副主编　朱宏胜　潘定武
编　委　（按姓氏拼音首字母排列）
　　　　陈　玲　洪永稳　潘定武
　　　　乔　根　汪　枫　王相飞
　　　　张振国　朱宏胜

时代出版传媒股份有限公司
安徽文艺出版社

图书在版编目（CIP）数据

国学与人生/汪枫主编. —合肥：安徽文艺出版社，2019.2
（2019.8重印）
ISBN 978-7-5396-6558-0

Ⅰ. ①国… Ⅱ. ①汪… Ⅲ. ①国学－高等学校－教材
②人生哲学－高等学校－教材 Ⅳ. ①Z126②B821

中国版本图书馆 CIP 数据核字（2019）第 018861 号

出 版 人：段晓静
责任编辑：何 健 赵 莉　　装帧设计：褚 琦

出版发行：时代出版传媒股份有限公司　www.press-mart.com
　　　　　安徽文艺出版社　　　　　　www.awpub.com
地　　址：合肥市翡翠路 1118 号　邮政编码：230071
营 销 部：(0551)63533889
印　　制：安徽联众印刷有限公司　(0551)65661327

开本：787×1092　1/16　印张：19.75　字数：360 千字
版次：2019 年 2 月第 1 版　2019 年 8 月第 2 次印刷
定价：24.50 元

（如发现印装质量问题，影响阅读，请与出版社联系调换）
版权所有，侵权必究

序

"文化是一个国家、一个民族的灵魂。"中华民族创造了丰富灿烂的物质文化和精神文化,为人类文明做出了巨大贡献。在世界早期文化史上,曾经与中华文化同样灿烂辉煌的古巴比伦文化、古埃及文化、古印度文化和古希腊文化等随后均出现断层乃至消亡,唯有中华文化虽几经曲折而绵延不绝,显现出顽强无比的生命力。

习近平总书记指出:"中华优秀传统文化是我们最深厚的文化软实力,也是中国特色社会主义植根的文化沃土。"实现"两个一百年"奋斗目标、实现中华民族伟大复兴的中国梦,需要充分运用中华民族数千年来积累的伟大智慧。"文运同国运相牵,文脉同国脉相连。"2017年中共中央办公厅、国务院办公厅《关于实施中华优秀传统文化传承发展工程的意见》明确指出,要"推动高校开设中华优秀传统文化必修课,在哲学社会科学及相关学科专业和课程中增加中华优秀传统文化的内容"。《国家"十三五"时期文化发展改革规划纲要》也指出,"要坚守中华文化立场,坚持客观科学礼敬的态度,扬弃继承、转化创新,推动中华文化现代化,让中华优秀传统文化拥有更多的传承载体、传播渠道和传习人群,增强做中国人的骨气和底气"。

黄山学院地处文化馥郁的徽州大地,秉持"地方性应用型高水平大学"的办学目标,以"立德树人"为根本遵循,以"树人"为核心,以"立德"为根本,"教人求真,学做真人",更应接过传承发扬中华优秀传统文化的大旗,顺应时代要求,举全校之力,通过开设"国学与人生"全校通识必修课,加大民族文化传统、国学素养培育的力度,增强大学人文教育的针对性和教育效果。以期达到凝聚人心、完善人格、开发智力、培育人才、造福人民之效果。

"国学与人生"是培养人文精神的通识必修课程。人文教育归根到底是做人的教育,是生命价值的教育,是以儒家为核心的中国传统文化,即最能集中地体现人文精神的国学教育。同时,人文具有历史延续性,提升大学生的人文素质与巩固他们的文化认同不能不首先诉诸中华民族的文化传统。国学为人类贡献出的是"生命的学问",它使得社会人群经由一定的教化,体悟人生哲理,具有人文素养,从而不断地追求并完善、成就人格。说到底,《国学与人生》教材的编写是对中华优秀传统文化的礼敬、传承、创新和发展,我们试图通过家国情怀、肝胆人生、生命关爱、爱情婚姻、山水田园、艺术修养、伦理道德、哲学思想等八个专题的学习,使之加深对中华优秀传统文化的认同感,达到习近平总书记所强调的"扬弃继承、转化创新,推动中华文化现代化,让中华优秀传统文化拥有更多的传承载体、传播渠道和传习人群,增强做中国人的骨气和底气"的要求,从而产生文化自信,增强民族自豪感,让国学智慧点亮学生的人生。

是为序。

汪 枫

2018 年 10 月于黄山

目　　录

序 …………………………………………………………………… 001

家国情怀　第一

　　一、黍离 ……………………………………………………… 003
　　二、无衣 ……………………………………………………… 005
　　三、国殇 ……………………………………………………… 007
　　四、陈情表 …………………………………………………… 009
　　五、闻官军收河南河北 ……………………………………… 013
　　六、张中丞传后叙 …………………………………………… 015
　　七、满江红 …………………………………………………… 020
　　八、诉衷情 …………………………………………………… 022
　　九、过零丁洋 ………………………………………………… 024
　　十、石灰吟 …………………………………………………… 026
　　十一、狱中上母书 …………………………………………… 028
　　十二、赴戍登程口占示家人（其二）……………………… 032
　　本章思考题及延伸阅读 ……………………………………… 034

肝胆人生　第二

　　一、山海经（选读）………………………………………… 036
　　二、冯煖客孟尝君 …………………………………………… 038
　　三、廉颇蔺相如列传（节选）……………………………… 042
　　四、归去来兮辞 ……………………………………………… 048
　　五、南陵别儿童入京 ………………………………………… 052
　　六、虬髯客传 ………………………………………………… 054

001

七、定风波·莫听穿林打叶声 …………………………………… 061

　　八、破阵子·为陈同甫赋壮词以寄 ……………………………… 063

　　九、乌江 ……………………………………………………………… 065

　　十、鲁提辖拳打镇关西 …………………………………………… 067

　　十一、狱中题壁 …………………………………………………… 073

　　本章思考题及延伸阅读 …………………………………………… 075

生命关爱　第三

　　一、论语（节选） ………………………………………………… 077

　　二、孟子·梁惠王上（老吾老以及人之老） …………………… 079

　　三、庄子·养生主 ………………………………………………… 086

　　四、报任安书（节录） …………………………………………… 091

　　五、养生论（节录） ……………………………………………… 098

　　六、读《山海经》十三首（其一） ……………………………… 103

　　七、种桃杏 ………………………………………………………… 105

　　八、九日齐山登高 ………………………………………………… 107

　　九、定风波·常羡人间琢玉郎 …………………………………… 109

　　本章思考题及延伸阅读 …………………………………………… 111

爱情婚姻　第四

　　一、关雎 …………………………………………………………… 113

　　二、桃夭 …………………………………………………………… 115

　　三、湘夫人 ………………………………………………………… 116

　　四、长恨歌 ………………………………………………………… 119

　　五、无题 …………………………………………………………… 126

　　六、鹊桥仙 ………………………………………………………… 128

　　七、鹧鸪天·元夕有所梦 ………………………………………… 130

　　八、西厢记（第四本第三折） …………………………………… 132

　　九、婴宁 …………………………………………………………… 138

　　十、宝黛初见 ……………………………………………………… 147

本章思考题及延伸阅读 ·················· 153

山水田园　第五

　　一、观沧海 ························· 155
　　二、登楼赋 ························· 157
　　三、归园田居（其一） ···················· 161
　　四、山居秋暝 ······················· 163
　　五、终南望余雪 ······················ 165
　　六、钴鉧潭西小丘记 ···················· 167
　　七、前赤壁赋 ······················· 170
　　八、四时田园杂兴（选五） ·················· 173
　　九、湖心亭看雪 ······················ 176
　　十、游黄山记 ······················· 178
　　本章思考题及延伸阅读 ·················· 182

艺术修养　第六

　　一、大学（选读） ······················ 185
　　二、庄子·知北游（选读） ·················· 187
　　三、学记（选读） ······················ 191
　　四、乐记（选读） ······················ 196
　　五、论画六法 ······················· 200
　　六、书谱序（选读） ····················· 203
　　七、文与可画筼筜谷偃竹记 ················· 208
　　八、墨池记 ························ 211
　　九、人间词话（选读） ···················· 214
　　本章思考题及延伸阅读 ·················· 217

伦理道德　第七

　　一、孔子论孝四则 ····················· 219
　　二、樊迟、仲弓问仁 ···················· 221

三、兼爱（上） …………………………………………………… 222

四、万章问娶妻 …………………………………………………… 225

五、爱莲说 ………………………………………………………… 228

六、师说 …………………………………………………………… 230

七、朱熹家训 ……………………………………………………… 233

八、论公德 ………………………………………………………… 235

本章思考题及延伸阅读 …………………………………………… 239

哲学思想　第八

一、易经·系辞（选读） …………………………………………… 241

二、老子（选读） …………………………………………………… 244

三、礼记·大同 ……………………………………………………… 247

四、孟子（选读） …………………………………………………… 250

五、周易略例（选读） ……………………………………………… 252

六、六祖坛经（选读） ……………………………………………… 254

七、《中庸》"尊德性而道问学"章疏解 …………………………… 260

八、王阳明语录 …………………………………………………… 262

九、童心说（选读） ………………………………………………… 263

十、戴震论理欲（《孟子字义疏证》卷上"理"第九条） ………… 267

本章思考题及延伸阅读 …………………………………………… 271

附录

一、厚德载物、兼容并包的国学 …………………………………… 272

二、诗骚传统与中国文学 ………………………………………… 277

三、中国艺术类型及其发展规律 ………………………………… 283

四、中国古代科技文化 …………………………………………… 290

五、中国的婚姻制度及其发展 …………………………………… 295

六、儒道互补与智慧人生 ………………………………………… 301

后记 ………………………………………………………………… 306

家国情怀　第一

　　家国情怀是中华传统文化中珍贵的精神资源,从古至今一直激励着无数仁人志士上下求索、奋斗不已。《说文解字》云:"家,居也","国,邦也"。"家国"一词最早见于《史记·周本纪》:"(殷王纣)昏弃其家国。"至于家国关系,孟子说:"天下之本在国,国之本在家,家之本在身。"(《孟子·离娄上》)《礼记·大学》则进行了更加详细明确的阐释:"古之欲明明德于天下者,先治其国;欲治其国者,先齐其家;欲齐其家者,先修其身;欲修其身者,先正其心;欲正其心者,先诚其意;欲诚其意者,先致其知,致知在格物。物格而后知至,知至而后意诚,意诚而后心正,心正而后身修,身修而后家齐,家齐而后国治,国治而后天下平。"这段经典论述将国家、家庭和个人连成一个密不可分的整体,形成了由个人及家庭,由家庭到社会,由社会进而到国家的价值逻辑体系,也衍生出以"家国一体""家国同构"等观念为思维方式的家国情怀。"家国"一词的含义具有从小到大的张力,强调一种归属的递推关系。"情怀"更倾向于思想领域,是一种感情、一种心境、一种认同感和归属感。从字义上来看,所谓家国情怀就是每个人对国、对家的一种思想情感、归属感、认同感、责任感,是一种自家而国一脉相承的情感表达与人生理想。

　　中国古代社会基本上是一个以血缘关系为纽带的宗法社会,家和国具有一种类比的对应关系:家就是一个缩小的国,国就是一个放大的家。民族危亡时刻,忠孝两难之际,相比尽孝奉亲乃至恋妻眷子,临危赴难更具正当性,因为国是一个大家,国之不存,家将焉附?家国情怀是中国传统文化的精华与提炼。在中国传统文化的生态和脉络下,家国情怀本质上是一种情感认同、价值认同、文化认同和民族认同。这种情感认同,根植于对血缘和亲情的热爱和尊重,在中国社会的发展与转变中,发挥着重要的凝聚人心的功能。文化认同、国家认同、民族认同的根基在于家国情怀,具备对中华民族命运共同体的认同,才能形成亲和力、吸引力和向心力。

　　家国情怀是一个人对家、对国的一种深爱的难以割舍的情结,是个体对家庭、家族以及邦国共同体的认同、维护和热爱,并自觉承担共同体责任。《诗经》里的"岂曰无衣,与子同袍"、陆游的"僵卧孤村不自哀,尚思为国戍轮台"、文天祥的"人生自古谁无死,留取丹心照汗青"、林则徐的"苟利国家生死以,岂因祸福避趋之",这些仁人志士的恋家、思乡、忧国忧民之情怀经过时间的沉淀而汇聚起来，成为中华民族的强大文化基因，流淌在人们的精神血脉之中，生生不息。从现代性来说，家国情怀是对传统忠孝道德的一种超越，是社会主义核心价值观的学理基石，它以个人为主体，以家国同构为对象，用传统文化把个人、家庭、国家联系在了一起。"国家好、民族好，大家才会好。"习近平总书记朴实而简单的话语揭示了个人与国家的关系：血脉相连、兴亡相依、荣辱与共。个人的前途命运与国家、民族的前途命运紧密地联系在一起，国家富强，家庭才会幸福。

一、黍离

彼黍离离[1]，彼稷之苗[2]。行迈靡靡[3]，中心摇摇[4]。知我者，谓我心忧，不知我者，谓我何求。悠悠苍天[5]！此何人哉？

彼黍离离，彼稷之穗。行迈靡靡，中心如醉。知我者，谓我心忧，不知我者，谓我何求。悠悠苍天！此何人哉？

彼黍离离，彼稷之实。行迈靡靡，中心如噎[6]。知我者，谓我心忧，不知我者，谓我何求。悠悠苍天！此何人哉？

(选自王秀梅译注《诗经》，中华书局，2015年版)

【注释】

[1]黍(shǔ)：北方的一种农作物，形似小米，有黏性。离离：茂盛的样子。
[2]稷(jì)：古代一种粮食作物，指粟或黍属。
[3]行迈：行走。靡(mǐ)靡：迟缓的样子。
[4]中心：心中。摇摇：心神不定的样子。
[5]悠悠：邈远的样子。
[6]噎(yē)：食物塞住喉咙，比喻忧深气逆难以呼吸。

【导读】

《黍离》选自《诗经·国风·王风》，是东周都城洛邑周边地区的民歌，是一首有感于家国兴亡的诗歌。西周最后一位君主周幽王暴虐无道，致夷狄入侵，西周覆灭。平王迁都洛邑，史称东周。此时的周王室已无力驾驭诸侯，其地位等同于列国，因此东周王国境内的诗就等同于其他诸侯国境内的诗，因此被称为"王风"。清人崔述在《读风偶识》中说："幽王昏暴，戎狄侵陵，平王播迁，家室飘荡。"这就是《诗经》中的《王风》创作的时代背景。

这首诗讲的是东周迁都洛邑之后，一位东周的大夫行役路过西周都城镐京及宗庙旧址，本想重温旧日时光，却看到满目葱绿的庄稼，找不到昔日繁华的痕迹。作者曾任职于此，如今却人事两消磨，只留下无尽的伤感和浩叹。此诗由物及情，寓情于景，情景相谐，在空灵抽象的情境中传递出悲悯情怀，蕴含着主人公绵绵不尽的故国之思和凄怆无已之情。

　　全诗三章,每章十句,在写法上采用了一种物象浓缩化而情感递进式发展的方式。全诗的情感脉络和行文逻辑与庄稼的生长密不可分,庄稼从幼苗到成穗、结实,时序在递进,主人公的感伤情绪也在逐渐增强,从"中心摇摇"到"如醉""如噎",压得人越来越喘不过气来,最终汇聚成澎湃之势,并且发出了感叹:"知我者,谓我心忧,不知我者,谓我何求。悠悠苍天!此何人哉?"每章后半部分的感叹和问号虽然在形式上完全一样,但在一次次反复中加深了压抑和失落,诗人的故国之思,层层累积,让人无法自已,具有广泛和长久的激荡心灵的力量。

　　这种故国之思、兴亡之叹、宇宙之问,在后世文人那里得到继承。向秀的《思旧赋》、陈子昂的《登幽州台歌》、刘禹锡的《乌衣巷》、姜夔的《扬州慢》,无不受到《黍离》的影响,《黍离》成为中华民族家国情怀的最好注脚。

二、无衣

岂曰无衣[1]?与子同袍[2]。王于兴师[3],修我戈矛[4],与子同仇[5]!
岂曰无衣?与子同泽[6]。王于兴师,修我矛戟[7],与子偕作[8]!
岂曰无衣?与子同裳[9]。王于兴师,修我甲兵[10],与子偕行[11]!

(选自王秀梅译注《诗经》,中华书局,2015年版)

【注释】

[1]岂:难道,谁说。衣:上衣,古称上衣下裳。
[2]袍:长衣,即袍子,相当于今天的斗篷、风衣。士兵白天当衣穿,夜里当被盖。
[3]王:此指秦君。于:语气助词,无实义。兴师:兴兵、起兵。
[4]修:修整。戈:古代兵器,青铜或铁制,长柄横刃。矛:古代兵器,在长杆的一端装有青铜或铁制的枪头。
[5]同仇:共同对敌,同仇敌忾。
[6]泽:假借为"襗",贴身的内衣,如今之汗衫。
[7]戟:古代兵器,在长柄的一端装有青铜或铁制的枪尖,旁边附有月牙形锋刃,总长一丈六尺。
[8]偕:共同。作:起。
[9]裳:下衣,此指战裙。
[10]甲兵:铠甲与兵器。
[11]行:往。

【导读】

《无衣》是《诗经·国风·秦风》中的一首诗。这是一首秦国的军中歌谣,表现了秦人慷慨从军、相互激励、同甘共苦、同仇敌忾的爱国主义精神,诗风奋发激昂,具有鼓舞人心的力量。在《诗经》大量的战争题材作品中,《秦风·无衣》一诗以其高亢的精神状态和独特的表现方式受到人们的重视。然而,由于作品的创作年代久远,文字叙述简略,故而后代对它的时代背景、写作旨意产生种种推测。犬戎是我国西北地区古老的游牧民族,据今人考证,秦襄公七年(周幽王十一年,公元前771年),周王室内讧,犬戎趁机攻入镐京,杀死幽王,西周灭亡。秦国地处西陲,有尚武的习俗,与西戎常有交兵。秦襄公因抵御犬戎有功,护送平王东迁以后,被封为诸侯。周王命其保卫边疆,攻逐犬戎。这首诗就是在这样的背景下产生的。

在诗中,士兵们团结友爱,协同作战,不畏艰辛,保家卫国,共同杀敌,表现出崇高无私的品质和英雄气概。全诗三章,每章五句,采用了重章叠唱的形式。每章以士兵相语的口吻自问自答,在"与子同袍""与子同泽""与子同裳"的回答中,我们看到了战士团结一心、共同对敌的战斗意志和乐观精神。在"王于兴师"的号召下,将士们"修我戈矛""修我矛戟""修我甲兵",积极备战,枕戈待旦,并且发出了"与子同仇""与子偕作""与子偕行"的战斗宣言。全诗以重叠往复的形式,表达层层递进的内涵,"同仇"表示共同对敌,"偕作"表示开始行动起来,"偕行"表示即将奔赴战场。这种递进式的复沓句法,把士兵保家卫国、慷慨出征的爱国精神渲染得更加真切动人。这种舍生忘死、慷慨报国的英雄气概和爱国主义精神是中华民族宝贵的精神财富,永远值得我们发扬光大。

三、国殇[1]

屈原

操吴戈兮被犀甲[2],车错毂兮短兵接[3]。
旌蔽日兮敌若云[4],矢交坠兮士争先[5]。
凌余阵兮躐余行[6],左骖殪兮右刃伤[7]。
霾两轮兮絷四马[8],援玉枹兮击鸣鼓[9]。
天时怼兮威灵怒[10],严杀尽兮弃原野[11]。
出不入兮往不反[12],平原忽兮路超远[13]。
带长剑兮挟秦弓[14],首身离兮心不惩[15]。
诚既勇兮又以武[16],终刚强兮不可凌[17]。
身既死兮神以灵[18],子魂魄兮为鬼雄[19]!

(选自林家骊译注《楚辞》,中华书局,2009 年版)

【注释】

[1]国殇:指为国捐躯的人。殇,指未成年而死,也指死难的人。戴震《屈原赋注》:"男女未冠(男二十岁)笄(女十五岁)而死者,谓之殇;在外而死者,谓之殇。殇之言伤也。国殇,死国事,则所以别于二者之殇也。"

[2]吴戈:吴国制造的戈,当时吴国的冶铁技术较先进,吴戈因锋利而闻名。被(pī):通"披",穿着。犀甲:犀牛皮制作的铠甲,特别坚硬。

[3]车错毂(gǔ)兮短兵接:敌我双方战车交错,彼此短兵相接。错,交错。毂,车轮的中心部分,有圆孔,可以插轴,这里泛指战车的轮轴。短兵,指刀剑一类的短兵器。

[4]旌蔽日兮敌若云:旌旗遮蔽日光,敌兵多得像云一样涌上来。

[5]矢交坠:两军相射的箭纷纷坠落在阵地上。

[6]凌:侵犯。躐(liè):践踏。行:行列。

[7]左骖(cān)殪(yì)兮右刃伤:左边的骖马倒地而死,右边的骖马被兵刃所伤。骖,古代一车四马,中间的两匹称服,两边的两匹称骖。殪,死。

[8]霾(mái)两轮兮絷(zhí)四马:把战车的两个车轮埋进土中,把四匹马也绊住马

足。古代作战,在激战将败时,埋轮缚马,自断退路,与敌人决一死战。霾,通"埋"。

[9]援玉枹(fú)兮击鸣鼓:手持镶嵌着玉的鼓槌,击打着声音响亮的战鼓。先秦作战,主将击鼓督战,以旗鼓指挥进退。枹,鼓槌。鸣鼓,很响亮的鼓。

[10]天时怼(duì)兮威灵怒:天地一片昏暗,连威严的神灵都发起怒来。天时,上天际会,这里指上天。怼,怨恨。威灵,威严的神灵。

[11]严杀尽兮弃原野:在严酷的厮杀中战士们全都死去,他们的尸骨都被丢弃在旷野上。严杀,严酷的厮杀。一说严壮,指士兵。尽,皆,全都。

[12]出不入兮往不反:战士们出征以后就不打算生还。反,通"返"。

[13]忽:渺茫,不分明的样子。超远:遥远无尽头。

[14]秦弓:指秦地生产的良弓。

[15]首身离:身首异处。心不惩:壮心不改,勇气不减。惩,悔恨。

[16]诚:诚然,确实。以:且,连词。武:威武。

[17]终:始终。

[18]神以灵:指死而有知,英灵不泯。神,指精神。

[19]鬼雄:即使战死了,也要成为鬼中的豪杰。

【导读】

《九歌·国殇》是战国时期楚国政治家、伟大的浪漫主义诗人屈原的作品。《九歌》是一组祭歌,共11篇,是屈原根据民间祭神乐歌再创作的。《九歌·国殇》取民间"九歌"祭奠之意,以哀悼死难的爱国将士,追悼和礼赞为国捐躯的楚国将士的亡灵。屈原生活在楚怀王和楚顷襄王时代,在秦楚战争中,战死疆场的楚国将士因是战败者,故而暴尸荒野,无人替这些为国战死者操办丧礼,进行祭祀。正是在这一背景下,放逐之中的屈原创作了这一不朽名篇。

乐歌分为两节,前十句描写在一场短兵相接的战斗中,楚国将士奋勇抗敌的壮烈场面,写出了他们的英勇神武;后八句颂悼楚国将士为国捐躯的高尚志节,歌颂了他们的英雄气概和爱国精神。全诗生动地描写了战况的激烈和将士们奋勇争先的气概,对雪洗国耻寄予热望,抒发了作者热爱祖国的高尚情感,并以此来激励民众,实现抗敌报国的理想。诗篇情感真挚炽烈,节奏鲜明急促,抒写开张扬厉,传达出一种凛然悲壮、亢直阳刚之美,在楚辞体作品中独树一帜。

作为中华民族一位伟大诗人,屈原所写的绝不仅仅是个人的政治得失和离家去国的牢骚不平,他的作品中有一颗炽热的爱国之心,也道出了楚国人民热爱家国的心声。

四、陈情表

李密

臣密言：臣以险衅[1]，夙遭闵凶[2]。生孩六月，慈父见背[3]；行年四岁，舅夺母志[4]。祖母刘悯臣孤弱，躬亲抚养。臣少多疾病，九岁不行，零丁孤苦，至于成立[5]。既无伯叔，终鲜兄弟，门衰祚薄[6]，晚有儿息[7]。外无期功强近之亲[8]，内无应门五尺之僮[9]，茕茕孑立[10]，形影相吊[11]。而刘夙婴疾病[12]，常在床蓐[13]，臣侍汤药，未曾废离[14]。

逮奉圣朝，沐浴清化[15]。前太守臣逵察臣孝廉，后刺史臣荣举臣秀才[16]。臣以供养无主，辞不赴命。诏书特下，拜臣郎中，寻蒙国恩[17]，除臣洗马[18]。猥以微贱[19]，当侍东宫[20]，非臣陨首所能上报[21]。臣具以表闻，辞不就职。诏书切峻[22]，责臣逋慢[23]；郡县逼迫，催臣上道；州司临门[24]，急于星火。臣欲奉诏奔驰，则刘病日笃[25]，欲苟顺私情[26]，则告诉不许。臣之进退，实为狼狈。

伏惟圣朝以孝治天下[27]，凡在故老[28]，犹蒙矜育[29]，况臣孤苦，特为尤甚。且臣少仕伪朝[30]，历职郎署[31]，本图宦达，不矜名节[32]。今臣亡国贱俘，至微至陋，过蒙拔擢，宠命优渥[33]，岂敢盘桓，有所希冀！但以刘日薄西山，气息奄奄，人命危浅，朝不虑夕。臣无祖母，无以至今日；祖母无臣，无以终余年。母、孙二人，更相为命，是以区区不能废远[34]。

臣密今年四十有四，祖母刘今年九十有六，是臣尽节于陛下之日长，报养刘之日短也。乌鸟私情[35]，愿乞终养。臣之辛苦，非独蜀之人士及二州牧伯所见明知[36]，皇天后土[37]，实所共鉴。愿陛下矜悯愚诚[38]，听臣微志[39]，庶刘侥幸，保卒余年。臣生当陨首，死当结草[40]。臣不胜犬马怖惧之情[41]，谨拜表以闻。

(选自钟基、李先银、王身刚译注《古文观止》，中华书局，2016年版)

【注释】

[1] 险衅(xìn):厄运祸患。此指命运坎坷。

[2] 夙:早。这里指幼年时。闵(mǐn):通"悯",指可忧患的事。凶:不幸的事。

[3] 见背:对长辈去世的委婉说法。背,离开。

[4] 舅夺母志:指舅父强行改变了李密母亲守节的志向。

[5] 成立:长大成人。

[6] 祚(zuò):福分。

[7] 儿息:儿子。

[8] 期功强近之亲:指比较亲近的亲戚。古代丧礼制度以亲属关系的亲疏规定服丧时间的长短,服丧一年称"期",九月称"大功",五月称"小功"。

[9] 应门五尺之僮:照应门户的五尺高的童仆。

[10] 茕(qióng)茕孑(jié)立:生活孤单无依靠。茕茕,孤单的样子。孑,孤单。

[11] 吊:慰问。

[12] 婴:纠缠。

[13] 蓐(rù):通"褥",垫子。

[14] 废离:废养而远离。

[15] 清化:清明政治的教化。

[16] 太守:郡的地方长官。察:考察,这里是推举的意思。孝廉:汉代以来举荐人才的一种科目,举孝顺父母、品行方正的人。"孝"指孝顺父母,"廉"指品行廉洁。刺史:州的地方长官。秀才:当时地方推举优秀人才的一种科目,这里是优秀人才的意思,与后代科举的"秀才"含义不同。

[17] 拜:授官。郎中:官名,晋时各部有郎中。寻:不久。

[18] 除:任命官职。洗马:官名,太子的属官,在宫中服役,掌管图书。

[19] 猥:辱。自谦之词。

[20] 东宫:太子居住的地方。这里指太子。

[21] 陨(yǔn)首:丧命。

[22] 切峻:急切严厉。

[23] 逋(bū)慢:怠慢不敬。

[24] 州司:州官。

[25] 日笃:日益沉重。

[26]苟顺:姑且迁就。

[27]伏惟:旧时奏疏、书信中下级对上级常用的敬语。

[28]故老:遗老。

[29]矜(jīn)育:怜惜抚育。

[30]伪朝:指蜀汉。

[31]历职郎署:指曾在蜀汉官署中担任过郎官职务。

[32]矜:矜持爱惜。

[33]宠命:恩命。指拜郎中、洗马等官职。优渥(wò):优厚。

[34]区区:拳拳。形容自己的私情。

[35]乌鸟私情:相传乌鸦能反哺,所以常用来比喻子女对父母的孝养之情。

[36]二州:指益州和梁州。益州治所在今四川省成都市,梁州治所在今陕西省勉县东,二州区域大致相当于蜀汉所统辖的范围。牧伯:刺史。上古一州的长官称牧,又称方伯,所以后代以牧伯称刺史。

[37]皇天后土:犹言天地神明。

[38]愚诚:愚拙的至诚之心。

[39]听:听许,同意。

[40]结草:据《左传·宣公十五年》记载,晋国大夫魏武子临死的时候,嘱咐他的儿子魏颗,把他的遗妾杀死以后殉葬。魏颗没有照他父亲说的话做。后来魏颗跟秦国的杜回作战,看见一个老人用草打了结把杜回绊倒,杜回因此被擒。到了晚上,魏颗梦见结草的老人,他自称是没有被杀死的魏武子遗妾的父亲。后来就用"结草"来作为报答恩人心愿的表示。

[41]犬马:作者自比,表示谦卑。

【导读】

《陈情表》是三国两晋时期文学家李密(224—287)写给晋武帝的奏章,表达了自己在忠孝两难之际的人生抉择,表文情深意切,感人至深。文章从自己幼年的不幸遭遇写起,说明自己与祖母相依为命的特殊感情,叙述祖母抚育自己的大恩,以及自己应该报养祖母的大义;除了感谢朝廷的知遇之恩以外,又倾诉自己不能从命的苦衷,辞意恳切,真情流露,语言简洁,委婉畅达。

晋武帝承继汉代以来以孝治天下的策略,以孝闻名的李密屡被征召。作为蜀国旧臣的李密向晋武帝上此表,是为了达到"辞不就职"的目的。第一段先写自己与祖母的特殊关系,抒发对祖母的感情,表明这份感情在他心中的分量是很重的。但作者没有继续渲染,转而写蒙受国恩而不能上报的矛盾心情,写自己的狼狈处境。第二段表白自己感恩戴德,很想"奉诏奔驰",但是"刘病日笃",忠孝两难。第三段提出晋朝"以孝治天下",陈述自己特别孤苦的处境以及从政历史、人生态度、政治思想,以便进一步打消晋武帝对他仍心念前朝的疑虑。在排除了晋武帝怀疑的前提之下,再抒发对祖母刘氏的孝情,就显得更真实,更深切,更动人。第四段明确提出"愿乞终养",表示要先尽孝后尽忠,以期感动武帝,达到陈情目的。据《晋书·李密传》记载,晋武帝看完这篇表之后说:"士之有名,不虚然哉!"感动之际,因赐奴婢二人,并令郡县供应其祖母膳食,密遂得以终养。

　　南宋赵与时《宾退录》中曾引用安子顺的言论说:"读诸葛孔明《出师表》而不堕泪者,其人必不忠;读李令伯《陈情表》而不堕泪者,其人必不孝;读韩退之《祭十二郎文》而不堕泪者,其人必不友。"此三文遂被并称为抒情佳篇而传诵于世。古来不乏移孝作忠之文,但李密这篇移忠行孝之文更加真挚动人,故为千古绝唱。

五、闻官军收河南河北[1]

杜甫

剑外忽传收蓟北[2],初闻涕泪满衣裳。

却看妻子愁何在[3],漫卷诗书喜欲狂[4]。

白日放歌须纵酒[5],青春作伴好还乡[6]。

即从巴峡穿巫峡,便下襄阳向洛阳[7]。

(选自萧涤非选注《杜甫诗选注》,人民文学出版社,1998年版)

【注释】

[1]闻:听说。官军:指唐朝军队。

[2]剑外:剑门关以南,这里指四川。蓟北:泛指唐代幽州、蓟州一带,今河北北部地区,是安史叛军的根据地。

[3]却看:回头看。妻子:妻子和孩子。愁何在:哪还有一点愁容。

[4]漫卷:胡乱地卷起。喜欲狂:高兴得简直要发狂。

[5]放歌:放声高歌。须:应当。纵酒:开怀痛饮。

[6]青春作伴:在明丽春色的陪伴下。

[7]便:就的意思。襄阳:今属湖北。洛阳:今属河南,杜甫故乡。

【导读】

此诗作于唐代宗广德元年(763)春,当时的杜甫因避成都之乱而住在梓州(今四川省三台县)。宝应元年(762)冬季,唐军在洛阳附近的衡水打了一个大胜仗,收复了洛阳和郑(今河南省郑州市)、汴(今河南省开封市)等州。第二年,史思明的儿子史朝义兵败自缢,其部将田承嗣、李怀仙等相继投降,至此,持续八年之久的"安史之乱"宣告结束。杜甫听到这个消息,不禁欣喜若狂,手舞足蹈,冲口唱出这首七律。

全诗情感奔放,处处渗透着"喜"字。诗的前半部分写初闻喜讯的惊喜;后半部分写诗人手舞足蹈做返乡的准备,凸显了急于返回故乡的喜悦之情。除第一句叙事点题外,其余各句,都是抒发诗人忽闻胜利消息之后的惊喜之情。诗人颠沛流离的苦日子总算熬过来了,天下太平,可以回家了,诗人悲喜交集,喜极而泣,甚至手舞足蹈、得意忘形。诗人连回家的路线都想好了,喜悦之情也达到高潮。这一联,包含四个地名——巴峡、巫峡、襄阳、洛阳,这四个地方之间都有很漫长的距离,而用"即从""穿""便下""向"贯串起来,一个接一个地从读者眼前一闪而过,表现了作者乱后急于归家的喜悦和迫切心情。乱世中漂泊的杜甫,位卑未敢忘忧国,虽举家困顿流离,却始终心系国家的安危,当听到战乱平息的消息时,其感慨喜悦之情溢于言表,此诗因而被称为杜甫"生平第一快诗"(浦起龙《读杜心解》)。

六、张中丞传后叙[1]

韩愈

元和二年四月十三日夜,愈与吴郡张籍阅家中旧书[2],得李翰所为《张巡传》[3]。翰以文章自名[4],为此传颇详密。然尚恨有阙者:不为许远立传[5],又不载雷万春事首尾[6]。

远虽材若不及巡者,开门纳巡[7],位本在巡上。授之柄而处其下[8],无所疑忌,竟与巡俱守死,成功名,城陷而虏,与巡死先后异耳[9]。两家子弟材智下[10],不能通知二父志[11],以为巡死而远就虏,疑畏死而辞服于贼。远诚畏死,何苦守尺寸之地,食其所爱之肉[12],以与贼抗而不降乎?当其围守时,外无蚍蜉蚁子之援[13],所欲忠者,国与主耳,而贼语以国亡主灭[14]。远见救援不至,而贼来益众,必以其言为信;外无待而犹死守[15],人相食且尽,虽愚人亦能数日而知死所矣。远之不畏死亦明矣!乌有城坏其徒俱死,独蒙愧耻求活?虽至愚者不忍为,呜呼!而谓远之贤而为之邪?

说者又谓远与巡分城而守,城之陷,自远所分始[16]。以此诟远,此又与儿童之见无异。人之将死,其藏腑必有先受其病者;引绳而绝之,其绝必有处。观者见其然,从而尤之,其亦不达于理矣!小人之好议论,不乐成人之美,如是哉!如巡、远之所成就,如此卓卓,犹不得免,其他则又何说!

当二公之初守也,宁能知人之卒不救,弃城而逆遁?苟此不能守,虽避之他处何益?及其无救而且穷也,将其创残饿羸之余[17],虽欲去,必不达。二公之贤,其讲之精矣[18]!守一城,捍天下,以千百就尽之卒,战百万日滋之师,蔽遮江淮,沮遏其势[19],天下之不亡,其谁之功也!当是时,弃城而图存者,不可一二数;擅强兵坐而观者,相环也。不追议此,而责二公以死守,亦见其自比于逆乱,设淫辞而助之攻也。

愈尝从事于汴徐二府[20],屡道于两府间,亲祭于其所谓双庙者[21]。其老人往往说巡、远时事云:南霁云之乞救于贺兰也[22],贺兰嫉巡、远之声威功绩出己上,不肯出师救;爱霁云之勇且壮,不听其语,强留之,具食与乐,延霁云坐。霁云慷慨语曰："云来时，睢阳之人，不食月余日矣！云虽欲独食，义不忍；虽食，且不下咽！"因拔所佩刀，断一指，血淋漓，以示贺兰。一座大惊，皆感激为云泣下。云知贺兰终无为云出师意，即驰去；将出城，抽矢射佛寺浮图，矢着其上砖半箭，曰："吾归破贼，必灭贺兰！此矢所以志也。"愈贞元中过泗州[23]，船上人犹指以相语。城陷，贼以刃胁降巡，巡不屈，即牵去，将斩之；又降霁云，云未应。巡呼云曰："南八[24]，男儿死耳，不可为不义屈！"云笑曰："欲将以有为也；公有言，云敢不死！"即不屈。

张籍曰："有于嵩者，少依于巡；及巡起事，嵩常在围中[25]。籍大历中于和州乌江县见嵩[26]，嵩时年六十余矣。以巡初尝得临涣县尉[27]，好学无所不读。籍时尚小，粗问巡、远事，不能细也。云：巡长七尺余，须髯若神。尝见嵩读《汉书》，谓嵩曰：'何为久读此？'嵩曰：'未熟也。'巡曰：'吾于书读不过三遍，终身不忘也。'因诵嵩所读书，尽卷不错一字。嵩惊，以为巡偶熟此卷，因乱抽他帙以试[28]，无不尽然。嵩又取架上诸书试以问巡，巡应口诵无疑。嵩从巡久，亦不见巡常读书也。为文章，操纸笔立书，未尝起草。初守睢阳时，士卒仅万人[29]，城中居人户，亦且数万，巡因一见问姓名，其后无不识者。巡怒，须髯辄张。及城陷，贼缚巡等数十人坐，且将戮。巡起旋，其众见巡起，或起或泣。巡曰：'汝勿怖！死，命也。'众泣不能仰视。巡就戮时，颜色不乱，阳阳如平常。远宽厚长者，貌如其心；与巡同年生，月日后于巡，呼巡为兄，死时年四十九。"嵩贞元初死于亳宋间[30]。或传嵩有田在亳宋间，武人夺而有之，嵩将诣州讼理，为所杀。嵩无子。张籍云。

（选自刘真伦、岳珍校注《韩愈文集汇校笺注》，中华书局，2010年版）

【注释】

[1]张中丞：即张巡（709—757），邓州南阳（今河南省南阳市）人，唐玄宗开元末进士，由太子通事舍人出任清河县令，调真源县令。安史乱起，张巡在雍丘（今河南省杞县）一带起兵抗击，后与许远同守睢阳（今河南省商丘市）。肃宗至德二载（757），受封为御史中丞、河南节度副使。同年十月睢阳城破被俘，与部将三十六人同时殉难。

[2]元和二年：807年。元和，唐宪宗李纯的年号（806—820）。张籍（约767—约

830）：字文昌,吴郡(治所在今江苏省苏州市)人,唐代著名诗人,韩愈学生。

[3]李翰：字子羽,赵州赞皇(今属河北省)人,官至翰林学士。与张巡友善,客居睢阳时,曾亲见张巡战守事迹。张巡死后,有人诬其降贼,因撰《张巡传》上肃宗,并有《进张中丞传表》(见《全唐文》卷四三〇)。

[4]以文章自名：以文章自诩。《旧唐书·文苑传》称翰"为文精密,用思苦涩"。

[5]许远(709—757)：字令威,杭州盐官(今浙江省海宁市)人。安史乱时,任睢阳太守,后与张巡合守孤城,城陷被掳往洛阳,至偃师被害。事见两唐书本传。

[6]雷万春：张巡部下勇将。按：此当是"南霁云"之误,如此方与后文相应。

[7]开门纳巡：肃宗至德二载(757)正月,叛军安庆绪部将尹子奇带兵十三万围睢阳,许远向张巡告急,张巡自宁陵率军入睢阳城(见《资治通鉴》卷二一九)。

[8]柄：权柄。

[9]"城陷而虏"二句：此年十月,睢阳陷落,张巡、许远被掳。张巡与部将被斩,许远被送往洛阳邀功。

[10]"两家"句：据《新唐书·许远传》载,安史乱平定后,大历年间,张巡之子张去疾轻信小人挑拨,上书代宗,谓城破后张巡等被害,唯许远独存,是屈降叛军,请追夺许远官爵。诏令去疾与许远之子许岘及百官议此事。"两家子弟"即指张去疾、许岘。

[11]通知：通晓。

[12]"食其"句：尹子奇围睢阳时,城中粮尽,军民以雀鼠为食,最后只得以妇女与老弱男子充饥。当时,张巡曾杀爱妾、许远曾杀奴仆以充军粮。

[13]蚍(pí)蜉(fú)：黑色大蚁。蚁子：幼蚁。

[14]"而贼"句：安史乱时,长安、洛阳陷落,玄宗逃往西蜀,唐室岌岌可危。

[15]外无待：睢阳被围后,河南节度使贺兰进明等皆拥兵观望,不来相救。

[16]"说者"三句：张巡和许远分兵守城,张守东北,许守西南。城破时叛军先从西南处攻入,故有此说。

[17]羸(léi)：瘦弱。

[18]"二公"二句：谓二公功绩前人已有精当的评价。此指李翰《进张中丞传表》所云："巡退军睢阳,扼其咽领,前后拒守,自春徂冬,大战数十,小战数百,以少击众,以弱击强,出奇无穷,制胜如神,杀其凶丑九十余万。贼所以不敢越睢阳而取江淮,江淮所以保全者,巡之力也。"

[19]沮(jǔ)遏：阻止。

[20]"愈尝"句：韩愈曾先后在汴州（治所在今河南省开封市）、徐州（治所在今江苏省徐州市）任推官之职。唐称幕僚为从事。

[21]双庙：张巡、许远死后，后人在睢阳立庙祭祀，称为双庙。

[22]南霁云（？—757）：魏州顿丘（今河南省清丰县西南）人。安禄山反叛，被遣至睢阳与张巡议事，为张所感，遂留为部将。贺兰：复姓，指贺兰进明，时为御史大夫、河南节度使，驻节于临淮一带。

[23]贞元：唐德宗李适年号（785—805）。泗州：唐属河南道，州治在临淮（今江苏省泗洪县东南），当年贺兰屯兵于此。

[24]南八：南霁云排行第八，故称。

[25]常：通"尝"，曾经。

[26]大历：唐代宗李豫年号（766—779）。和州乌江县：在今安徽省和县东北。

[27]"以巡"句：张巡死后，朝廷封赏他的亲戚、部下，于嵩因此得官。临涣：故城在今安徽省宿州市西南。

[28]帙(zhì)：书套，也指书本。

[29]仅：几乎。

[30]亳(bó)：亳州，治所在今安徽省亳州市。宋：宋州，治所在睢阳。

【导读】

《张中丞传后叙》是唐代文学家韩愈创作的一篇散文，表彰安史之乱期间睢阳（今河南省商丘市）守将张巡、许远抗击安史叛军的功绩，驳斥对张、许的诬蔑、中伤，以此来歌颂抗击藩镇作乱的英雄人物。这是作者在阅读李翰所写的《张巡传》后，对有关材料所做的补充和对有关人物的议论，所以题为"后叙"。《张中丞传后叙》通过为忠臣义士立传正名，以细微传神的笔墨赞扬了他们舍弃身家、以身许国的精神，反映了韩愈反对藩镇割据和维护中央集权的政治主张。安史之乱平定以后，朝廷小人竭力散布张、许降贼有罪的流言，韩愈感愤于此，遂于元和二年（807）继李翰撰《张巡传》（今佚）之后，写了这篇后叙，为英雄人物谱写了一曲慷慨悲壮的颂歌。

第一段交代写作背景，第二段便主要为许远辩诬。"远虽材若不及巡者，开门纳巡，位本在巡上。授之柄而处其下，无所疑忌，竟与巡俱守死，成功名，城陷而虏，与巡死先后异耳"，是对许远的总评。本文抓住最关键的几件事，充分说明许远忠于国家，以大局为重的政治品质，同时又紧扣与张巡的关系，让人感到在坚守危城、大义殉国方面，张巡、许远的功劳和品格都是不应磨灭的。在驳倒小人对许远的攻击后,接着为整个睢阳保卫战辩护。先驳死守论,由申述不能弃城逆遁的原因,转入从正面论证拒守睢阳的重大意义。"守一城,捍天下……蔽遮江淮,沮遏其势,天下之不亡,其谁之功也!"张巡、许远虽然战败了,但其行为本身就具有鼓舞人心的力量,他们才是捍卫大唐统一的真英雄。文章五、六两段展开对英雄人物逸事的描写。第五段写南霁云乞师和就义。就义一节,将南霁云和张巡放在一起互相映衬,张巡的忠义严肃,南霁云的临危不惧、慷慨爽朗,各具个性。第六段补叙张巡的读书、就义,许远的性格、外貌、出生年月,以及于嵩的有关逸事。作者娓娓道来,挥洒自如,不拘谨,不局促,人物的风神笑貌及其遭遇,便很自然地从笔端呈现出来,同样具有很强的艺术感染力。

该文以完美的艺术手法和强烈的爱憎观念颂扬了以身许国、为国献身的忠臣义士形象,驳斥了当时流行的种种诬陷言论,为爱国英雄正名,让人产生了强烈的震撼,具有鼓舞人心的力量。

七、满江红

岳飞

怒发冲冠[1]，凭阑处、潇潇雨歇[2]。抬望眼，仰天长啸[3]，壮怀激烈。三十功名尘与土[4]，八千里路云和月[5]。莫等闲[6]、白了少年头，空悲切！

靖康耻[7]，犹未雪。臣子恨，何时灭！驾长车，踏破贺兰山[8]缺。壮志饥餐胡虏肉，笑谈渴饮匈奴[9]血。待从头、收拾旧山河，朝天阙[10]。

（选自黄邦宁纂修《岳忠武王文集》卷八，清乾隆三十五年刻本）

【注释】

[1]怒发冲冠：形容愤怒至极，气得头发竖起将帽子顶起。

[2]潇潇：形容雨势急骤。

[3]长啸：大声呼叫。

[4]三十功名尘与土：三十年来，建立了一些功名，如同尘土。

[5]八千里路云和月：形容南征北战、路途遥远、披星戴月。

[6]等闲：轻易，随便。

[7]靖康耻：指宋钦宗靖康二年（1127），金兵攻陷汴京，掳走徽、钦二帝，占领长江以北大片土地的国耻。

[8]贺兰山：贺兰山脉位于宁夏回族自治区与内蒙古自治区交界处。一说是位于邯郸市磁县境内的贺兰山。

[9]匈奴：古代北方少数民族，此指金兵。

[9]朝天阙：朝见皇帝。天阙，本指宫殿前的楼观，此指皇帝生活的地方。

【导读】

《满江红·怒发冲冠》是南宋抗金英雄岳飞（1103—1142）创作的一首词，千百年来一直被人广为传诵，代表了岳飞"尽忠报国"的英雄之志，表现了作者抗击金兵、收复故土、统一祖国的强烈的爱国精神和浩然正气。关于这首词的创作时间，学术界有种说法认为是在绍兴六年（1136）。岳飞第二次出师北伐，攻占了伊阳、洛阳、商州和虢州，继而围攻陈、蔡地区。但岳飞很快发现自己是孤军深入，既无援兵，又无粮草，不得不撤回鄂州（今湖北省武昌市)。岳飞壮志未酬,镇守鄂州时写下了千古绝唱《满江红》。

词的上片写作者悲愤中原重陷敌手,痛惜前功尽弃的局面,也表达了自己继续努力,争取壮年立功的心愿,为我们生动地描绘了一位忠臣义士和忧国忧民的英雄形象。"三十功名尘与土,八千里路云和月",上一句写视功名为尘土,下一句写杀敌任重道远,个人为轻,国家为重,生动地表现了作者强烈的爱国热忱。词的下片运转笔端,抒写词人对敌人的深仇大恨,统一祖国的殷切希望,忠于朝廷即忠于祖国的赤诚之心。"待从头、收拾旧山河,朝天阙。"以此收尾,把收复山河的宏愿、艰苦的征战,以一种乐观主义精神表现出来,既表达要胜利的信心,也表明了对朝廷和皇帝的忠诚。

这首爱国将领的抒怀之作,情调激昂,慷慨壮烈,充分表现作者忧国报国的壮志胸怀和中华民族不甘屈辱、奋发图强、报仇雪耻的决心,从而成为词中名篇。陈廷焯评论道:"何等气概!何等志向!千载下读之,凛凛有生气焉。'莫等闲'二语,当为千古箴铭。"(陈廷焯《白雨斋词话》)

八、诉衷情[1]

陆游

当年万里觅封侯[2],匹马戍梁州[3]。关河梦断何处[4]?尘暗旧貂裘[5]。 胡未灭[6],鬓先秋[7],泪空流。此生谁料,心在天山[8],身老沧洲[9]。

(选自夏承焘、吴熊和笺注《放翁词编年笺注》,上海古籍出版社,1981年版)

【注释】

[1]诉衷情:词牌名。

[2]万里觅封侯:奔赴万里外的疆场,寻找建功立业的机会。《后汉书·班超传》载,班超少有大志,尝曰,大丈夫应当"立功异域,以取封侯,安能久事笔砚间乎?"

[3]戍(shù):守边。梁州:治所在南郑。

[4]关河:关塞、河流。一说指潼关黄河之所在。此处泛指汉中前线险要的地方。梦断:梦醒。

[5]尘暗旧貂裘:貂皮裘上落满灰尘,颜色为之暗淡。这里借用苏秦典故,说自己不受重用,未能施展抱负。据《战国策·秦策》载,苏秦游说秦王"书十上而说不行,黑貂之裘敝,黄金百斤尽,资用乏绝,去秦而归"。

[6]胡:古泛称西北各族为胡,亦指来自彼方之物。南宋词中多指金人。此处指金国入侵者。

[7]鬓:鬓发。秋:秋霜,比喻年老鬓白。

[8]天山:在中国西北部,是汉唐时的边疆。这里代指南宋与金国相持的西北前线。

[9]沧洲:靠近水的地方,古时常用来泛指隐士居住之地。这里是指作者位于镜湖之滨的家乡。

【导读】

《诉衷情·当年万里觅封侯》是南宋爱国文人陆游(1125—1210)的词作名篇。这首词是作者晚年隐居山阴农村以后写的,具体写作年份不详。宋孝宗乾道八年(1172),陆游应四川宣抚使王炎之邀,从夔州前往当时西北前线重镇南郑军中任职,度过了八个多月的戎马生活。那是他一生中最值得怀念的一段岁月。淳熙十六年(1189),陆游被弹劾罢官后,退隐山阴故居长达十二年。这期间词人常常在风雪之夜,孤灯之下,回首往事,梦游梁州,写下了一系列爱国诗词。作这首词时,词人已年近七十,身处故地,未忘国忧,烈士暮年,雄心不已。这种高亢的政治热情,永不衰竭的爱国精神形成了词作风骨凛然的崇高美,但壮志不得实现,雄心无人理解,虽然"男儿到死心如铁",无奈"报国欲死无战场",这种深沉的压抑感又形成了词作中百折千回的悲剧情调。词作说尽忠愤,回肠荡气。

　　此词描写了作者一生中最值得怀念的一段岁月,通过今昔对比,反映了一位爱国志士的坎坷经历和不幸遭遇,表达了作者壮志未酬、报国无门的悲愤不平之情。上片开头追忆作者昔日戎马疆场的意气风发,接着写当年宏愿只能在梦中实现的失望;下片抒写敌人尚未消灭而英雄却已迟暮的感叹。关河梦断貂裘敝,壮志未酬人已老,"心在天山,身老沧洲"两句作结,表达了作者报国无门的感慨和愤懑。全词格调苍凉悲壮,语言明白晓畅,用典自然,不加雕饰,饱含着对祖国的炽热情感,愤懑而不消沉。此词与其《十一月四日风雨大作》《示儿》等爱国名篇一起塑造了一个爱国之心至死不休的文人形象,千百年来为人所敬仰,也激励了无数志士仁人为国家、民族的尊严奋斗。

九、过零丁洋[1]

文天祥

辛苦遭逢起一经[2]，干戈寥落四周星[3]。

山河破碎风飘絮，身世浮沉雨打萍。

惶恐滩头说惶恐[4]，零丁洋里叹零丁[5]。

人生自古谁无死？留取丹心照汗青[6]。

（选自刘文源校笺《文天祥诗集校笺》，中华书局，2018年版）

【注释】

[1]零丁洋：即"伶仃洋"，现在广东省珠江口外。

[2]遭逢：遭遇。起一经：因为精通一种经书，通过科举考试而被朝廷起用做官。文天祥二十岁考中状元。

[3]干戈：两种兵器，这里指抗元战争。寥（liáo）落：荒凉冷落。一作"落落"。四周星：四周年。文天祥从1275年起兵抗元，到1278年被俘，一共四年。

[4]惶恐滩：在今江西省万安县，是赣江中的险滩。1277年，文天祥在江西被元军打败，所率军队死伤惨重，妻子儿女也被元军俘虏。他经惶恐滩撤到福建。

[5]零丁：孤苦无依的样子。

[6]丹心：红心，比喻忠心、赤诚之心。汗青：史册。古代用竹简写字，将青竹削成简，先要用火烤干其中的水分，像竹子出汗一样，竹简干后易写而且不受虫蛀，这个过程叫汗青。后以汗青代指史册。

【导读】

《过零丁洋》是宋末丞相文天祥所作的一首诗。宋祥兴元年（1278），文天祥在广东海丰北五坡岭抗击元军，兵败被俘，押到船上，次年过零丁洋时作此诗。随后又被押解至崖山，当时的元军元帅、汉奸张弘范逼迫他写信招降固守崖山的张世杰、陆秀夫等人，文天祥不从，出示此诗以明志。此诗前二句，诗人回顾平生；中间四句紧承"干戈寥落"，明确表达了作者对当前局势的认识；末二句是表明作者在生命与忠义之间毫不犹豫地选择了后者。全诗表现了慷慨激昂的爱国热情和视死如归的高风亮节，以及舍生取义的人生观,是中华民族传统美德的崇高表现。

首联写"入世"经历和"勤王"决心,将个人与国家的命运紧紧联系在一起。颔联还是从国家和个人两方面展开铺叙,用"山河破碎"形容这种局面,加上"风飘絮",形象生动,而心情沉郁。这时的文天祥,自己和老母被俘,妻妾被囚,大儿丧亡,真像水上浮萍,无依无附,景象凄凉。颈联继续追述今昔不同的处境和心情,昔日惶恐滩边,忧国忧民,诚惶诚恐;今日零丁洋上孤独一人,自叹伶仃。作为将领不能完成守土复国的使命,故惶恐不安;作为阶下囚,面对一木难支的局面,经过零丁洋更加觉得孤苦伶仃,满腔悲愤,无处诉说。

前面六句写个人遭际和国家命运的坎坷多难,尾联却一笔宕开,石破天惊,化沉郁为慷慨洒脱,全诗格调,顿然一变。"人生自古谁无死?留取丹心照汗青。"表明自己日月可鉴的爱国之心和舍生取义的崇高气节,可谓是照亮青史,温暖世界,千秋而下,犹见英气逼人。个人命运的坎坷、世事的难以挽回是让人感到沉痛的,作者至死不渝的报国之心、鞠躬尽瘁的复国之志又是慷慨壮烈的,二者的有机结合成就了这篇千秋绝唱。

十、石灰吟[1]

于谦

千锤万凿出深山[2],烈火焚烧若等闲[3]。

粉身碎骨浑不怕[4],要留清白在人间[5]。

(选自魏得良点校《于谦集》,浙江古籍出版社,2013年版)

【注释】

[1]石灰吟:赞颂石灰。吟,吟诵,古代诗歌的一种形式。
[2]千锤万凿:也作"千锤万击",形容开采石灰非常艰难,要经过无数次的锤击开凿。
[3]若等闲:好像很平常的事情。若,好像、好似。等闲,平常,轻松。
[4]粉身碎骨:也作"粉骨碎身"。浑:亦作"全"。怕:也作"惜"。
[5]清白:指石灰洁白的本色,又比喻高洁的品格。

【导读】

　　《石灰吟》是明代政治家、文学家于谦创作的一首七言绝句。于谦从小学习刻苦,志向远大。他因看到了石灰的煅烧过程而深有感触,写下了此诗,据说此时的于谦才十二岁。此诗托物言志,采用象征手法,字面上是咏石灰,实际借物喻人,托物寄怀,表现了诗人高洁的理想。全诗笔法凝练,一气呵成,语言质朴自然,不事雕琢,感染力很强,尤其是作者那积极进取的人生态度和大无畏的凛然正气,更给人以启迪和激励。

　　此诗借吟石灰的煅烧过程,表现了作者不避千难万险,为国为民勇于自我牺牲,以保持忠诚清白品格的可贵精神。首句"千锤万凿出深山"是形容开采石灰石很不容易,要经过千锤万凿的锤打磨炼才能为世人所用,也比喻自身的才能需要长期磨砺才能养成。次句"烈火焚烧若等闲",表面上当然是指烧炼石灰石。加"若等闲"三字,又使人感到不仅是在写烧炼石灰石,它似乎还象征着志士仁人无论面临怎样严酷险恶的考验,都能够镇定沉着,从容不迫,视若等闲,并坚持自我。第三句"粉身碎骨浑不怕"形象地写出将石灰石烧成石灰粉要敢于自我牺牲,用石灰的无私无畏的奉献精神来抒发自己以身报国、不谋私利的高洁情怀。至于最后一句"要留清白在人间",更是作者在直抒情怀,表明自己为国为民谋福祉的决心,立志要做纯洁清白的人。

这首《石灰吟》可以说是于谦生平和人格的真实写照,与他的《咏煤炭》里所提到的"但愿苍生俱饱暖,不辞辛苦出山林"的精神一脉相承,体现了诗人为国为民不惜自我牺牲的崇高精神。此诗通篇用象征手法,以物比人,把物的性格和人的性格熔铸成一体,言在物,而意在人,不言人而人在其中,似呼之即出,是一首托物言志的典范之作。

十一、狱中上母书

夏完淳

不孝完淳今日死矣！以身殉父，不得以身报母矣！痛自严君见背[1]，两易春秋[2]。冤酷日深[3]，艰辛历尽。本图复见天日[4]，以报大仇，恤死荣生[5]，告成黄土[6]；奈天不佑我，钟虐先朝[7]，一旅才兴[8]，便成齑粉[9]。去年之举[10]，淳已自分必死[11]，谁知不死，死于今日也！斤斤延此二年之命[12]，菽水之养无一日焉[13]。致慈君托迹于空门[14]，生母寄生于别姓[15]，一门漂泊，生不得相依，死不得相问。淳今日又溘然先从九京[16]，不孝之罪，上通于天。

呜呼！双慈在堂[17]，下有妹女，门祚衰薄[18]，终鲜兄弟[19]。淳一死不足惜，哀哀八口，何以为生？虽然，已矣。淳之身，父之所遗；淳之身，君之所用。为父为君，死亦何负于双慈？但慈君推干就湿[20]，教礼习诗，十五年如一日；嫡母慈惠，千古所难。大恩未酬，令人痛绝。慈君托之义融女兄[21]，生母托之昭南女弟[22]。

淳死之后，新妇遗腹得雄[23]，便以为家门之幸；如其不然，万勿置后[24]。会稽大望[25]，至今而零极矣[26]。节义文章如我父子者几人哉？立一不肖后，如西铭先生[27]为人所诟笑，何如不立之为愈耶？呜呼！大造茫茫，总归无后[28]。有一日中兴再造，则庙食千秋，岂止麦饭豚蹄，不为馁鬼而已哉[29]？若有妄言立后者，淳且与先文忠在冥冥诛殛顽嚚[30]，决不肯舍！

兵戈天地，淳死后，乱且未有定期。双慈善保玉体，无以淳为念。二十年后，淳且与先文忠为北塞之举矣[31]。勿悲勿悲！相托之言，慎勿相负。武功甥将来大器[32]，家事尽以委之。寒食盂兰[33]，一杯清酒，一盏寒灯，不至作若敖之鬼[34]，则吾愿毕矣。新妇结缡二年[35]，贤孝素著。武功甥好为我善待之，亦武功渭阳情也[36]。

语无伦次，将死言善[37]，痛哉痛哉！人生孰无死，贵得死所耳。父得为忠臣,子得为孝子,含笑归太虚[38],了我分内事。大道本无生[39],视身若敝屣[40]。但为气所激[41],缘悟天人理[42]。恶梦十七年,报仇在来世。神游天地间,可以无愧矣!

(选自白坚笺校《夏完淳集笺校》,上海古籍出版社,2016年版)

【注释】

[1] 严君:对父亲的敬称。见背:去世。

[2] 两易春秋:换了两次春秋,即过了两年。作者父亲在两年前(1645)殉国。

[3] 冤酷:冤仇与惨痛。

[4] 复见天日:指恢复明朝。

[5] 恤死荣生:使死去的人(其父)得到抚恤,使活着的人(其母)得到荣封。

[6] 告成黄土:把复国成功的事在祭祀祖先时向他们报告。

[7] 钟:聚焦。虐:指上天惩罚。先朝:指明朝。

[8] 一旅:指吴易的抗清军队刚刚崛起。夏完淳参加了吴易的军队,担任参谋。

[9] 齑(jī)粉:碎粉末。这里比喻被击溃。

[10] 去年之举:指1646年起兵抗清失败事。吴易兵败后,夏完淳只身流亡。

[11] 自分:自料。

[12] 斤斤:仅仅。

[13] 菽水之养:代指对父母的供养。《礼记·檀弓下》:"啜菽饮水尽其欢,斯之谓孝。"

[14] 慈君:作者的嫡母盛氏。托迹:藏身。空门:佛门。

[15] 生母:作者生母陆氏,是夏允彝的妾。寄生:寄居。

[16] 溘(kè)然:忽然。从:追随。九京:即九泉,指地下。

[17] 双慈:嫡母与生母。

[18] 门祚(zuò):家运,家门的福分。

[19] 终鲜兄弟:《诗经·郑风·扬之水》成句。这里指没有兄弟。

[20] 推干就湿:把床上干处让给幼儿,自己睡在湿处,形容母亲抚育子女的辛劳。

[21] 义融女兄:作者的姐姐夏淑吉,号义融。

[22] 昭南女弟:作者的妹妹夏惠吉,号昭南。

[23] 新妇:这里指作者的妻子。雄:男孩。

[24] 置后：抱养别人的孩子为后嗣。

[25] 会稽大望：这里指夏姓大族。古代传说，夏禹曾会诸侯于会稽，于是后来会稽姓夏的人就说禹是他们的祖先。

[26] 零极：零落到极点。

[27] 西铭先生：张溥，别号西铭。明末文学家，复社的领袖。死于崇祯十四年（1641），无后，次年由钱谦益等代为立嗣。钱谦益后来投降了清朝，人们认为这有损张溥的名节。

[28] "大造"两句：如果上天不明，让明朝灭亡了，那么即使自己有后，也会被杀，终归无后。大造，造化，指天。茫茫，不明。

[29] "有一日"四句：将来如果明朝恢复，自己为抗清而死，纵或无后，也将万古千秋地受人祭祀，何止像普通人那样只享受简单的祭品而不做饿死鬼呢？中兴再造，指明朝恢复。庙食，指鬼神在祠庙里享受祭祀。麦饭豚蹄，指简单的祭品。馁鬼，挨饿的鬼。

[30] 文忠：夏允彝死后，南明鲁王谥为文忠公。冥冥：阴间。诛殛（jí）：诛杀。顽嚚（yín）：愚顽而多言不正的人。

[31] "二十年后"二句：意思是如果死后再度为人，那么二十年后，还要与父亲在北方起兵反清。

[32] 武功甥：作者姐姐夏淑吉的儿子侯榮，字武功。大器：大材。

[33] 寒食：这里指清明节，是人们上坟祭祖的时节。盂兰：旧俗的农历七月十五日燃灯祭祀，超度鬼魂，称盂兰盆会，俗称鬼节。

[34] 若敖之鬼：没有后嗣按时祭祀的饿鬼。若敖，若敖氏，春秋时楚国公族名。这一族的后代令尹子文看到族人子越椒行为不正，估计他可能会给整个家族带来灾难，临死前，对族人哭着说："鬼犹求食，若敖氏之鬼，不其馁而。"后来，若敖氏终于因为越椒判楚而被灭了全族。（见《左传·宣公四年》）

[35] 结缡（lí）：代指成婚。

[36] 渭阳情：指甥舅之间的情谊。《诗经·秦风·渭阳》有"我送舅氏，曰至渭阳"句，据说是写晋公子重耳逃亡，秦穆公收容他做晋君。重耳归国时，他的外甥康公送他到渭水之阳，作诗赠别。后世遂用渭阳比喻甥舅。

[37] 将死言善：《论语·泰伯》："人之将死，其言也善。"

[38] 太虚：天。

[39] "大道"句：依照道家的说法，人本来是从无而生，死后又归于无。

[40] 敝屣(xǐ):破草鞋。

[41] 气:正义之气。激:激发。

[42] "缘悟"句:因为明白了天意与人事的关系。

【导读】

　　该文选自《夏完淳集》卷八。这是清顺治四年(1647),明末清初抗清英雄夏完淳(1631—1647)在南京狱中写给其生母及嫡母的绝笔信。本文略叙了他几年来的抗清经历,申诉了为国死难的大义,深责自己的"不孝之罪",叮咛嘱托家中之事,既表现了百折不回的斗争精神,也渗透着关怀亲人的深情,深刻诠释了忠臣烈士的家国情怀。

　　《狱中上母书》围绕家与国、生与义的矛盾来抒发作者为国忘家、舍生取义的爱国情感,真实展现了夏完淳的内心世界,从中不难看出作者遵循的是统治中国几千年的儒家忠孝观。为国而无法顾及家人并不代表作者对家人没有牵挂,忠于国的人,自然也是爱家的,不过表现的方式不同罢了,这也是全文充溢着凄楚哀感情绪的根本原因。慈母无依无靠,妻子有孕在身,怎么能够不让人牵挂呢?但山河破碎,何以为家?因此只能寄托于来世报答家人的恩情,请其姐妹照顾嫡母和生母,将妻儿托付给外甥。毫无疑问,《狱中上母书》交织着人性和伦理。儿子舍生取义,母亲固然悲痛,但也值得骄傲;自己移孝作忠,不负教诲,自然不会觉得对不起母亲,也就死而无恨了。他还特意嘱咐家人,若妻子将来生的不是男孩也不要过继立嗣,因为有西铭先生的前车之鉴,因此要维护忠义门风,不可因不肖子孙而坏了家风。他一生以反清复明为奋斗目标,生前壮志未酬,转世为人也要继续抗清到底。这种坚定的民族气节,可昭日月,动人心魄,催人奋进。

　　最好的文章是用生命写成的,作者临刑作书,思虑万端。这其中有不堪回首的往事,有国难家仇的愤恨,有与亲人话别的痛苦,也有未报养亲人的遗憾,以上各种感情的交织,或叙事,或抒情,或说理,笔墨所至,感情充沛。《狱中上母书》以陈情为主,故其语言质朴舒缓、如歌如泣。文章的语言纵然朴实无华,但充沛的感情却使人潸然泪下,动人心魄。

十二、赴戍登程口占示家人(其二)

林则徐

力微任重久神疲,再竭衰庸定不支[1]。

苟利国家生死以,岂因祸福避趋之[2]?

谪居正是君恩厚[3],养拙刚于戍卒宜[4]。

戏与山妻谈故事,试吟断送老头皮[5]。

(选自杨国桢选注《林则徐选集》,人民文学出版社,2004年版)

【注释】

[1]衰庸:意近"衰朽",衰老而无能。这里是自谦之词。

[2]"苟利"二句:郑国大夫子产改革军赋,受到时人的诽谤,子产曰:"何害?苟利社稷,死生以之。"(《左传·昭公四年》)诗语本此。以,用,去做。

[3]谪居:因有罪被遣戍远方。

[4]养拙:犹言藏拙,有守本分、不显露自己的意思。刚:正好。戍卒宜:做一名戍卒为适当。

[5]"戏与"二句:作者自注云,宋真宗闻隐者杨朴能诗,召对问:"此来有人作诗送卿否?"对曰:臣妻有一首,云"更休落魄耽杯酒,且莫猖狂爱咏诗。今日捉将官里去,这回断送老头皮"。上大笑,放还山。东坡赴诏狱,妻子送出门皆哭。坡顾谓曰:"子独不能如杨处士妻作一首诗送我乎?"妻子失笑,坡乃出。这两句诗用此典故,表达他的旷达胸襟。山妻,对自己妻子的谦称。故事,旧事、往事。

【导读】

这首诗是清朝后期爱国大臣、诗人林则徐所作。1840年鸦片战争爆发,英国用坚船利炮打开了古老中国的大门,清朝道光皇帝吓破了胆,匆忙割地赔款,签订不平等条约,并将禁烟有功并积极抗击英军的林则徐贬戍新疆伊犁,以求息事宁人。这首诗作于1842年(壬寅年)八月,林则徐被充军至伊犁,途经西安,口占留别家人。诗中表现了诗人在禁烟抗英问题上,不顾个人安危,虽遭革职充军也百折不悔的态度和民族气节。

全诗写得含蓄幽深,委婉得体。作者虽因禁烟抗英问题遭受到重大打击而被革职充军,但在即将流放边疆时,仍以国家利益为重,将个人生死祸福置之度外。"苟利国家生死以,岂因祸福避趋之"已成为百余年来广为传诵的名句,也是全诗的思想精华之所在,它表现了林则徐刚正不阿的高尚品格和忠诚无私的爱国情操。这首告别家人之作,国事家愁,几重情绪交织,既安慰家人,又表明不改爱国初衷,透出刚劲气骨,作者的忧民之心、忠君之意、报国之情跃然纸上。通观全诗,闪耀着爱国主义思想光芒,诗意抑扬起伏,跌宕变化;风格刚柔相济,开张扬厉、直抒胸臆的表现与婉而多讽、怨而不怒的含蓄相结合,可谓林氏诗中的压卷之作。

本章思考题及延伸阅读

思考题

1. 古人是如何看待家与国的关系的？
2. 结合具体作品分析我国传统文化中家国情怀的内涵。
3. 为什么说爱国是家国情怀中不可或缺的重要组成部分？
4. 请选取中国文学史上五位以上的爱国作家，为他们各写200字以上的人物小传。要求能突出人物的特点，事迹真实，文笔简练。

延伸阅读

1. 郭必勖、冯济泉选释《历代爱国诗词》，贵州人民出版社，1986年版。
2. 靳极苍著《中华爱国诗词详解》，山西古籍出版社，2002年版。
3. 蒋学浚著《历代爱国诗词鉴赏》，石油工业出版社，2001年版。
4. 傅德岷、李书敏主编《中华爱国诗词散文鉴赏大辞典》，重庆出版社，1997年版。
5. 左振坤、邱莲梅、杨马胜编《历代爱国诗文选》，天津人民出版社，1985年版。
6. 徐培均主编《中华爱国文学史》，上海社会科学院出版社，2006年版。

肝胆人生　第二

我们的先祖很早就认识到人的价值,将天、地、人并称"三才"。《易传·系辞下》:"有天道焉,有人道焉,有地道焉。兼三才而两之,故六。六者非它也,三才之道也。"《三字经》亦云:"三才者,天地人。三光者,日月星。"老子则提出"四大"说,其云:"故道大,天大,地大,人亦大。域中有四大,而人居其一焉。"荀子更是明确地指出,人最为天下贵。其云:"水火有气而无生,草木有生而无知,禽兽有知而无义,人有气、有生、有知,亦且有义,故最为天下贵也。"

人虽"最为天下贵",人生却很短暂。人的一生该如何度过?不同的人会有不同的回答,我们的祖先用他们的智慧人生做出了响亮的回答。

有的人积极入世,渴望建功立业报效国家。"君子疾没世而名不称焉""人固有一死,或重于泰山,或轻于鸿毛""太上有立德,其次有立功,其次有立言,虽久不废,此之谓不朽"。他们坚信"士为知己者死,女为悦己者容""天下兴亡,匹夫有责";坚守"先天下之忧而忧,后天下之乐而乐""达则兼济天下,穷则独善其身",并通过格物致知、修身齐家治国平天下的路径,达成人生目标,实现人生理想。面对信任和重托,他们轻生死重然诺;面对暴政,他们舍得一身剐敢把皇帝拉下马;面对道义,他们舍生取义,杀身成仁。夫妻之间,讲求举案齐眉,相敬如宾;父子之间,讲求父慈子孝;朋友之间,则轻财重义,诚信无欺。

有的人则鄙视功名富贵。他们大声喊出"吾不能为五斗米折腰,拳拳事乡里小人邪""安能摧眉折腰事权贵,使我不得开心颜"。

担当者,"如欲平治天下,当今之世,舍我其谁也"。

自信者,"仰天大笑出门去,我辈岂是蓬蒿人"。

重情者,"死生契阔,与子成说。执子之手,与子偕老"。

重义者,"重义轻生怀一顾"。

……

总而言之,我们的祖先大多能够赋予生命以意义,活出不一样的人生。我辈后生当吸收这些宝贵的经验和智慧,书写属于我们的人生新篇章!

一、山海经(选读)

精卫填海

发鸠之山[1],其上多柘木[2],有鸟焉,其状如乌[3],文首[4],白喙[5],赤足[6],名曰"精卫",其鸣自詨[7]。是炎帝[8]之少女[9],名曰女娃。女娃游于东海,溺而不返,故为精卫[10],常衔西山之木石,以堙[11]于东海。

(选自郭璞注,郝懿行笺疏,沈海波校点《山海经》,上海古籍出版社,2015年版)

【注释】

[1]发鸠:山名,旧说在今山西省长子县西。

[2]柘(zhè)木:柘树,桑科植物。

[3]乌:乌鸦。

[4]文首:头上有花纹。文,同"纹"。

[5]喙(huì):鸟嘴。

[6]赤足:文中指红色的脚。现在一般指光脚。

[7]其鸣自詨(xiāo):它的鸣叫声是自己呼叫自己。詨,呼叫。

[8]炎帝:即神农氏,中国上古时期姜姓部落的首领。

[9]少女:小女儿。

[10]精卫:鸟名。又名誓鸟、冤禽、志鸟,俗称帝女雀。见六朝人纂辑的《述异记》。传说这种鸟曾在东海淹死。

[11]堙(yīn):填塞。

刑天舞干戚

刑天与帝至此争神,帝断其首,葬之常羊之山,乃以乳为目,以脐为口,操干戚以舞[1]。

(选自郭璞注,郝懿行笺疏,沈海波校点《山海经》,上海古籍出版社,2015年版)

【注释】

[1]操：手持，拿着。干：盾。戚：斧。

【导读】

"精卫填海"出自《山海经·北山经》，是我国上古神话传说之一。从神话类型来看，"精卫填海"属于典型的变形神话，且属于"死后托生"神话，即将灵魂托付给现实存在的一种物质。此外，"精卫填海"还属于复仇神话。女娃热爱大海，却落海溺水而亡，与大海结下深仇大恨，自此化身为鸟，终生进行填海的复仇事业。

精卫填海神话影响深远，是我国文学的危机原型、图腾崇拜原型、死而复生原型、复仇原型以及女性悲剧原型。这个神话表现出了人类最本质、最永恒的东西，即对生存的恐慌和对生命的珍惜。值得注意的是，在先民那里这是一种缘于保存生命的初始本能，而到了后世，则逐渐推延到更深的程度，形成人类特有的危机意识。

"刑天舞干戚"出自《山海经·海外西经》。刑者，戮也。天者，巅也，天就是天帝。"刑天"这个名字就表示誓戮天帝以复仇。刑天挑战天帝，被天帝斩去头颅。失去头颅的刑天不仅没有倒下，反而更加勇敢无畏。他用双乳作眼、肚脐作嘴，左手握盾，右手拿斧，继续战斗。在中国文化史上，刑天是一位敢于挑战权威、英勇无畏的无头巨人形象。

《山海经》是我国现存最古的地理著作，主要记载古代传说中的地理知识，包括山川、民族、物产、药物、祭祀、巫医等，具有非凡的文献价值，对中国古代历史、地理、文化、中外交通、民俗、神话等的研究均有参考。夸父逐日、女娲补天、精卫填海、大禹治水等不少脍炙人口的远古神话传说和寓言故事，便出自该书。《山海经》版本复杂，现可见最早版本为晋代郭璞《山海经传》，包括《山经》《海经》和《大荒经》三个部分。

东晋陶渊明《读〈山海经〉》：精卫衔微木，将以填沧海。刑天舞干戚，猛志固常在。同物既无虑，化去不复悔。徒设在昔心，良辰讵可待！

茅盾《中国神话研究ABC》：精卫与刑天是属于同型的神话，都是描写象征百折不回的毅力和意志的，这是属于道德意识的鸟兽神话。

袁珂《中国神话史》：(精卫填海)表现了遭受自然灾害的原始人类征服自然的渴望。

二、冯煖客孟尝君

齐人有冯煖者[1],贫乏不能自存,使人属孟尝君[2],愿寄食门下。孟尝君曰:"客何好?"曰:"客无好也。"曰:"客何能?"曰:"客无能也。"孟尝君笑而受之曰:"诺。"

左右以君贱之也[3],食以草具[4]。居有顷,倚柱弹其剑,歌曰:"长铗归来乎[5]!食无鱼。"左右以告。孟尝君曰:"食之,比门下之客。"居有顷,复弹其铗,歌曰:"长铗归来乎!出无车[6]。"左右皆笑之,以告。孟尝君曰:"为之驾,比门下之车客[7]。"于是乘其车,揭其剑,过其友曰:"孟尝君客我。"后有顷,复弹其剑铗,歌曰:"长铗归来乎!无以为家。"左右皆恶之,以为贪而不知足[8]。孟尝君问:"冯公有亲乎?"对曰:"有老母。"孟尝君使人给其食用,无使乏。于是冯煖不复歌。

后孟尝君出记[9],问门下诸客:"谁习计会[10],能为文收责于薛者乎[11]?"冯煖署曰:"能。"孟尝君怪之,曰:"此谁也?"左右曰:"乃歌夫长铗归来者也!"孟尝君笑曰:"客果有能也!吾负之,未尝见也。"请而见之,谢曰:"文倦于事,愦于忧[12],而性懧愚[13],沉于国家之事,开罪于先生。先生不羞[14],乃有意欲为收责于薛乎?"冯煖曰:"愿之。"

于是约车治装[15],载券契而行[16],辞曰:"责毕收,以何市而反[17]?"孟尝君曰:"视吾家所寡有者。"驱而之薛,使吏召诸民当偿者,悉来合券[18]。券遍合[19],起,矫命[20],以责赐诸民[21]。因烧其券。民称万岁。

长驱到齐,晨而求见。孟尝君怪其疾也[22],衣冠而见之,曰:"责毕收乎?来何疾也!"曰:"收毕矣。""以何市而反?"冯煖曰:"君云'视吾家所寡有者'。臣窃计[23],君宫中积珍宝,狗马实外厩,美人充下陈[24]。君家所寡有者,以义耳!窃以为君市义。"孟尝君曰:"市义奈何?"曰:"今君有区区之薛,不拊爱子其民[25],因而贾利之[26]。臣窃矫君命,以责赐诸民,因烧其券,民称万岁。乃臣所以为君市义也。"孟尝君不悦,曰:"诺,先生休矣。"

后期年[27],齐王谓孟尝君曰:"寡人不敢以先王之臣为臣[28]。"孟尝君就国于薛[29],未至百里[30],民扶老携幼,迎君道中终日[31]。孟尝君顾谓冯煖[32]:"先生所为文市义者,乃今日见之。"冯煖曰:"狡兔有三窟,仅得免其死耳。今君有一窟,未得高枕而卧也,请为君复凿二窟!"

孟尝君予车五十乘,金五百斤,西游于梁[33],谓惠王曰:"齐放其大臣孟尝君于薛[34],诸侯先迎之者,富而兵强。"于是梁王虚上位[35],以故相为上将军,遣使者黄金千斤,车百乘,往聘孟尝君。冯煖先驱,诫孟尝君曰:"千金,重币也;百乘,显使也。齐其闻之矣!"梁使三反[36],孟尝君固辞不往也。

齐王闻之,君臣恐惧,遣太傅赍黄金千斤[37],文车二驷[38],服剑一,封书一,谢孟尝君曰[39]:"寡人不祥[40],被于宗庙之祟[41],沉于谄谀之臣,开罪于君。寡人不足为也[42]。愿君顾先王之宗庙,姑反国统万人乎[43]?"冯煖诫孟尝君曰:"愿请先王之祭器,立宗庙于薛[44]。"庙成,还报孟尝君曰:"三窟已就,君姑高枕为乐矣。"

孟尝君为相数十年,无纤介之祸者[45],冯煖之计也。

(选自程蘷初集注,程朱昌、程育全编《战国策集注》,上海古籍出版社,2013年版)

【注释】

[1]煖(xuān):《史记》"煖"作"驩",一本作"谖",都读xuān。

[2]属:委托,请求。

[3]左右:指孟尝君身边的办事人。以:因为。贱:贱视,看不起,形容词作动词用。之:他,代冯煖。

[4]食(sì):给……吃。"食"后省宾语"之"(他)。草具:粗劣的饭食。

[5]铗(jiá):剑把,这里指剑。

[6]车:音jū,与上文"鱼"叶韵。

[7]车客:能乘车的食客。孟尝君将门客分为三等:上客食鱼、乘车;中客食鱼;下客食菜。

[8]以为:以之为。

[9]出记:出通告,出文告。

[10]习:熟悉。计会(kuài):会计工作。

[11]文:孟尝君自称其名。责(zhài):通"债"。薛:孟尝君的领地,今山东省枣庄市

附近。

[12] 愦(kuì)于忧：因于思虑而心中昏乱。

[13] 懧(nuò)：同"懦"，怯弱。

[14] 不羞：不以受怠慢为辱。羞，意动用法，认为……是羞辱。

[15] 约车治装：预备车子，置办行装。

[16] 券契：债务契约。

[17] 何市而反：买些什么东西回来。市，买。反，通"返"，返回。

[18] 合券：验对债券（借据）、契约。古时的契约，由借贷双方各持其半，作为凭信，对证时，将两券合一。

[19] 遍合：都核对过。

[20] 矫(jiǎo)命：假托（孟尝君的）命令。

[21] 以责赐诸民：把债款赐给（借债的）老百姓。意即不要偿还。以，用，把。

[22] 怪其疾：以其疾为怪。因为他回来得这么快而感到奇怪。

[23] 窃：私自。计：考虑。

[24] 下陈：后列。

[25] 拊爱：即抚爱。子其民：视民如子，形容特别爱护百姓。

[26] 贾(gǔ)利之：以商人手段向百姓谋取暴利。

[27] 期(jī)年：满一年。

[28] 齐王：齐湣王。先王：指齐宣王，湣王的父亲。

[29] 就国：到自己封地（薛）去住。

[30] 未至百里：距薛地还不到一百里。

[31] 终日：整整一天。

[32] 顾：回头看。

[33] 梁：魏国，因魏迁都大梁（今河南省开封市），故史上曾称魏为梁。

[34] 放：弃，免。于：给……机会。

[35] 虚上位：空出最高的职位（相位）。

[36] 三反：三次往聘。反，同"返"。

[37] 太傅：齐官名。周朝时太傅为三公之一。赍(jī)：赠送。

[38] 文车：雕刻或绘画着花纹的车。驷：四马驾一车。

[39] 谢：道歉。

[40] 不祥：不善、不好。

[41] 被于宗庙之祟(suì)：遭受到祖宗神灵降下的灾祸。祟，鬼神降灾祸。

[42] 不足：不值得。为：帮助，卫护。不值得帮助。

[43] 顾：顾念。姑：姑且，暂且。反国：返回齐国国都临淄。反，同"返"。统：统率，治理。万人：指全国人民。

[44] 愿：希望。请：指向齐王请求。祭器：宗庙里用于祭祀祖先的器皿。立宗庙于薛：孟尝君与齐王同族，故请求分给先王传下来的祭器，在薛地建立宗庙，将来齐即不便夺毁其国，如果有他国来侵，齐亦不能不相救。这是冯煖为孟尝君所定的安身之计，为"三窟"之一。

[45] 纤介：细微。介，通"芥"，小草，比喻微小。

【导读】

《冯煖客孟尝君》选自《战国策·齐策四》，记叙了冯煖为巩固孟尝君的政治地位而进行的种种政治外交活动（焚券市义、谋复相位、在薛建立宗庙），表现出冯煖胆识过人、多才善谋的政治才干，也反映了战国策士在当时政治军事斗争中的重要作用。

战国时期，宗法制度遭到进一步破坏，列国纷争，弱肉强食。为了保障自身利益，诸国王侯将相开展了人才抢夺战，争相养士，从而出现了"士"这一特殊阶层。"食客三千"已经成了这个时代的特点，此期养士（食客），尤以四大公子为甚。这四大公子分别是齐国的孟尝君、赵国的平原君、魏国的信陵君、楚国的春申君。这些士大多是能辩善谋，有一定的政治见解，或有一技之长，甚至身怀绝技者。本文主角冯煖展现了战国时代士的才干和智慧，也反映了那个时期的政治面貌。

清吴楚材等《古文观止》卷四：三番弹铗，想见豪士一时沦落，胸中块垒，勃不自禁。通篇写来，波澜层出，姿态横生，能使冯公须眉浮动纸上。沦落之士，遂尔顿增气色。

清余诚《重订古文释义新编》卷四：此文之妙，全在立意之奇，令人读一段想一段，真有武夷九曲，步步引人入胜之致。……谋篇之妙，殊属奇绝。若其句调之变换，摹写之精工，顿挫跌宕，关锁照应，亦无不色色入神。变体快笔，皆以为较《史记》更胜。

三、廉颇蔺相如列传(节选)

司马迁

廉颇者,赵之良将也。赵惠文王十六年[1],廉颇为赵将,伐齐,大破之,取阳晋[2]。拜为上卿[3],以勇气闻于诸侯。蔺相如者,赵人也,为赵宦者令缪贤舍人[4]。

赵惠文王时,得楚和氏璧[5]。秦昭王闻之,使人遗赵王书[6],愿以十五城请易璧。赵王与大将军廉颇诸大臣谋:欲予秦,秦城恐不可得,徒见欺[7];欲勿予,即患秦兵之来。计未定,求人可使报秦者,未得。宦者令缪贤曰:"臣舍人蔺相如可使。"王问:"何以知之?"对曰:"臣尝有罪,窃计欲亡走燕[8],臣舍人相如止臣,曰:'君何以知燕王[9]?'臣语曰:'臣尝从大王与燕王会境上[10],燕王私握臣手,曰"愿结友"。以此知之,故欲往。'相如谓臣曰:'夫赵强而燕弱,而君幸于赵王[11],故燕王欲结于君。今君乃亡赵走燕,燕畏赵,其势必不敢留君,而束君归赵矣[12]。君不如肉袒伏斧质请罪[13],则幸得脱矣。'臣从其计,大王亦幸赦臣。臣窃以为其人勇士,有智谋,宜可使[14]。"于是王召见,问蔺相如曰:"秦王以十五城请易寡人之璧,可予不[15]?"相如曰:"秦强而赵弱,不可不许。"王曰:"取吾璧,不予我城,奈何?"相如曰:"秦以城求璧而赵不许,曲在赵[16]。赵予璧而秦不予赵城,曲在秦。均之二策[17],宁许以负秦曲[18]。"王曰:"谁可使者?"相如曰:"王必无人,臣愿奉璧往使。城入赵而璧留秦;城不入,臣请完璧归赵。"赵王于是遂遣相如奉璧西入秦。

秦王坐章台[19]见相如,相如奉璧奏秦王[20]。秦王大喜,传以示美人及左右,左右皆呼万岁。相如视秦王无意偿赵城,乃前曰:"璧有瑕[21],请指示王。"王授璧,相如因持璧却立[22],倚柱,怒发上冲冠,谓秦王曰:"大王欲得璧,使人发书至赵王,赵王悉召群臣议,皆曰'秦贪,负其强[23],以空言求璧,偿城恐不可得'。议不欲予秦璧。臣以为布衣之交尚不相欺,况大国乎!且以一璧之故逆强秦之欢,不可。于是赵王乃斋戒五日,使臣奉璧,拜送书于庭[24]。何者？严大国之威以修敬也[25]。今臣至，大王见臣列观[26]，礼节甚倨；得璧，传之美人，以戏弄臣。臣观大王无意偿赵王城邑，故臣复取璧。大王必欲急臣[27]，臣头今与璧俱碎于柱矣！"相如持其璧睨柱[28]，欲以击柱。秦王恐其破璧，乃辞谢固请[29]，召有司案图[30]，指从此以往十五都予赵。相如度秦王特以诈佯为予赵城[31]，实不可得，乃谓秦王曰："和氏璧，天下所共传宝也[32]，赵王恐，不敢不献。赵王送璧时，斋戒五日，今大王亦宜斋戒五日，设九宾于廷[33]，臣乃敢上璧。"秦王度之，终不可强夺，遂许斋五日，舍相如广成传[34]。相如度秦王虽斋，决负约不偿城，乃使其从者衣褐[35]，怀其璧，从径道亡[36]，归璧于赵。

秦王斋五日后，乃设九宾礼于廷，引赵使者蔺相如。相如至，谓秦王曰："秦自缪公以来二十余君，未尝有坚明约束者也[37]。臣诚恐见欺于王而负赵，故令人持璧归，间至赵矣[38]。且秦强而赵弱，大王遣一介之使至赵，赵立奉璧来。今以秦之强而先割十五都予赵，赵岂敢留璧而得罪于大王乎？臣知欺大王之罪当诛，臣请就汤镬[39]，唯大王与群臣孰计议之[40]。"秦王与群臣相视而嘻[41]。左右或欲引相如去，秦王因曰："今杀相如，终不能得璧也，而绝秦赵之欢，不如因而厚遇之[42]，使归赵，赵王岂以一璧之故欺秦邪！"卒廷见相如[43]，毕礼而归之[44]。

相如既归，赵王以为贤大夫使不辱于诸侯，拜相如为上大夫。秦亦不以城予赵，赵亦终不予秦璧。

其后，秦伐赵，拔石城[45]。明年，复攻赵，杀二万人。

秦王使使者告赵王，欲与王为好会于西河外渑池[46]。赵王畏秦，欲毋行[47]。廉颇、蔺相如计曰："王不行，示赵弱且怯也。"赵王遂行，相如从。廉颇送至境，与王诀曰："王行，度道里会遇之礼毕[48]，还，不过三十日。三十日不还，则请立太子为王，以绝秦望。"王许之，遂与秦王会渑池。秦王饮酒酣，曰："寡人窃闻赵王好音[49]，请奏瑟。"赵王鼓瑟。秦御史前书曰"某年月日，秦王与赵王会饮，令赵王鼓瑟"。蔺相如前曰："赵王窃闻秦王善为秦声[50]，请奏盆缻秦王[51]，以相娱乐。"秦王怒，不许。于是相如前进缻，因跪请秦王。秦王不肯击缻。相如曰："五步之内，相如请得以颈血溅大王矣!"左右欲刃相如[52]，相如张目叱之[53]，左右皆靡[54]。于是秦王不怿[55]，为一击缶。相如顾召赵御史书曰"某年月日，秦王为赵王击缶"。秦之群臣曰："请以赵十五城为秦王寿[56]!"蔺相如亦曰："请以秦之咸阳为赵王寿!"秦王竟酒[57]，终不能加胜于赵。赵亦盛设兵以待秦[58]，秦不敢动。

既罢归国，以相如功大，拜为上卿，位在廉颇之右[59]。

廉颇曰："我为赵将，有攻城野战之大功，而蔺相如徒以口舌为劳，而位居我上，且相如素贱人[60]，吾羞，不忍为之下。"宣言曰："我见相如，必辱之。"相如闻，不肯与会。相如每朝时，常称病，不欲与廉颇争列。已而相如出，望见廉颇，相如引车避匿。于是舍人相与谏曰："臣所以去亲戚而事君者，徒慕君之高义也。今君与廉颇同列，廉君宣恶言而君畏匿之，恐惧殊甚，且庸人尚羞之，况于将相乎！臣等不肖，请辞去。"蔺相如固止之，曰："公之视廉将军孰与秦王[61]?"曰："不若也。"相如曰："夫以秦王之威，而相如廷叱之，辱其群臣，相如虽驽，独畏廉将军哉？顾吾念之，强秦之所以不敢加兵于赵者，徒以吾两人在也。今两虎共斗，其势不俱生。吾所以为此者，以先国家之急而后私仇也。"廉颇闻之，肉袒负荆[62]，因宾客至蔺相如门谢罪，曰："鄙贱之人，不知将军宽之至此也[63]。"卒相与欢，为刎颈之交[64]。

……

太史公曰：知死必勇，非死者难也，处死者难[65]。方蔺相如引璧睨柱，及叱秦王左右，势不过诛，然士或怯懦而不敢发[66]。相如一奋其气，威信敌国[67]，退而让颇，名重太山[68]，其处智勇，可谓兼之矣！

（选自司马迁著《史记》卷八十一，中华书局，1963年版）

【注释】

[1]赵惠文王十六年：公元前283年。赵惠文王，赵国君主，名何。

[2]阳晋：齐国城邑，在今山东省菏泽市西北。

[3]上卿：战国时期诸侯国大臣中最高的官位。

[4]宦者令：宦官的首领。舍人：有职务的门客。

[5]和氏璧：战国时著名的玉璧，是楚人卞和发现的，故名。事见《韩非子·和氏》。

[6] 遗(wèi):送。

[7] 徒见欺:白白地被欺骗。

[8] 亡走燕:逃到燕国去。

[9] 何以知燕王:根据什么知道燕王(会收留你)。

[10] 境上:指燕赵两国的边境。

[11] 幸于赵王:被赵王宠爱。幸,宠幸。

[12] 束君归赵:把您捆绑起来送还赵国。

[13] 肉袒伏斧质:解衣露体,伏在斧质上。袒,脱衣露体。质,同"锧",承斧的砧板。

[14] 宜可使:可供差遣。宜,适宜。

[15] 不:同"否"。

[16] 曲:理屈,理亏。

[17] 均之二策:衡量这两个计策。均,衡量。之,这。

[18] 宁许以负秦曲:宁可答应,而让秦国承担理亏的责任。

[19] 章台:秦离宫中的台观名。

[20] 奏:进献。

[21] 瑕:玉上的斑点或裂痕。

[22] 却立:倒退几步立定。

[23] 负:倚仗。

[24] 书:指赵王的复信。庭:同"廷",朝堂。

[25] 严:尊重,敬畏。修敬:致敬。

[26] 列观(guàn):一般的台观,指章台。不在朝堂接见,说明秦对赵使的不尊重。

[27] 急:逼迫。

[28] 睨(nì):斜视。

[29] 辞谢:婉言道歉。固请:坚决请求(相如不要把璧撞破)。

[30] 有司:职有专司的官吏。案图:查明地图。案,通"按"。

[31] 特:只,只是。佯为:假装做。

[32] 共传:即公认。

[33] 设九宾:一种外交上最隆重的仪式。有傧相九人依次传呼接引宾客上殿。宾,同"傧"。

[34] 舍:安置。广成传(zhuàn):广成,宾馆名。传,传舍,宾馆。

[35]衣(yì)褐:穿着粗麻布短衣,指化装成平民百姓。

[36]径道:小路。

[37]坚明约束:坚决明确地遵守信约。约束,信约。

[38]间(jiàn):抄小路,与上文"从径道亡"相应。

[39]就汤镬(huò):指接受烹刑。汤,沸水。镬,大锅。

[40]孰:同"熟",仔细。

[41]嘻:苦笑声。

[42]因而厚遇之:趁此优厚地款待他。

[43]卒廷见相如:终于在朝堂上接见蔺相如。

[44]毕礼而归之:举行完廷见的外交大礼然后送他回国。

[45]拔石城:攻取石城。石城,故址在今河南省林州市西南。

[46]为好:修好。西河外渑(miǎn)池:西河,黄河西边。渑池,今河南省渑池县。

[47]欲毋行:想不去。

[48]度道里会遇之礼毕:估算前往渑池的路程和会谈完毕的时间。道里,路程。

[49]好音:喜欢音乐。

[50]秦声:秦国的音乐。

[51]盆缻(fǒu):均为瓦器。缻,同"缶"。秦人敲打盆缶作为唱歌时的节拍。

[52]刃:刀锋。这里是杀的意思。

[53]叱:喝骂。

[54]靡:倒下,这里指后退。

[55]怿(yì):愉快。

[56]为秦王寿:祝秦王长寿,指向秦王献礼。

[57]竟酒:直到酒宴完毕。

[58]盛设兵:多布置军队。

[59]右:上。古人以右为尊。

[60]相如素贱人:指蔺相如这个人做过太监的家臣,向来微贱。素,素来,向来。

[61]孰与秦王:与秦王相比怎么样?孰与,与……相比。孰,谁,哪一个。

[62]负荆:背着荆条,表示愿受鞭打。

[63]将军:当时的上卿兼职将相,所以廉颇这样称呼蔺相如。

[64]刎(wěn)颈之交:指能够共患难、同生死的朋友。刎颈,杀头。刎,割。

046

[65]处死:如何对待死。处,处理,对待。
[66]发:发作,表现。
[67]威信敌国:威力伸张出来压倒敌国。信,伸张。
[68]太山:即泰山。

【导读】

司马迁(前145或前135—前87?),字子长,西汉夏阳(今陕西韩城,一说今山西省河津市)人,中国古代伟大的史学家、文学家、思想家。《史记》,原名《太史公书》,我国第一部纪传体通史,记载了从上古传说中的黄帝时期,到汉武帝元狩元年3000多年的历史。

战国末,强秦采取远交近攻、各个击破的战略,积极对外扩张。为了阻击强秦,实力比秦稍弱的赵国,君臣将相同仇敌忾,演绎了许多可歌可泣的动人故事。本篇为合传,以廉颇、蔺相如为主并记述了赵奢父子及李牧的主要事迹。选入教材时,删去了记述赵奢父子及李牧事迹的相关文字。价值连城、完璧归赵、渑池之会、布衣之交、负荆请罪、刎颈之交、怒发冲冠、白璧微瑕等成语均出自本篇。

教材所节选的廉颇、蔺相如事迹部分,太史公通过"完璧归赵""渑池之会""负荆请罪"三个典型故事,突出表现了蔺相如面对强敌,有礼有节有据,斗智斗勇,临危不惧,置个人生死于不顾,捍卫了国家的尊严,维护了国家的独立。而当面对来自同僚的挑衅时,则能够做到顾全大局,看轻个人得失,不计个人恩怨,"先国家之急而后私仇"。与此同时,传记也很好地表现出了廉颇知错必改,光明磊落,耿介豪迈的军人作风和将军气派。

明凌稚隆《史记评林》卷八一:相如渑池之会,如请秦王击缶,如召赵御史书,如请咸阳为寿,一一与之相匹,无纤毫挫于秦,一时勇敢之气,真足以褫秦人之魄者,太史公每于此等处,更著精神。

清李晚芳《读史管见》卷二:人徒以完璧归赵,渑池抗秦二事,艳称相如,不知此一才辩之士所能耳,未足以尽相如;惟观其引避廉颇一段议论,只知有国,不知有己,深得古人公尔国尔之意,非大学问人,见不到,亦道不出,宜廉将军闻而降心请罪也。人只知廉颇善用兵,能战胜攻取耳,亦未足以尽廉颇;观其与赵王诀,如期不还,请立太子以绝秦望之语,深得古人社稷为重之旨,非大胆识不敢出此言,非大忠勇不敢任此事。

四、归去来兮辞[1]

陶渊明

序

  余家贫,耕植不足以自给。幼稚盈室,瓶无储粟[2],生生所资[3],未见其术[4]。亲故多劝余为长吏[5],脱然有怀[6],求之靡途[7]。会有四方之事[8],诸侯以惠爱为德[9],家叔以余贫苦[10],遂见用于小邑。于时风波未静[11],心惮远役。彭泽去家百里,公田之利[12],足以为酒,故便求之。及少日,眷然有归欤之情[13]。何则?质性自然,非矫励所得;饥冻虽切,违己交病。尝从人事[14],皆口腹自役[15]。于是怅然慷慨,深愧平生之志。犹望一稔[16],当敛裳宵逝[17]。寻程氏妹丧于武昌[18],情在骏奔[19],自免去职。仲秋至冬,在官八十余日。因事顺心,命篇曰《归去来兮》。乙巳岁十一月也。

  归去来兮,田园将芜胡不归!既自以心为形役,奚惆怅而独悲?悟已往之不谏,知来者之可追[20]。实迷途其未远,觉今是而昨非。舟遥遥以轻飏[21],风飘飘而吹衣。问征夫以前路[22],恨晨光之熹微[23]。

  乃瞻衡宇[24],载欣载奔。僮仆欢迎,稚子候门。三径就荒[25],松菊犹存。携幼入室,有酒盈樽。引壶觞以自酌,眄庭柯以怡颜[26]。倚南窗以寄傲[27],审容膝之易安[28]。园日涉以成趣,门虽设而常关。策扶老以流憩[29],时矫首而遐观。云无心以出岫[30],鸟倦飞而知还。景翳翳以将入[31],抚孤松而盘桓。

  归去来兮,请息交以绝游。世与我而相违,复驾言兮焉求[32]!悦亲戚之情话[33],乐琴书以消忧。农人告余以春及,将有事于西畴[34]。或命巾车[35],或棹孤舟[36]。既窈窕以寻壑[37],亦崎岖而经丘。木欣欣以向荣,泉涓涓而始流。善万物之得时[38],感吾生之行休[39]。

  已矣乎,寓形宇内复几时!曷不委心任去留[40],胡为乎遑遑欲何之[41]？富贵非吾愿,帝乡不可期[42]。怀良辰以孤往,或植杖而耘耔[43]。登东皋以舒啸[44],临清流而赋诗。聊乘化以归尽[46],乐夫天命复奚疑!

(选自《四部丛刊》影印宋本《笺注陶渊明集》)

【注释】

[1]归去来兮:即归去。来、兮,都是语助词,无实义。

[2]瓶:盛米用的陶制容器,如罂、瓮之类。

[3]生生:指维持生计。前一"生"字为动词,后一"生"字为名词。

[4]术:这里指经营生计的本领。

[5]长吏:称地位较高的县级官吏,有时也称地位较高的官员。

[6]脱然:轻快的样子。有怀:有想法,文中指有了做官的念头。

[7]靡途:没有门路。

[8]四方之事:指他接受建威将军江州刺史刘敬宣任命出使的事情。《论语·子路》:"行己有耻,使于四方,不辱君命,可谓士矣。"《韩非子·扬权第八》:"事在四方,要在中央。圣人执要,四方来效。"

[9]诸侯:当指车骑将军刘裕,陶渊明曾任刘裕的镇军参军。

[10]家叔:指陶渊明的叔父陶夔,时任太常卿。

[11]风波未静:各地战争未停。

[12]公田:供俸禄之田。利:收益。

[13]眷然:思恋的样子。归欤之情:归隐的念头。《论语·公冶长》:"归欤!归欤!吾党之小子狂简,斐然成章,不知所以裁之。"

[14]从人事:从事于仕途中的人事交往。指做官。

[15]口腹自役:为了满足口腹的需要而驱使自己。

[16]一稔(rěn):农作物成熟一次,指一年。稔,谷物成熟。

[17]敛裳:收拾行装。

[18]程氏妹:嫁到程家的妹妹。

[19]情在骏奔:心情急切,如骏马奔驰。

[20]"悟已往"二句:我终于觉悟到,过去做错了的事已经不能改正,同时也意识到,未来的事还可以补救。谏,止,挽回。追,补救。《论语·微子》:"楚狂接舆歌而过孔子曰:'凤兮凤兮,何德之衰!往者不可谏,来者犹可追。已而,已而!今之从政者殆而!'"

[21] 遥遥:同"摇摇",船行摇动的样子。轻飏:形容船驶行轻快。飏,飘扬。

[22] 征夫:在本文指行人。

[23] 熹微:微亮,天未大亮。熹,光明。

[24] 衡宇:犹衡门。衡,通"横"。横木为门,形容房屋简陋。

[25] 三径:此处用典。汉代蒋诩隐居后,在屋前竹下开了三条小路,只与隐士求仲、羊仲二人交往。

[26] 眄:斜着眼睛看。

[27] 寄傲:寄托狂放高傲的情怀。

[28] 审:明白。容膝:形容居室狭小,仅能容下两膝。易安:易使人安乐。《韩诗外传》卷九载北郭先生辞楚王之聘,妻子很支持他,说:"今如结驷列骑,所安不过容膝。"

[29] 策扶老:拄着拐杖。扶,扶竹,一种竹子。因扶竹适做拐杖,故称拐杖为"扶老"。

[30] 岫(xiù):山洞。

[31] 景:日光。翳翳:阴暗的样子。

[32] 驾:驾车,这里指出游。言:语助词,无实义。

[33] 情话:知心话。

[34] 有事:农事。

[35] 巾车:有车帷的车。

[36] 棹(zhào):划船的一种工具,形状和桨差不多。文中用作动词,划桨。

[37] 窈窕:本文指水路深远曲折。

[38] 善:赞美。

[39] 行休:将要结束,指死亡。

[40] 委心:顺随心意。去留:生死。

[41] 遑遑:心神不定的样子。

[42] 帝乡:天帝之乡,指仙境。

[43] 植杖:把手杖插在地上。耘耔:翻土除草,亦泛指耕种。

[44] 皋:水边高地。舒啸:放声长啸。"啸"是撮口发出长而清越的声音。

[46] 乘化:顺随自然的运转变化。归尽:死亡。

【导读】

陶渊明(365—427),东晋诗人、辞赋家、散文家。一名潜,字元亮,私谥靖节。浔阳柴桑(今江西省九江市)人。《晋书》《宋书》均谓其为陶侃曾孙。曾任江州祭酒、镇军参军、彭泽令等,后去职归隐,绝意仕途,被誉为"古今隐逸诗人之宗"。陶渊明长于诗文辞赋,诗多描绘田园风光及其在农村生活的情景,开创了田园诗派。有《陶渊明集》。

《归去来兮辞》由序和辞两部分组成。序是对前半生道路的省思;辞则是作者在脱离官场之际,对新生活的想象和向往。这篇辞赋,不仅是陶渊明一生转折点的标志,亦是中国文学史上表现归隐意识的创作之高峰。

晋安帝义熙元年(405),陶渊明因生活所迫,违背自身意愿而勉强任职彭泽县令,在官仅八十余日便辞职归田,并创作了这首传诵千古的抒情小赋。《归去来兮辞》叙述了作者辞官归隐后的生活情趣和内心感受,表达了他对官场的认识以及对人生的思索,表现了他洁身自好、不同流合污的情操。作品通过描写具体的景物和活动,创造出一种宁静恬适、乐天自然的意境,寄托了他的生活理想。语言朴素,辞意畅达,匠心独运而又通脱自然,感情真挚,意境深远,有很强的感染力。结构安排严谨周密,散体序文重在叙述,韵文辞赋则全力抒情,二者各司其职,成"双美"之势。

元李公焕《笺注陶渊明集》引欧阳修语:晋无文章,惟陶渊明《归去来兮辞》一篇而已。

元李公焕《笺注陶渊明集》引李格非语:陶渊明《归去来兮辞》,沛然如肺腑中流出,殊不见斧凿痕。

清毛庆蕃《古文学馀》:素怀洒落,逸气流行,字字寰中,字字尘外。

五、南陵别儿童入京[1]

李白

白酒新熟山中归[2],黄鸡啄黍秋正肥。

呼童烹鸡酌白酒,儿女嬉笑[3]牵人衣。

高歌取醉欲自慰,起舞落日争光辉。

游说万乘苦不早[4],著鞭跨马涉远道。

会稽愚妇轻买臣[5],余亦辞家西入秦[6]。

仰天大笑出门去,我辈岂是蓬蒿人[7]。

(选自王琦注《李太白全集》卷十五,中华书局,1977年版)

【注释】

[1]南陵:东鲁曲阜县(今山东省曲阜市)南有陵城村,人称南陵。

[2]白酒新熟山中归:一作"白酒初熟山中归"。陶潜诗:"归去来山中,山中酒应熟。"白酒:古代酒分清酒、白酒两种。《太平御览》卷八四四引三国魏鱼豢《魏略》:"太祖时禁酒,而人窃饮之。故难言酒,以白酒为贤人,清酒为圣人。"

[3]嬉笑:欢笑;戏乐。《魏书·崔光传》:"远存瞩眺,周见山河,因其所眄,增发嬉笑。"

[4]游说(shuì):战国时,有才之人以口辩舌战打动诸侯,获取官位,称为游说。万乘(shèng):君主。周朝制度,天子地方千里,车万乘。后来称皇帝为万乘。苦不早:意思是恨不能早些年头见到皇帝。

[5]会稽愚妇轻买臣:用朱买臣典故。买臣,即朱买臣。据《汉书·朱买臣传》:"朱买臣字翁子,吴人也。家贫,好读书,不治产业,常刈薪樵,卖以给食,担束薪,行且诵书。其妻亦负戴相随,数止买臣毋歌呕道中。买臣愈益疾歌,妻羞之,求去。买臣笑曰:'我年五十当富贵,今已四十余矣。汝苦日久,待我富贵报汝功。'妻恚怒曰:'如公等,终饿死沟中耳,何能富贵?'买臣不能留,即听去……拜为太守……入吴界,见其故妻、妻夫治道。买臣驻车,呼令后车载其夫妻,到太守舍,置园中,给食之。居一月,妻自经死……"

[6]西入秦:一作"方入秦"。即从南陵动身西行到长安去。秦,指唐时首都长安,春

秋战国时为秦地。

[7]蓬蒿人：草野之人，指未仕，这里也指胸无大志的庸人。蓬、蒿，都是草本植物，这里借指草野民间。

【导读】

本诗一作《古意》，通篇用赋，兼采比兴，夹叙夹议，正面描写与侧面烘托相结合，在豪放跌宕的笔调中，洋溢着诗人积极奔放的生活热情和慷慨激越的进取精神。全诗充分表达了诗人实现抱负后极其喜悦的心情和豪迈自得的心境。

诗歌首先写白酒新熟、黄鸡啄黍，渲染欢快气氛，衬托出诗人兴高采烈的情绪。接着写一进家门就呼童烹鸡酌酒，神情飞扬，颇有欢庆奉诏之意。此后更是通过儿女嬉笑、开怀痛饮、高歌起舞几个典型场景，活灵活现地表现诗人喜悦自得的心情，并在此基础上，又进一步描写自己的内心世界，不仅用"苦不早"和"著鞭跨马"表现出诗人的满怀希望和急切之情，还用会稽愚妇瞧不起朱买臣的典故，告诫妻子，说自己会像朱买臣一样，西去长安就可青云直上。其得意之态溢于言表，得意之中似有指责。诗情经过一层层推演，至此，感情的波澜涌向高潮。最后诗人用"仰天大笑出门去，我辈岂是蓬蒿人"收束全篇。"仰天大笑"，可以想见其得意的神态；"岂是蓬蒿人"，显示了无比自负的心理。

明高棅《唐诗品汇》：草草一语，倾倒至尽。起四句说得，还山之乐，磊落不辛苦，而情实畅然，不可胜道。

清贺裳《载酒园诗话又编》：杜自称"沉郁顿挫"，谓李"飞扬跋扈"，二语最善形容。后复称其"笔落惊风雨，诗成泣鬼神"，推许至矣。

清高宗敕编《唐宋诗醇》：结句以直致见风格，所谓词意俱尽，如截奔马。

六、虬髯客传

杜光庭

隋炀帝之幸江都也,命司空杨素守西京[1]。素骄贵,又以时乱,天下之权重望崇者,莫我若也[2],奢贵自奉,礼异人臣。每公卿入言,宾客上谒,未尝不踞床而见[3],令美人捧出,侍婢罗列,颇僭于上,末年益甚,无复知所负荷、有扶危持颠之心。

一日,卫公李靖以布衣上谒,献奇策。素亦踞见之。靖前揖曰:"天下方乱,英雄竞起。公为帝室重臣,须以收罗豪杰为心,不宜踞见宾客。"素敛容而起,谢公,与语,大悦,收其策而退。当公之骋辩也[4],一妓有殊色,执红拂[5],立于前,独目公。公既去,而执拂者临轩[6],指吏曰:"问去者处士第几[7]?住何处?"吏具以答。妓颔而去[8]。

公归逆旅[9]。其夜五更初,忽闻叩门而声低者,公起问焉。乃紫衣戴帽人,杖揭一囊[10]。公问谁,曰:"妾,杨家之红拂妓也。"公遽延入[11]。脱衣去帽,乃十八九佳丽人也。素面华衣而拜。公惊答拜。曰:"妾侍杨司空久,阅天下之人多矣,无如公者。丝萝非独生,愿托乔木[12],故来奔耳。"靖曰:"杨司空权重京师,如何?"曰:"彼尸居余气[13],不足畏也。诸妓知其无成,去者众矣。彼亦不甚逐也。计之详矣。幸无疑焉。"问其姓,曰:"张。"问其伯仲之次[14]。曰:"最长。"观其肌肤、仪状、言词、气性,真天人也。公不自意获之,益喜益惧,瞬息万虑不安,而窥户者足无停履[15]。既数日,闻追访之声,意亦非峻。乃雄服乘马[16],排闼而去[17],将归太原。

行次灵石旅舍[18],既设床,炉中烹肉且熟。张氏以发长委地,立梳床前。公方刷马,忽有一人,中形[19],赤髯如虬,乘蹇驴而来[20]。投革囊于炉前,取枕欹卧[21],看张梳头。公怒甚,未决,犹亲刷马。张熟视其面,一手握发,一手映身摇示公,令勿怒。急急梳头毕,敛衽前问其姓[22]。卧客答曰:"姓张。"对曰:"妾亦姓张。合是妹。"遽拜之。问第几。曰:"第三。"因问妹第几。曰:"最长。"遂喜曰:"今夕幸逢一妹。"张氏遥呼:"李郎且来见三兄!"公骤拜之。遂环坐。曰:"煮者何肉?"曰:"羊肉,计已熟矣。"客曰:"饥。"靖出市胡饼[23]。客抽腰间匕首,切肉共食。食竟,余肉乱切送驴前食之,甚速。客曰:"观李郎之行,贫士也。何以致斯异人[24]?"曰:"靖虽贫,亦有心者焉。他人见问,故不言,兄之问,则不隐耳。"具言其由。曰:"然则何之?"曰:"将避地太原。"曰:"然。吾故非君所致也[25]。"曰:"有酒乎?"曰:"主人西,则酒肆也。"公取酒一斗。既巡,客曰:"吾有少下酒物,李郎能同之乎?"曰:"不敢。"于是开革囊,取一人头并心肝。却头囊中,以匕首切心肝,共食之。曰:"此人天下负心者,衔之十年,今始获之。吾憾释矣。"又曰:"观李郎仪形器宇,真丈夫也。亦闻太原有异人乎?"曰:"尝识一人,愚谓之真人也[26]。其余,将帅而已。"曰:"何姓?"曰:"靖之同姓[27]。"曰:"年几?"曰:"仅二十。"曰:"今何为?"曰:"州将之子[28]。"曰:"似矣。亦须见之。李郎能致吾一见乎?"曰:"靖之友刘文静者,与之狎。因文静见之可也。然兄何为?"曰:"望气者言太原有奇气,使吾访之。李郎明发,何日到太原?"靖计之,某日当到。曰:"达之明日,日方曙,我于汾阳桥。"语讫,乘驴而去,其行若飞,回顾已失。公与张氏且惊且喜,久之,曰:"烈士不欺人[29],固无畏。"促鞭而行。

及期,入太原,果复相见。大喜,偕诣刘氏。诈谓文静曰:"有善相思见郎君,请迎之。"文静素奇其人,一旦闻有客善相,遽致使迎之。使回而至,不衫不履[30],裼裘而来[31],神气扬扬,貌与常异。虬髯默居末坐,见之心死,饮数杯,招靖曰:"真天子也!"公以告刘,刘益喜,自负[32]。既出,而虬髯曰:"吾得十八九矣。然须道兄见之。李郎宜与一妹复入京。某日午时,访我于马行东酒楼,下有此驴及瘦骡,即我与道兄俱在其上矣。到即登焉。"

公与张氏复应之。即期访焉,宛见二乘。揽衣登楼,虬髯与一道士方对饮,见公惊喜,召坐,围饮十数巡,曰:"楼下柜中有钱十万[33]。择一深隐处,驻一妹毕[34]。某日复会我于汾阳桥。"如期至,即道士与虬髯已到矣。俱谒文静。时方弈棋,揖而话心焉。文静正书迎文皇看棋。道士对弈,虬髯与公傍侍焉。俄而文皇到来,精彩惊人,长揖而坐。神气清朗,满坐风生,顾盼炜如也[35]。道士一见惨然,下棋子曰:"此局全输矣[36]！于此失却局哉！救无路矣！复奚言！"罢弈而请去。既出,谓虬髯曰:"此世界非公世界。他方可图也。勉之,勿以为念。"因共入京。虬髯曰:"计李郎之程,某日方到。到之明日,可与一妹同诣某坊曲小宅相访[37]。李郎相从一妹,悬然如磬[38]。欲令新妇祗谒[39],兼议从容[40],无前却也[41]。"言毕,吁嗟而去。

公策马而归。即到京,遂与张氏同往。至一小板门,扣之,有应者,拜曰:"三郎令候李郎、一娘子久矣。"延入重门,门益壮丽。婢四十人,罗列庭前。奴二十人,引公入东厅。厅之陈设,穷极珍异,巾箱妆奁冠镜首饰之盛,非人间之物。巾栉妆梳毕[42],请更衣,衣又珍奇。既毕,传云:"三郎来！"乃虬髯纱帽裼裘而来,亦有龙虎之状[43],欢然相见。催其妻出拜,盖亦天人耳。遂延中堂,陈设盘筵之盛,虽王公家不侔也。四人对坐,牢馔毕[44],陈女乐二十人,列奏于前,若从天降,非人间之曲。食毕,行酒[45]。家人自堂东舁出二十床[46],各以锦绣帕覆之。既陈,尽去其帕,乃文簿钥匙耳[47]。虬髯曰:"此尽宝货泉贝之数[48]。吾之所有,悉以充赠。何者？某本欲以此世界求事,或当龙战三二十载[49],建少功业。今既有主,住亦何为？太原李氏,真英主也。三五年内,即当太平。李郎以奇特之才,辅清平之主,竭心尽善,必极人臣。一妹以天人之姿,蕴不世之艺,从夫之贵,以盛轩裳[50]。非一妹不能识李郎,非李郎不能荣一妹。圣贤起陆之渐[51],际会如期,虎啸风生,龙腾云萃[52],固非偶然也。持余之赠,以佐真主,赞功业也,勉之哉！此后十余年,东南数千里外有异事,是吾得志之秋也。一妹与李郎可沥酒东南相贺[53]。"因命家童列拜,曰:"李郎一妹,是汝主也！"言讫,与其妻从一奴,乘马而去。数步,遂不复见。

公据其宅,乃为豪家,得以助文皇缔构之资,遂匡天下。

贞观十年,靖以左仆射平章事[54]。适南蛮入奏曰:"有海船千艘,甲兵十万,入扶余国[55],杀其主自立。国已定矣。"靖心知虬髯得事也。归告张氏,具衣拜贺,沥酒东南,祝拜之。乃知真人之兴也,非英雄所冀。况非英雄者乎？人臣之谬思乱者,乃螳臂之拒走轮耳。我皇家垂福万叶,岂虚然哉。

或曰:"卫公之兵法[56],半乃虬髯所传耳。"

(选自王泽君、常思春选注《古代短篇小说选注》,北京出版社,1983年版)

【注释】

[1]司空:官名,掌工程营造之事。大司空、大司马、大司徒并称"三公"。守:古代皇帝出巡或亲征,命大臣督守京城,权宜行事,称留守。西京:隋代建都大兴(今陕西省西安市),炀帝以洛阳为东京,故称大兴城为西京。

[2]莫我若也:即莫若我也,没有人比得上我。

[3]踞:盘腿而坐,这是一种轻慢的坐姿。

[4]骋辩:滔滔不绝的辩论。

[5]拂:指拂尘,用来擦拭灰尘或驱赶蚊虫。

[6]轩:有窗户的长廊。

[7]处士:对未做官的读书人的敬称。第几:在堂兄弟中的排行次序。

[8]颔:点头,表领会之意。

[9]逆旅:旅店。

[10]杖揭:以杖挑物而负于肩。

[11]遽延:急忙引导。

[12]丝萝非独生,愿托乔木:丝萝,即菟丝、女萝,这两种蔓生草本植物依附高大乔木方能生长,比喻女子嫁人,得所依托。

[13]尸居余气:比死人只多一口气,即快要死了。

[14]伯仲之次:在兄弟姐妹中的行第。

[15]窥户者足无停履:此句具体描写李靖不安的情形,说他不断地走向门口向外窥探是否有人追踪而来。无停履,脚步不停。

[16]雄服:穿上男装,此指张氏女扮男装。

[17]排闼(tà)而去:推开门扬长而去。闼,小门。

[18]次:停宿。灵石:隋县名,今山西省灵石县。

[19]中形:中等身材。

[20]蹇驴:跛脚的驴子。

[21]欹卧:斜躺着。

[22]敛衽:古代女子所行的拜手礼。衽,即衣襟。

[23]市胡饼:买烧饼。

[24]何以致斯异人:凭什么得到这样的美人。

[25]吾故非君所致也:我毕竟不是你所投靠的人。

[26]真人:真命天子。

[27]靖之同姓:指李世民。

[28]州将:李渊隋时为太原留守,故称州将。

[29]烈士:豪侠之人。

[30]不衫不履:未穿正式衣服,仅穿便服,表明李世民不拘小节。

[31]褐裘:呼应上一句,古代正式服装穿着顺序,依次是泽衣即内衣,褐衣即中衣,裘衣即皮衣,正服。

[32]自负:自认为眼力不凡。

[33]钱十万:古时铜钱,圆形方孔,将一千个铜钱穿成一串,称为一贯,十万,大约一百贯。

[34]驻:安置,安顿。

[35]炜:光辉的样子。

[36]局:棋局,双关语,暗指天下大局。

[37]坊曲:街坊里巷。

[38]悬然如磬:家里空荡荡的,什么也未挂,形容贫穷。《左传·僖公二十六年》:"室如县罄。"县,同"悬",悬挂。磬,同"罄",尽,空。

[39]新妇:对自己妻子的谦称。祗谒:犹言拜见。

[40]从容:整理仪容。

[41]无前却也:先不要推辞。

[42]巾栉:面巾,名词做动词,洗脸。此为梳洗打扮。

[43]龙虎之状:龙行虎步的样子,指状貌不凡。

[44]牢馔:饮食。

[45]行酒:逐一为客酌酒劝饮,为宴会结束前的礼节。

[46]舁(yú):用扛抬。床:放置器物的架子。

[47]文簿:登录财务的簿册。

[48]泉贝:钱币。古时称钱为泉,乃取其流通如泉水之意。贝,指贝壳,古时以贝壳为货币。

[49]龙战:比喻群雄对峙争夺天下的战争。

[50]轩裳:古代卿大夫乘轩车着冕服,因以轩裳借指显贵者。轩,古代一种有篷,有屏蔽的车子。裳,指冕服,是古代大夫以上者的礼冠与服饰。

[51]起陆之渐:谓龙蛇平时蛰伏,一有机会则陆起飞升,比喻群雄乘时并起。渐,事情的开始。

[52]虎啸风生,龙腾云萃:比喻帝王在开创基业的时候,必定有辅佐他的人随之而至。虎、龙,比喻帝王。风、云,比喻辅臣。萃,聚集。

[53]沥酒:洒酒。此为祭神的礼仪,含有祝祷之意。

[54]左仆射(yè)平章事:唐代设置左右仆射,是尚书省的副长官。左仆射平章事相当于宰相。

[55]扶余国:古国名,在今辽宁、吉林一带,东汉时建国,唐以前已灭国,此为小说家虚构。

[56]卫公之兵法:李靖精通兵法,著有《卫公兵法》,已佚,今传《李卫公问对》三卷,乃阮逸所作。

【导读】

《虬髯客传》是一篇描写侠义的传奇小说。小说作者有杜光庭、张说、裴铏等说法,此用最流行的杜光庭说。杜光庭(850—933),字宾圣,处州缙云(今浙江省缙云县)人,晚唐著名道教人物。性喜读书,好为辞章,有《广成集》十七卷、《神仙感遇传》、《录异记》等传世。

晚唐时期,统治者荒废朝政,权贵奢贵自奉,藩镇割据,互相斗争,往往畜养刺客以牵制和威慑对方,而神仙方术又赋予这些剑侠以超现实主义神秘色彩。生活于水深火热中的百姓便寄希望于这些剑客豪侠之流,由此产生许多相应题材的作品。本篇写身处隋末乱世的虬髯客欲谋求帝位,但当其看出李世民是"真命天子"之后,遂断绝念想,并倾其家私资助李靖辅佐李世民成就霸业。

小说以李靖的视角展开故事情节,并将其刻画成一位颇得红拂这样的美女青睐、虬髯这样的英雄相惜的乱世英雄;在李靖基础上刻画出红拂这样一个美丽聪慧、胆识过人、善于决伐的杰出女性形象;又在红拂基础上刻画出虬髯这样一位豪爽慷慨、武艺高强、快意恩仇,既有远大抱负,又能审时度势、深明大义的侠士形象。最后,小说还刻画了李世民的形象,着墨不多,但通过侧面烘托,寥寥数笔就把他风流倜傥、神采照人的英雄形象描绘得很鲜明。此即论者所谓的水涨船高写法,文笔精简细腻,艺术成就在唐传奇中属于上乘。后世戏曲以此为题材的,有明代张凤翼的传奇《红拂记》、张太和的传奇《红拂记》和凌初成的杂剧《虬髯翁》等。

《虞初志》卷一屠隆(赤水)评:快心之文,快心之事。

金庸:这篇传奇为现代的武侠小说开了许多道路。……这许多事情或实叙或虚写,所用笔墨却只不过两千字。每一个人物,每一件事,都写得生动有致。艺术手腕的精练真是惊人。当代武侠小说用到数十万字,也未必能达到这样的境界。

七、定风波·莫听穿林打叶声

苏轼

三月七日,沙湖道中遇雨[1]。雨具先去,同行皆狼狈[2],余独不觉,已而遂晴[3],故作此。

莫听穿林打叶声[4],何妨吟啸且徐行[5]。竹杖芒鞋轻胜马[6],谁怕?一蓑烟雨任平生[7]。　料峭春风吹酒醒[8],微冷,山头斜照却相迎[9]。回首向来萧瑟处[10],归去,也无风雨也无晴。

(选自宋曾慥本《东坡词》卷上)

【注释】

[1]沙湖:在今湖北省黄冈市东南三十里,又名螺丝店。

[2]狼狈:进退皆难的困顿窘迫之状。

[3]已而:过了一会儿。

[4]穿林打叶声:指大雨点透过树林打在树叶上的声音。

[5]吟啸:放声吟咏。

[6]芒鞋:草鞋。

[7]一蓑(suō)烟雨任平生:披着蓑衣在风雨里过一辈子也处之泰然。一蓑,蓑衣,用棕制成的雨披。

[8]料峭:微寒的样子。

[9]斜照:偏西的阳光。

[10]向来:方才。萧瑟:风雨吹打树叶声。

【导读】

作者苏轼(1037—1101),宋代文学家,字子瞻,一字和仲,号东坡居士,眉州眉山(今属四川省)人。苏轼博学多才,善文,工诗词,书画俱佳。其词"豪放,不喜剪裁以就声律",题材丰富,意境开阔,突破晚唐五代和宋初以来"词为艳科"的传统樊篱。他以诗为词,开创豪放清旷一派,对后世产生巨大影响。有《东坡七集》《东坡词》等。此词通过野外途中偶遇风雨这一生活中的小事,表现出作者旷达超脱的胸襟,寄寓着超凡脱俗的人生理想。全词体现出一个正直文人在坎坷人生中力求解脱之道,篇幅虽短,但意境深邃,内蕴丰富,诠释着作者的人生信念,展现着作者的精神追求。

首句不仅渲染出雨骤风狂,又以"莫听"二字点明外物不足萦怀之意。次句是前一句的延伸,雨中舒啸徐行呼应小序"同行皆狼狈,余独不觉",又引出下文的"谁怕"。"竹杖芒鞋轻胜马",写词人的自我感受,传达出一种搏击风雨、笑傲人生的轻松、喜悦和豪迈之情。"一蓑烟雨任平生"则更进一步,由眼前风雨推及整个人生,强化了作者我行我素、不畏坎坷的超然情怀。过片到"山头斜照却相迎"三句,是写雨过天晴的景象。这几句既与上片所写风雨对应,又为下文所发人生感慨做铺垫。结拍"回首向来萧瑟处,归去,也无风雨也无晴"。这饱含人生哲理意味的点睛之笔,道出了词人在大自然微妙的一瞬所获得的顿悟和启示。"风雨"二字,一语双关,既指野外途中所遇风雨,又暗指几乎置他于死地的政治"风雨"和人生险途。

郑文焯《手批东坡乐府》:此足征是翁坦荡之怀,任天而动。琢句亦瘦逸,能道眼前景,以曲笔写胸臆,倚声能事尽之矣。

八、破阵子[1]·为陈同甫赋壮词以寄[2]

辛弃疾

醉里挑灯看剑[3],梦回吹角连营[4]。八百里分麾下炙[5],五十弦翻塞外声[6]。沙场秋点兵[7]。　马作的卢飞快[8],弓如霹雳弦惊[9]。了却君王天下事[10],赢得生前身后名。可怜白发生!

(选自明毛晋汲古阁影宋本《稼轩词》丁集)

【注释】

[1]破阵子:词牌名。原为唐玄宗时教坊曲名,出自《破阵乐》。

[2]陈同甫:陈亮(1143—1194),字同甫(一作同父),南宋婺州永康(今浙江省永康市)人。与辛弃疾志同道合,结为挚友。其词风格与辛词相似。

[3]挑灯:把灯芯挑亮。看剑:抽出宝剑来细看。刘斧《青锁高议》卷三载高言《干友人诗》:"男儿慷慨平生事,时复挑灯把剑看。"

[4]梦回:梦里遇见,说明下面描写的战场场景,不过是作者旧梦重温。吹角连营:各个军营里接连不断地响起号角声。角,军中乐器,长五尺,形如竹筒,用竹、木、皮、铜制成,外加彩绘,名目画角。始仅直吹,后用以横吹。其声哀厉高亢,闻之使人振奋。

[5]八百里:牛名。《世说新语·汰侈》篇:"王君夫(恺)有牛,名八百里驳,常莹其蹄角。"韩愈《元和圣德诗》:"万牛脔炙,万瓮行酒。"苏轼《约公择饮是日大风》诗:"要当啖公八百里,豪气一洗儒生酸。"分麾(huī)下炙(zhì):把烤牛肉分赏给部下。麾下,部下。麾,军中大旗。炙,切碎的熟肉。

[6]五十弦:原指瑟,此处泛指各种乐器。《史记·封禅书》:"太帝使素女鼓五十弦瑟,悲,帝禁不止,故破其瑟为二十五弦。"李商隐《锦瑟》诗:"锦瑟无端五十弦,一弦一柱思华年。"翻:演奏。塞外声:指悲壮粗犷的战歌。

[7]沙场:战场。秋:古代点兵用武,多在秋天。点兵:检阅军队。

[8]"马作"句:战马像的卢马那样跑得飞快。作,像……一样。的卢,良马名,一种烈性快马。《相马经》:"马白额入口至齿者,名曰榆雁,一名的卢。"

[9]"弓如"句:《南史·曹景宗传》:"景宗谓所亲曰:'我昔在乡里,骑快马如龙,与年少辈数十骑,拓弓弦作霹雳声,箭如饿鸱叫……此乐使人忘死,不知老之将至。'"霹雳,本

是疾雷声,此处比喻弓弦响声之大。

[10]了却:了结,把事情做完。君王天下事:统一国家的大业,此特指恢复中原事。

【导读】

作者辛弃疾(1140—1207),南宋爱国词人,豪放派代表人物之一,字幼安,号稼轩,历城(今山东省济南市)人,有《稼轩长短句》以及今人辑本《辛稼轩诗文钞存》。此词通过对早年抗金部队豪壮的阵容和气概以及自己沙场生涯的追忆,表达了作者杀敌报国、收复失地的理想,抒发了壮志难酬、英雄迟暮的悲愤心情;通过创造雄奇的意境,生动地描绘出一位披肝沥胆、矢忠不二、勇往直前的将军形象。

上片写军容的威武雄壮。开头两句写他喝酒之后,兴致勃勃,拨亮灯火,拔出身上佩带的宝剑,仔细地抚视着。当他一梦醒来的时候,还听到四面八方的军营里,接连响起号角声。三、四、五句写许多义军都分到了烤熟的牛肉,乐队在边塞演奏起悲壮苍凉的军歌,在秋天的战场上,全副武装、准备战斗的部队正等待着检阅。

下片前两句写义军在作战时,奔驰向前,英勇杀敌,弓弦发出霹雳般的响声。"作",与下面的"如"字是一个意思。"马作的卢",是说战士所骑的马,都像的卢马一样好。"了却君王天下事",指完成恢复中原的大业。"赢得生前身后名",指要博得生前和死后的英名。也就是说,他这一生要为抗金复国建立功业。这表现了作者奋发有为的积极思想。最后一句"可怜白发生",意思是说:可惜功名未就,头发就白了,人也老了。这反映了作者的理想与现实的矛盾。

《历代诗余》卷一一八引《古今词话》:陈亮过稼轩,纵谈天下事。亮夜思幼安素严重,恐为所忌,窃乘其厩马以去。幼安赋《破阵子》词寄之。

陈廷焯《云韶集》:字字跳掷而出,"沙场"五字,起一片秋声,沉雄悲壮,凌铄千古。

梁启超《艺蘅馆词选》:无限感慨,哀同甫亦自哀也。

九、乌江[1]

李清照

生当作人杰[2],死亦为鬼雄[3]。

至今思项羽[4],不肯过江东[5]。

（选自徐培均笺注《李清照集笺注》修订本,上海古籍出版社,2013年版）

【注释】

[1]乌江:本诗《绣水诗钞》题作《夏日绝句》。
[2]人杰:人中的豪杰。汉高祖曾称赞开国功臣张良、萧何、韩信是"人杰"。
[3]鬼雄:鬼中的英雄。屈原《国殇》:"身既死兮神以灵,子魂魄兮为鬼雄。"
[4]项羽:秦末时自立为西楚霸王,与刘邦争夺天下,在垓下之战中,兵败自杀。
[5]江东:项羽当初随叔父项梁起兵的地方。

【导读】

《乌江》是宋代词人李清照创作的一首五言绝句。李清照（1084—约1156）,两宋之交女词人,号易安居士,济南章丘（今属山东省济南市）人。擅长书、画,通晓金石,而尤精诗词,被誉为"词家一大宗"。她的词分前期和后期。前期多写其悠闲生活,描写爱情生活、自然景物,韵调优美。如《一剪梅·红藕香残玉簟秋》等。后期多慨叹身世,怀乡忆旧,情调悲伤。如《声声慢·寻寻觅觅》。李清照的词多婉约之气,本诗则浩气凛然,刚毅雄豪。诗篇借古讽今,提出人要顶天立地,活着要做人中之杰,要建功立业,为国为民;就是死了,也要做鬼中之雄。

本诗开头两句"生当作人杰,死亦为鬼雄",破空而起,直抒胸臆,势如千钧。后两句"至今思项羽,不肯过江东",借古论今,用赞美项羽宁可自杀身亡也不肯屈辱而生的精神,委婉揭露和批判宋廷抛弃中原河山,苟且偷生偏安一隅的卑劣行径。诗歌用"至今"两字从时间与空间上将古与今、历史与现实巧妙地勾连起来,透发出借怀古以讽今的深刻用意,可视为本诗之"眼"。全诗只有短短的二十个字,却连用三个典故,可谓字字珠玑,字里行间透出一股正气。

宋胡仔《苕溪渔隐丛话》前集卷六十：近时妇人，能文词如李易安，颇多佳句。小词云："昨夜雨疏风骤，浓睡不消残酒。试问卷帘人，却道海棠依旧。知否，知否？应是绿肥红瘦。"绿肥红瘦，此言甚新。

明杨慎《词品》卷二：宋人中填词，易安亦称冠绝，使在衣冠，当与秦七（秦观）、黄九（黄庭坚）争雄，不独争雄于闺阁也。

十、鲁提辖拳打镇关西

施耐庵

三人来到潘家酒楼上,拣个齐楚阁儿[1]里坐下。提辖坐了主位,李忠对席,史进下首坐了。酒保唱了喏[2],认得是鲁提辖,便道:"提辖官人,打多少酒?"鲁达说:"先打四角酒来。"一面铺下菜蔬果品按酒,又问道:"官人,吃甚下饭?"鲁达道:"问甚么!但有,只顾卖来,一发算钱还你!这厮只顾来聒噪[3]!"酒保下去,随即烫酒上来,但是下口肉食,只顾将来,摆一桌子。

三个酒至数杯,正说些闲话,较量些枪法,说得入港,只听得隔壁阁子里有人哽哽咽咽啼哭。鲁达焦躁,便把碟儿盏儿都丢在楼板上。酒保听得,慌忙上来看时,见鲁提辖气愤愤地。酒保抄手道:"官人要甚东西,分付卖来。"鲁达道:"洒家[4]要甚么!你也须认得洒家!却怎地[5]教甚么人在间壁吱吱的哭,搅俺弟兄们吃酒?洒家须不曾少了你酒钱。"酒保道:"官人息怒。小人怎敢教人啼哭,打搅官人吃酒。这个哭的,是绰酒座儿唱的子父两人,不知官人们在此吃酒,一时间自苦了啼哭。"鲁提辖道:"可是作怪,你与我唤得他来。"酒保去叫,不多时,只见两个到来。前面一个十八九岁的妇人,背后一个五六十岁的老头儿,手里拿串拍板,都来到面前。看那妇人,虽无十分容貌,也有些动人的颜色。

那妇人拭着眼泪,向前来深深的道了三个万福。那老儿也都相见了。鲁达问道:"你两个是那里人家?为甚啼哭?"那妇人便道:"官人不知,容奴告禀[6]。奴家是东京人氏,因同父母来渭州投奔亲眷,不想搬移南京去了。母亲在客店里染病身故。子父二人流落在此生受。此间有个财主,叫做镇关西郑大官人,因见奴家,便使强媒硬保,要奴做妾。谁想写了三千贯文书,虚钱实契,要了奴家身体。未及三个月,他家大娘子好生利害,将奴赶打出来,不容完聚。着落店主人家,追要原典身钱三千贯。父亲懦弱,和他争执不的,他又有钱有势。当初不曾得他一文,如今那讨钱来还他?没计奈何，父亲自小教得奴家些小曲儿，来这里酒楼上赶座子。每日但得这些钱来，将大半还他，留些少子父们盘缠。这两日酒客稀少，违了他钱限，怕他来讨时，受他羞耻。子父们想起这苦楚来，无处告诉，因此啼哭。不想误触犯了官人，望乞恕罪，高抬贵手。"鲁提辖又问道："你姓甚么？在那个客店里歇？那个镇关西郑大官人在那里住？"老儿答道："老汉姓金，排行第二。孩儿小字翠莲。郑大官人便是此间状元桥下卖肉的郑屠，绰号镇关西。老汉父子两个，只在前面东门里鲁家客店安下。"鲁达听了道："呸！俺知道那个郑大官人，却原来是杀猪的郑屠。这个腌臜泼才，投托着俺小种经略相公门下，做个肉铺户，却原来这等欺负人！"回头看着李忠、史进道："你两个且在这里，等洒家去打死了那厮便来。"史进、李忠抱住劝道："哥哥息怒，明日却理会。"两个三回五次劝得他住。

　　鲁达又道："老儿，你来。洒家与你些盘缠，明日便回东京去如何？"父子两个告道："若是能勾得回乡去时，便是重生父母，再长爷娘。只是店主人家如何肯放？郑大官人须着落他要钱。"鲁提辖道："这个不妨事，俺自有道理。"便去身边摸出五两来银子，放在桌上，看着史进道："洒家今日不曾多带得些出来，你有银子，借些与俺，洒家明日便送还你。"史进道："直甚么，要哥哥还。"去包裹里取出一锭十两银子放在桌上。鲁达看着李忠道："你也借些出来与洒家。"李忠去身边摸出二两来银子。鲁提辖看了，见少，便道："也是个不爽利的人。"鲁达只把这十五两银子与了金老，分付道："你父女两个将去做盘缠，一面收拾行李。俺明日清早来发付你两个起身，看那个店主敢留你！"金老并女儿拜谢去了。

　　鲁达把这二两银子丢还了李忠。三人再吃了两角酒，下楼来叫道："主人家，酒钱洒家明日送来还你。"主人家连声应道："提辖只顾自去，但吃不妨，只怕是提辖不来赊。"三个人出了潘家酒肆，到街上分手。史进、李忠各自投客店去了。只说鲁提辖回到经略府前下处，到房里，晚饭也不吃，气愤愤地睡了。主人家又不敢问他。

　　再说金老得了这一十五两银子，回到店中，安顿了女儿，先去城外远处觅下一辆车儿；回来收拾了行李，还了房宿钱，算清了柴米钱，只等来日天明。当夜无事。次早五更起来,子父两个先打火做饭,吃罢,收拾了。天色微明,只见鲁提辖大踏步走入店里来,高声叫道:"店小二,那里是金老歇处?"小二道:"金公,提辖在此寻你。"金公开了房门,便道:"提辖官人里面请坐。"鲁达道:"坐什么!你去便去,等什么!"金老引了女儿,挑了担儿,作谢提辖,便待出门。店小二拦住道:"金公,那里去?"鲁达问道:"他少你房钱?"小二道:"小人房钱,昨夜都算还了。须欠郑大官人典身钱,着落在小人身上看管他哩。"鲁提辖道:"郑屠的钱,洒家自还他,你放这老儿还乡去。"那店小二那里肯放。鲁达大怒,揸开五指,去那小二脸上只一掌,打的那店小二口中吐血,再复一拳,打下当门两个牙齿。小二扒将起来,一道烟走了。店主人那里敢出来拦他。金老父子两个忙忙离了店中,出城自去寻昨日觅下的车儿去了。

且说鲁达寻思,恐怕店小二赶去拦截他,且向店里掇条凳子,坐了两个时辰。约莫金公去的远了,方才起身,径到状元桥来。

且说郑屠开着两间门面,两副肉案,悬挂着三五片猪肉。郑屠正在门前柜身内坐定,看那十来个刀手卖肉。鲁达走到门前,叫声"郑屠!"郑屠看时,见是鲁提辖,慌忙出柜身来唱喏道:"提辖恕罪!"便叫副手掇条凳子来,"提辖请坐。"鲁达坐下道:"奉着经略相公钧旨,要十斤精肉,切作臊子[7],不要见半点肥的在上头。"郑屠道:"使得,你们快选好的切十斤去。"鲁提辖道:"不要那等腌臜厮们动手,你自与我切。"郑屠道:"说得是,小人自切便了。"自去肉案上拣了十斤精肉,细细切作臊子。那店小二把手帕包了头,正来郑屠报说金老之事,却见鲁提辖坐在肉案门边,不敢拢来,只得远远的立住,在房檐下望。这郑屠整整的自切了半个时辰,用荷叶包了,道:"提辖,叫人送去?"鲁达道:"送甚么!且住,再要十斤都是肥的,不要见些精的在上面,也要切做臊子。"郑屠道:"却才精的,怕府里要裹馄饨,肥的臊子何用?"鲁达睁着眼道:"相公钧旨分付洒家,谁敢问他。"郑屠道:"是。合用的东西,小人切便了。"又选了十斤实膘的肥肉,也细细的切做臊子,把荷叶包了。整弄了一早辰,却得饭罢时候。那店小二那里敢过来,连那正要买肉的主顾也不敢拢来。郑屠道:"着人与提辖拿了,送将府里去。"鲁达道:"再要十斤寸金软骨,也要细细地剁做臊子,不要见些肉在上面。"郑屠笑道:"却不是特地来消遣我。"鲁达听得,跳起身来,拿着那两包臊子在手,睁眼看着郑屠道:"洒家特地要消遣你!"把两包臊子劈面打将去,却似下了一阵的肉雨。郑屠大怒,两条忿气从脚底下直冲到顶门,心头那一把无明业火,焰腾腾的按捺不住,从肉案上抢了一把剔骨尖刀,托地跳将下来。鲁提辖早拔步在当街上。众邻居并十来个火家,那个敢向前来劝,两边过路的人都立住了脚,和那店小二也惊得呆了。

郑屠右手拿刀,左手便要来揪鲁达。被这鲁提辖就势按住左手,赶将入去,望小腹上只一脚,腾地踢倒在当街上。鲁达再入一步,踏住胸脯,提起那醋钵儿大小拳头,看着这郑屠道:"洒家始投老种经略相公,做到关西五路廉访使,也不枉了叫做镇关西!你是个卖肉的操刀屠户,狗一般的人,也叫做镇关西!你如何强骗了金翠莲!"扑的只一拳,正打在鼻子上,打得鲜血迸流,鼻子歪在半边,却便似开了个油酱铺,咸的、酸的、辣的,一发都滚出来。郑屠挣不起来,那把尖刀也丢在一边,口里只叫:"打得好!"鲁达骂道:"直娘贼!还敢应口。"提起拳头来就眼眶际眉梢只一拳,打得眼棱缝裂,乌珠迸出,也似开了个彩帛铺的:红的、黑的、紫的都绽将出来。两边看的人惧怕鲁提辖,谁敢向前来劝?

郑屠当不过讨饶。鲁达喝道:"咄!你是个破落户,若只和俺硬到底,洒家倒饶了你。你如今叫俺讨饶,洒家偏不饶你!"又只一拳,太阳上正着,却似做了一个全堂水陆的道场:磬儿、钹儿、铙儿一齐响。

鲁达看时,只见郑屠挺在地上,口里只有出的气,没了入的气,动掸不得。鲁提辖假意道:"你这厮诈死,洒家再打。"只见面皮渐渐的变了,鲁达寻思道:"俺只指望痛打这厮一顿,不想三拳真个打死了他。洒家须吃官司,又没人送饭,不如及早撒开。"拔步便走,回头指着郑屠尸道:"你诈死,洒家和你慢慢理会!"一头骂,一头大踏步去了。街坊邻居并郑屠的火家,谁敢向前来拦他。

鲁提辖回到下处,急急卷了些衣服盘缠,细软银两,但是旧衣粗重都弃了；提了一条齐眉短棒，奔出南门，一道烟走了。

（选自施耐庵、罗贯中著《水浒传》，人民文学出版社，1994年版）

【注释】

[1] 齐楚阁儿：楼上整齐华美的小房间。

[2] 唱了喏(rě)：一面作揖，一面出声致敬。

[3] 聒(guō)噪：吵闹。

[4] 洒(sǎ)家："洒家"是宋元时代北方口语。类似现代的"俺""咱"等。

[5] 恁(nèn)地：亦作"恁的""恁底"，有三义：怎样，怎么；如此，这样；什么。此处作怎样、怎么理解。

[6] 告禀：通知，报告。

[7] 臊(sào)子：亦作"燥子"，碎肉、肉末。

【导读】

《鲁提辖拳打镇关西》选自《水浒传》第三回（七十回本）。《水浒传》是历史上第一部用白话文写成的章回小说，作于元末明初。小说以北宋末年宋江带领36人在水泊梁山起义的历史故事和相关民间故事、话本和戏曲为基础，进行综合性再创造而写就，反映出北宋末年的政治及社会乱象。小说以官逼民反为中心思想，清楚地告诉为政者，水能载舟，亦能覆舟。

选文叙述了鲁提辖救助金氏父女，三拳打死镇关西的故事，表现了鲁提辖路见不平，拔刀相助的侠义精神。拳打镇关西是鲁提辖人生道路上的一个转折点，从此以后，他亡命江湖，出家避祸，最后被逼上梁山。小说通过对鲁提辖的故事叙述，反映了当时朝纲混乱、奸佞当道、民不聊生、官逼民反的黑暗现实。

鲁达，出家后法名智深，人称花和尚，是《水浒传》中重要人物。小说通过鲁智深三拳打死镇关西、大闹五台山、倒拔垂杨柳、大闹野猪林、行侠桃花庄等情节，刻画出一个古道热肠，重义疏财，扶贫济困；疾恶如仇，路见不平，拔刀相助；武艺高强，有勇有谋，粗中有细的英雄形象。当然，金无足赤，人无完人。施耐庵笔下的鲁达也存在粗鲁、暴躁等性格缺陷，但这并不掩盖他英雄的光辉、好汉的本色，反而使得他的个性特征更加鲜明，人物有血有肉，亲切真实。

李贽容与堂刻《忠义水浒传》中评道：此回文字（第四回）分明是个成佛作祖图。若是那班闭眼合掌的和尚，决无成佛之理。何也？外面模样尽好看，佛性反无一些。如鲁智深吃酒打人，无所不为，无所不做，佛性反是完全的，所以到底成了正果。算来外面模样看不得人，济不得事，此假道学之所以可恶也欤！

　　金圣叹：鲁达自然是上上人物，写得心地厚实，体格阔大。论粗卤处，他也有些粗卤；论精细处，他亦甚是精细。然不知何故，看来便有不及武松处。想鲁达已是人中绝顶，若武松直是天神，有大段及不得处。

十一、狱中题壁

谭嗣同

望门投止思张俭[1],忍死须臾待杜根[2]。

我自横刀向天笑,去留肝胆两昆仑[3]。

(选自蔡尚思、方行编《谭嗣同全集》增订本,中华书局,1998年版)

【注释】

[1]望门投止:看到有人家就去投宿,形容逃亡途中的惶急情状。张俭:东汉末年高平人,因弹劾宦官侯览,被反诬"结党",被迫逃亡,在逃亡中凡接纳其投宿的人家,均不畏牵连,乐于接待。事见《后汉书·张俭传》。

[2]忍死:装死。须臾:不长的时间。杜根:汉安帝时邓太后摄政,宦官专权,杜根上书要求太后还政,太后大怒,命人以袋装之而摔死,行刑者慕杜根为人,不用力,欲待其出宫而释之。太后疑,派人查之,见杜根眼中生蛆,乃信其死。杜根终得以脱。事见《后汉书·杜根传》。

[3]两昆仑:有两种说法,其一是指康有为和侠客大刀王五;其二为"去"指康有为、梁启超等,"留"指自己。

【导读】

《狱中题壁》是近代维新派政治家、思想家谭嗣同于光绪二十四年(1898)在狱中所作的一首七言绝句。谭嗣同(1865—1898),字复生,号壮飞,湖南浏阳人。官江苏候补知府、军机章京。能文章,好任侠,善剑术,积极参与新政,戊戌变法失败后,与林旭、杨深秀、刘光第、杨锐、康广仁等六人为清廷所杀,史称"戊戌六君子"。工于诗文,其诗情辞激越,笔力遒劲,具有强烈的爱国情怀。作有诗文等,后人编为《谭嗣同全集》。这首诗的前两句运用张俭和杜根的典故,揭露顽固派的狠毒,表达了对维新派人士的思念和期待。后两句抒发作者大义凛然,视死如归的雄心壮志。这首诗格调悲壮激越,风格刚健遒劲。

首句借典述怀,表明身处囹圄的谭嗣同牵挂仓促出逃的康有为等人的安危,希望他们能像张俭一样,得到拥护变法的人们的接纳和保护。次句以邓太后影射慈禧,既有对镇压变法志士残暴行径的痛斥,也有对变法者东山再起的深情希冀。第三句承接上两句,指出如若康、梁诸君能安然脱险,枕戈待旦,那么,我谭某区区一命岂足惜哉,自当从容地面对带血的屠刀,仰天大笑。结句议论,认为无论是去是留,率皆伟大,而自己出于"道"(变法大业、国家利益),也出于"义"(君臣之义、同志之义),更愿留下。不仅以自己的挺身赴难来酬报光绪皇帝的知遇之恩,更期望用自己的一腔热血唤醒苟且偷安的芸芸众生,激发起变法图强的革命狂澜。

梁启超《饮冰室诗话》:谭浏阳狱中绝笔诗,各报多登之,日本人至谱为乐歌,海宇传诵,不待述矣。

本章思考题及延伸阅读

思考题

1. 从神话原型看中华民族的忧患意识。
2. 我国古人主张先国家而后私仇,请以《廉颇蔺相如列传》为例,谈谈你的认识。
3. 谈谈陶渊明的文化意义。
4. 结合太史公《史记》中对游侠的论述,谈谈你对游侠类人物的看法。
5. 阅读《定风波·莫听穿林打叶声》并思考作者的人生态度及其表现手法。

延伸阅读

1. 袁珂校注《山海经校注》,上海古籍出版社,1980年版。
2. 李长之著《司马迁人格与风格》,天津人民出版社,2015年版。
3. 袁行霈著《陶渊明研究》(增订本),北京大学出版社,2009年版。
4. 周绍良著《唐传奇笺证》,人民文学出版社,2000年版。
5. 唐圭璋等著《唐宋词鉴赏辞典(唐·五代·北宋)》,上海辞书出版社,1988年版。
6. 鲁迅著《中国小说史略》,三联书店(香港)有限公司,1996年版。

生命关爱　第三

　　世间万物,生命为贵。对生命存在的理解和对生命意义的追寻成为古往今来永恒的主题。从远古时期的生殖崇拜、地母崇拜中所蕴含的生命之神圣意味,到《周易·系辞下》中的"天地之大德曰生",我们的古人充满智慧地将生命法则作为天地的大道法则。

　　但生命有限,如何才能实现生命的延展?中医养生者从"天人相应,形神合一"出发,探索着调理经脉、养心运气以维护生命的方法。哲学家们则更强调内在超越,从儒家"亲亲而仁民,仁民而爱物"的循天重道,到道家的"贵生""尽年""安命"的心灵抚慰,再到佛家"心"对"身"的超越,虽然他们对生命认识和体悟的出发点不同,对生命本质的理解也不相同,但都强调了通过内在超越的方式来实现生命的升华。泱泱中华这丰润多元的文化土壤,给了国人更加优裕的生命认知与价值选择。面对死亡的时候,既可以用"立德""立功""立言"来对抗不可违背的自然规律,也可以追求"死而不亡,向死而生"的境界,还可以用"生死一如"来看破无常。故而,中国人对待生命的态度热烈而又通达,中国的士子在"入世""隐世""出世"之中的悠游就显得那么从容不迫。

　　本单元选文以表现生命关爱为主,既有对个人修为的感悟,也有对芸芸众生的关怀;既有对人生价值的探讨,也有用书信展现的生命轨迹;既有历史沧桑的兴废感伤,也有悲欢沉浮的心路历程。走进这些篇章,如同走进了不同的人生。

一、论语[1]（节选）

1. 子曰："父母在，不远游，游必有方[2]。"（《论语·里仁》）

2. 曾子有疾，召门弟子曰[3]："启予足[4]！启予手！《诗》云[5]：'战战兢兢[6]，如临深渊，如履薄冰[7]。'而今而后，吾知免夫！小子！"（《论语·泰伯》）

3. 子食于有丧者之侧，未尝饱也。（《论语·述而》）

4. 厩焚[8]，子退朝，曰："伤人乎？"不问马。（《论语·乡党》）

5. 伯牛有疾，子问之，自牖执其手[9]，曰："亡之，命矣夫！斯人也而有斯疾也！斯人也而有斯疾也！"（《论语·雍也》）

（选自杨伯峻译注《论语译注》，中华书局，2012年版）

【注释】

[1]《论语》：儒家经典，与《大学》《中庸》《孟子》并称"四书"，是一部记录孔子及其后学言行的语录体著作。与《诗经》等"五经"，并称"四书五经"。

[2]方：一定的去处。

[3]门弟子：门人和弟子。

[4]启：开启，掀开被子。

[5]《诗》云：《诗》指《诗经》，后三句诗见《诗经·小雅·小旻》。

[6]战战兢兢：形容非常害怕而微微发抖的样子。战战，因害怕而发抖。兢兢，小心的样子。

[7]履：践踏，步行。

[8]厩(jiù)：马棚。

[9]牖(yǒu)：窗户。

【导读】

《论语》以片言只语启人心智，以宇宙人生的直觉体悟彰显人生智慧。一触即悟式的灵性表述貌似无序杂乱，实则构建了以"仁"为核心的道德体系。

什么是"仁"？孔子在不同的场合有不同的阐释，但归纳其要义，乃是"爱人"（《论语·颜渊》）。爱人从爱自己的亲人开始，"孝悌也者，其为仁之本欤"（《论语·学而》）。孝是回馈父母养育恩情的爱，悌是对手足乃至同宗的爱。孔子非常注重孝悌，认为这是施行仁德的根本。

节选部分就讨论了行孝的方法。一方面，不让父母担心。"父母在，不远游，游必有方"，重点不是不要远游，而是让父母知晓自己的去处，以减少他们内心的担忧，这才是为人子该有的情感态度。另一方面，珍爱自己的身体。曾参病后让学生看自己的手脚，以表明身体无损正是对孝的彰显。可见，《论语》不是空泛地论"孝"，而是给出了具体的行为规范。

除了强调"孝"行之外，"仁"在孔子的身上体现出的是一片悲悯之心。孔子与家有丧事的人一起吃饭，哀人所哀，心有不安，所以食不甘味，无法饱食。孔子家的马棚失了火，孔子退朝回来，只问人，不问马，人道主义情怀充溢于字里行间。

《论语》中也有不少关于天、命的探讨。孔子继承西周人关于"天"的思想，承认"天"对人生死寿夭、富贵贫贱的主宰作用，而"天"所决定的结果就是"命"。所以，"命"也可以称作"天命"。《论语》中认为对待"天命"的态度应该是知天命和畏天命，知命是人生的终极追求，但在知命的过程中也浸润着夫子无力回天的哀伤。比如伯牛有仁德，修养非常好，却身染恶疾。孔子悲痛不已，这不仅源于孔子对命运不可预测的无奈，还源于孔子对"仁者寿"（《论语·雍也》）的迷茫。道德崇高的人可以长寿是典型的儒家养生思想，伯牛却并没有得到这样的福报，孔子无法参透其中的玄机，只能留下深深的感慨。

宋朱熹《四书章句集注·论语序说》：程子曰："读《论语》，有读了全然无事者；有读了后其中得一两句喜者；有读了后知好之者；有读了后直有不知手之舞之足之蹈之者。"又云：程子曰："颐自十七八读《论语》，当时已晓文义。读之愈久，但觉气味深长。"

李泽厚《论语今读·前言》：所有这些（孔子的回答）都并非柏拉图式的理式追求，也不是黑格尔式的逻辑建构，却同样充分具有哲学的理性品格，而且充满了诗意的情感内容。它是中国实用理性的哲学。

二、孟子·梁惠王上[1]（老吾老以及人之老）

孟子

齐宣王问曰："齐桓、晋文之事，可得闻乎?[2]"

孟子对曰："仲尼之徒，无道桓、文之事者，是以后世无传焉，臣未之闻也。无以[3]，则王乎[4]？"

曰："德何如则可以王矣？"

曰："保民而王，莫之能御也[5]。"

曰："若寡人者，可以保民乎哉？"

曰："可。"

曰："何由知吾可也？"

曰："臣闻之胡龁曰[6]：'王坐于堂上，有牵牛而过堂下者。王见之，曰：'牛何之[7]？'对曰：'将以衅钟[8]。'王曰：'舍之！吾不忍其觳觫[9]，若无罪而就死地[10]。'对曰：'然则废衅钟与？'曰：'何可废也？以羊易之。'不识有诸？[11]"

曰："有之。"

曰："是心足以王矣。百姓皆以王为爱也[12]，臣固知王之不忍也。"

王曰："然。诚有百姓者，齐国虽褊小[13]，吾何爱一牛？即不忍其觳觫，若无罪而就死地，故以羊易之也。"

曰："王无异于百姓之以王为爱也[14]。以小易大，彼恶知之？王若隐其无罪而就死地[15]，则牛羊何择焉[16]？"

王笑曰："是诚何心哉？我非爱其财而易之以羊也，宜乎百姓之谓我爱也。"

曰："无伤也[17]，是乃仁术也[18]，见牛未见羊也。君子之于禽兽也，见其生，不忍见其死；闻其声，不忍食其肉。是以君子远庖厨也[19]。"

王说曰[20]："《诗》云：'他人有心，予忖度之[21]。'夫子之谓也。夫我乃行之，反而求之，不得吾心。夫子言之，于我心有戚戚焉[22]。此心之所以合于王者,何也?"

曰:"有复于王者曰[23]:'吾力足以举百钧[24],而不足以举一羽;明足以察秋毫之末[25],而不见舆薪[26]。'则王许之乎?"

曰:"否。"

"今恩足以及禽兽,而功不至于百姓者,独何与?然则一羽之不举,为不用力焉;舆薪之不见,为不用明焉;百姓之不见保,为不用恩焉。故王之不王[27],不为也,非不能也。"

曰:"不为者与不能者之形,何以异?"

曰:"挟太山以超北海[28],语人曰:'我不能。'是诚不能也。为长者折枝[29],语人曰:'我不能。'是不为也,非不能也。故王之不王,非挟太山以超北海之类也;王之不王,是折枝之类也。"

"老吾老[30],以及人之老;幼吾幼[31],以及人之幼,天下可运于掌。诗云:'刑于寡妻,至于兄弟,以御于家邦[32]。'言举斯心加诸彼而已[33]。故推恩足以保四海,不推恩无以保妻子。古之人所以大过人者,无他焉,善推其所为而已矣。今恩足以及禽兽,而功不至于百姓者,独何与?权[34],然后知轻重;度[35],然后知长短。物皆然,心为甚。王请度之。抑王兴甲兵[36],危士臣,构怨于诸侯,然后快于心与?"

王曰:"否。吾何快于是?将以求吾所大欲也。"

曰:"王之所大欲可得闻与?"

王笑而不言。

曰:"为肥甘不足于口与[37]?轻暖不足于体与[38]?抑为采色不足视于目与[39]?声音不足听于耳与[40]?便嬖不足使令于前与[41]?王之诸臣,皆足以供之,而王岂为是哉?"

曰:"否。吾不为是也。"

曰:"然则王之所大欲可知已:欲辟土地,朝秦、楚[42],莅中国[43],而抚四夷也。以若所为,求若所欲,犹缘木而求鱼也[44]。"

王曰:"若是其甚与[45]?"

曰:"殆有甚焉[46]。缘木求鱼,虽不得鱼,无后灾;以若所为,求若所欲,尽心力而为之,后必有灾。"

曰:"可得闻与?"

曰:"邹人与楚人战,则王以为孰胜?"

曰:"楚人胜。"

曰:"然则小固不可以敌大,寡固不可以敌众,弱固不可以敌强。海内之地,方千里者九[47],齐集有其一;以一服八,何以异于邹敌楚哉!盖亦反其本矣[48]!今王发政施仁[49],使天下仕者皆欲立于王之朝,耕者皆欲耕于王之野,商贾皆欲藏于王之市[50],行旅皆欲出于王之途[51],天下之欲疾其君者[52],皆欲赴愬于王[53]。其若是,孰能御之?"

王曰:"吾惛[54],不能进于是矣[55]。愿夫子辅吾志,明以教我。我虽不敏,请尝试之!"

曰:"无恒产而有恒心者[56],惟士为能。若民,则无恒产,因无恒心。苟无恒心,放辟邪侈[57],无不为已。及陷于罪,然后从而刑之,是罔民也[58]。焉有仁人在位,罔民而可为也。是故明君制民之产[59],必使仰足以事父母,俯足以畜妻子[60],乐岁终身饱[61],凶年免于死亡;然后驱而之善,故民之从之也轻[62]。今也制民之产,仰不足以事父母,俯不足以畜妻子;乐岁终身苦,凶年不免于死亡;此惟救死而恐不赡[63],奚暇治礼义哉?王欲行之,则盍反其本矣:五亩之宅[64],树之以桑,五十者可以衣帛矣。鸡豚狗彘之畜[65],无失其时,七十者可以食肉矣。百亩之田,勿夺其时[66],八口之家,可以无饥矣。谨庠序之教[67],申之以孝悌之义[68],颁白者不负戴于道路矣[69]。老者衣帛食肉,黎民不饥不寒[70],然而不王者,未之有也。"

(选自杨伯峻译注《孟子译注》卷一,中华书局,1960年版)

【注释】

[1]孟子(约前372—前289):姬姓,孟氏,名轲,战国时期邹国(今山东省邹城市)人,伟大的思想家、教育家,儒家学派的代表人物,与孔子并称"孔孟"。本文选自《孟子·梁惠王上》。孟子借与齐宣王的对话,较全面地提出了"仁政"的理想。

[2]齐桓、晋文之事:齐桓公、晋文公同为为春秋五霸之一,齐宣王有志效法齐桓、晋

文,称霸于诸侯,故以此问孟子。

［3］无以:不可止。以,同"已",止。

［4］王(wàng):实行王道。

［5］"保民"二句:保护民众、施行王道,就没有人能抗御,从而无敌于天下。

［6］胡龁(hé):人名,齐王左右近臣。

［7］之:往。

［8］衅钟:古代的一种祭仪,新钟铸成,杀牲以血涂钟缝隙行祭。

［9］觳觫(hú sù):因恐惧而发抖的样子。

［10］若:像这样。就:靠近,走向。

［11］不识有诸:不知道有没有这件事。

［12］爱:吝啬。

［13］褊(biǎn)小:狭小。

［14］无异:不以为奇。

［15］隐:怜悯。

［16］择:区别。

［17］无伤:无妨。

［18］仁术:施行仁政的策略。

［19］庖(páo)厨:厨房。

［20］说:同"悦"。

［21］"他人"二句:别人的心思,我能揣测到。见《诗经·小雅·巧言》。忖度(cǔn duó),推测,揣度。

［22］戚戚:心动的样子。

［23］复:报告。

［24］钧:古代重量单位,三十斤为一钧。

［25］秋毫之末:鸟兽在秋天新长的细毛的尖端。比喻极微小的东西或极细微的地方。

［26］舆薪:满车子的柴,比喻大而易见的事物。

［27］王(wáng)之不王(wàng):第一个"王"指齐宣王,第二个"王"用作动词,指行王道。

［28］挟(xié):用胳膊夹着。太山:泰山,在今山东省。超:跳跃而过。北海:渤海。

[29] 为长者折枝:为年长者按摩肢体。或解为对长者屈折腰肢,如今之鞠躬。又解为替长者攀折花枝。皆指轻而易举的事。枝,同"肢"。

[30] 老吾老:第一个"老"字用作动词,尊敬。第二个"老"字用作名词,老人。

[31] 幼吾幼:第一个"幼"字用作动词,爱抚。第二个"幼"字用作名词,儿童。

[32] "刑于寡妻"三句:见《诗经·大雅·思齐》,刑:同"型",指以身作则。寡妻:国君的正妻。御:治。家邦:国家。此句意为:为人君者,首先做好妻子的榜样,推及于兄弟、国家。

[33] 斯心:此心,指仁爱之心。

[34] 权:用秤来称。

[35] 度:用尺来量。

[36] 抑:或者,还是。兴甲兵:发动战争。

[37] 肥甘:肥美的食物。

[38] 轻暖:轻软暖和的衣服。

[39] 采色:绚丽的颜色。

[40] 声音:美妙的音乐。

[41] 便(pián)嬖(bì):能说会道,善于迎合的宠臣、亲信。

[42] 朝秦、楚:使秦、楚等大国来朝见齐王。

[43] 莅(lì):临。中国:中原。这句意为:齐王欲君临中原诸侯之上。

[44] 缘:攀登。木:树。此句意为:就好像爬上树去捉鱼,喻绝对不可能达到目的。

[45] 若是其甚与:如此厉害吗? 甚,厉害。

[46] 殆(dài):恐怕,可能。

[47] 方千里者九:《礼记·王制》,"凡四海之内九州,州方千里"。这里泛指海内有九倍于方圆千里的土地。

[48] 盍(hé):同"盍",何不。反:通"返",回过头来。

[49] 发政施仁:发布政令,施行仁政。

[50] 贾(gǔ):做买卖的人,商人。藏:指储藏货物以供出售。

[51] 行旅:外出旅行的人。途:道路。

[52] 疾:憎恨。

[53] 愬(sù):申诉。

[54] 惛(hūn):糊涂。

[55] 进于是:达到这种程度。

[56] 恒产:可以赖以生活的固定的产业。恒心:安居守本分的善心。

[57] 放:放荡。辟、邪:不正当、不正派。侈:放纵。皆指不守法度的行为。

[58] 罔(wǎng)民:欺骗陷害百姓。

[59] 制:规定。

[60] 畜:抚养。妻子:妻子和儿女。

[61] 乐岁:丰年。

[62] 轻:容易。

[63] 不赡(shàn):不足。

[64] 五亩之宅:指住宅及其周围土地。相传古代一个男丁可分得五亩土地供建置住宅之用。

[65] 豚(tún):小猪。彘(zhì):大猪。

[66] 勿夺其时:不要侵占农民耕种的时间。

[67] 谨:重视。庠(xiáng)序:古代学校名。周代叫庠,殷代叫序。

[68] 申:再三强调。孝悌(tì):孝,指对父母还报的爱;悌,指兄弟姊妹的友爱。

[69] 颁:同"斑"。颁白:指头发半白半黑的人。负:背上背东西。戴:头上顶东西。

[70] 黎民:民众,百姓。

【导读】

本文以仁政为核心,分四点展开论辩:其一,王有"不忍"之心,这是施行"仁政"的人性基础;其二,不施行仁政,非为不能,而是不为;其三,不施行"仁政"是为了武力称霸;其四,施行仁政,以不霸而霸。从论辩逻辑上看,前三点是辩,以说明施行仁政的基础、条件与不施仁政的危险,第四点是论,提出施行仁政的具体做法:恒产、遵时、教化。孟子针对齐宣王的心理,步步为营,遵循着由辩到论的顺序。从结构逻辑来看,孟子以第一点引出论题,即施仁政;以第二点承接论题,阐明施仁政的条件;而第三点则反接论题,剖析不施仁政的原因;第四点总说论题,沿起承转合的结构顺序,层层推进。

严谨的逻辑结构体现了孟子精湛的论辩技巧。第一,抓住对方心理,巧妙设伏。孟子紧紧抓住对方想称霸的心理,阐述保民而王、施行仁政是不霸而霸的政治韬略,既符合齐王的政治野心,又切合孟子的政治理想。第二,紧扣悖论行为,巧妙引申。孟子以"以羊易牛"为切入点,指出君王有"不忍"之心,正是施行仁政的人性基础。第三,善用比喻排比,巧妙说理。文中采用大量的比喻,将抽象的道理讲得异常生动,如用"挟太山以超北海"和"为长者折枝"来说明"不能"和"不为"的区别;用"邹人和楚人战"来喻齐国无法用武力征服天下,用这些比喻说理生动贴切。这种精湛的论辩技巧,是孟子文章一绝。

清章学诚《文史通义·诗教》:孟子问齐王之大欲,历举轻暖肥甘,声音采色,七林之所启也,而或以为创之枚乘,忘其祖矣。

清包世臣《艺舟双楫》卷一:孟子明王道,而所言要于不缓民事,以养以教;至养民之制,教民之法,则亦无不本于礼……文势之振,在于用逆,文气之厚,在于用顺……《孟子》"无恒产而有恒心者,惟士为能",本言当制民产,先言取民有制,又先言民之陷罪,由于无恒心,而无恒心本于无恒产,并先言惟士之恒心,不系于恒产,则逆之逆也。

清赵承谟《孟子文评》:一篇大文,洋洋洒洒,累千余言,而实叙正文处只"老吾老"三句。……直言之,本数语可了,文偏千百言不放之了,前不遽入,后不遽收,作多少盘旋击宕、纵横跳跃之笔。其放之也,有万斛之重;其揽之也,有千斤之力。忽纵忽擒,忽断忽续,忽离忽合,忽而细雨轻风,忽而翻江搅海,令读者几目眩耳聋,而作者实气静神安。

三、庄子[1]·养生主

庄子

吾生也有涯,而知也无涯[2]。以有涯随无涯,殆已[3]!已而为知者,殆而已矣!为善无近名[4],为恶无近刑,缘督以为经[5],可以保身,可以全生,可以养亲,可以尽年。

庖丁为文惠君解牛[6]。手之所触,肩之所倚,足之所履,膝之所踦,砉然响然[7],奏刀騞然[8],莫不中音[9]:合于桑林之舞[10],乃中经首之会[11]。

文惠君曰:"嘻,善哉[12]!技盖至此乎[13]?"

庖丁释刀对曰[14]:"臣之所好者道也[15],进乎技矣[16]。始臣之解牛之时,所见无非全牛者[17]。三年之后,未尝见全牛也[18]。方今之时,臣以神遇而不以目视[19],官知止而神欲行[20]。依乎天理[21],批大郤[22],导大窾[23],因其固然[24]。技经肯綮之未尝[25],而况大軱乎[26]?良庖岁更刀,割也;族庖月更刀,折也。今臣之刀十九年矣,所解数千牛矣,而刀刃若新发于硎[27]。彼节者有间,而刀刃者无厚[28];以无厚入有间,恢恢乎其于游刃必有余地矣[29],是以十九年而刀刃若新发于硎。虽然,每至于族[30],吾见其难为,怵然为戒[31],视为止,行为迟[32],动刀甚微,謋然已解[33],如土委地[34]。提刀而立,为之四顾,为之踌躇满志[35],善刀而藏之[36]。"

文惠君曰:"善哉!吾闻庖丁之言,得养生焉。"

公文轩见右师而惊曰[37]:"是何人也?恶乎介也[38]?天与?其人与?"

曰:"天也,非人也。天之生是使独也[39],人之貌有与也。以是知其天也,非人也"。

泽雉十步一啄[40],百步一饮,不蕲畜乎樊中[41]。神虽王[42],不善也。

老聃死,秦失吊之[43],三号而出。弟子曰:"非夫子之友邪?"

曰:"然。"

"然则吊焉若此,可乎?"

曰:"然。始也吾以为其人也,而今非也。向吾入而吊焉[44],有老者哭之,如哭其子;少者哭之,如哭其母。彼其所以会之[45],必有不蕲言而言,不蕲哭而哭者。是遁天倍情[46],忘其所受[47],古者谓之遁天之刑[48]。适来,夫子时也[49];适去,夫子顺也。安时而处顺,哀乐不能入也,古者谓是帝之县解[50]。"

指穷于为薪[51],火传也,不知其尽也。

(选自郭庆藩撰,王孝鱼点校《庄子集释》,中华书局,1961年版)

【注释】

[1] 庄子(约前369—前286):名周,字子休(一说子沐),宋国蒙(今安徽省蒙城县)人。他是战国中期著名的思想家、哲学家和文学家,是继老子之后道家学派的主要代表人物之一。他的名篇有《逍遥游》《齐物论》《养生主》等。

[2] 涯:边际,限度。知:知识,才智。

[3] 随:追随,索求。殆(dài):困乏,疲惫。

[4] 无近:不去做。名:名利。

[5] 缘督:守中合道,顺其自然,引申为循理,折中。督,人的脊脉,是骨节空虚之处。经:常。

[6] 庖(páo)丁:名叫丁的厨师。文惠君:梁惠王。解牛:剖开、分割牛。

[7] "手之所触"五句:因为庖丁知道牛的关节所在,所以凡他手肩足膝所触及的地方,关节都发出砉砉的响声。所触:接触的地方。倚:靠。履:踩。踦(yǐ):用膝顶住。砉(huā):象声词。

[8] 奏:进。騞(huō):象声词,声音大于"砉",这里是形容进刀解牛的声音。

[9] 中(zhòng)音:合于音节。

[10] 桑林:汤时的乐曲名。"桑林之舞"即用"桑林"伴奏的舞蹈,这里指舞的节拍旋律。

[11] 乃:而。经首:尧时的乐曲名。会:节奏。

[12] 嘻(xī):同"嘻",赞叹声。善:好。

[13] 盖:何。

[14] 释:放下。

[15] 道:道理,指事物的规律。

[16] 进乎技:比技术进了一步。乎:于。

087

[17]"所见"句:所看见的牛没有不是全牛的。

[18]"未尝"句:未曾见过整个的牛。这是说庖丁对牛体已经非常了解,所以只看到牛的筋骨结构。

[19]"臣以"句:我以精神(跟它)接触,而不用眼睛看。遇:会合。

[20]官知:视觉等感官知觉。神欲:精神活动。

[21]依:按照。天理:指天然的组织结构。

[22]批:击。郤(xì)空隙,这里指牛筋骨间的空隙。

[23]导大窾:把刀子引向骨节的空处。窾(kuǎn):空隙。

[24]因:顺着。固然:原来的样子,指牛体本来的结构。

[25]技:技巧。经:经过。肯:附在骨上的肉。綮(qìng):筋骨结合处。未尝:未曾。这是说,游刃于空隙,未尝经过肯綮。

[26]軱(gū):大骨。

[27]发:出。硎(xíng):磨刀石。新发于硎:新从磨刀石上磨出来。

[28]节:骨节。间:间隙。厚:厚度。无厚:没有厚度,指极薄。

[29]恢恢:很宽绰的样子。游刃:使刀游动。

[30]族:交错聚结,这里指筋骨交错聚结的地方。

[31]怵(chù)然:害怕的样子。戒:警惕。

[32]视为止:视力停留在一点上。行为迟:动作迟缓。

[33]謋(huò)然:(骨肉)迅速分裂的声音。

[34]委:堆积。

[35]四顾:四处看望。踌躇:悠然自得的样子。满志:心满意足。

[36]善:拭。

[37]公文轩:相传为宋国人,复姓公文,名轩。右师:官名。

[38]介:独,只有一只脚。一说"介"当作"兀",失去一足的意思。

[39]是:此,指代形体上只有一只脚的情况。独:只有一只脚。

[40]泽雉(zhì):生活在草泽中的野鸡。

[41]蕲(qí):祈求,希望。畜:养。樊:笼。

[42]王(wàng):旺盛。

[43]秦失(yì):老聃的朋友。

[44]向:刚才。

[45] 彼其：指哭泣者。会：聚，碰在一块儿。

[46] 遁(dùn)：逃避，违反。倍：通"背"，背弃。一说"倍"当作"加"，是增益的意思。

[47] 所受：禀受的本性。忘其所受：意为忘掉了受命于天的道理。

[48] 遁天之刑：违背天理而得到刑罚。刑，过失。

[49] 夫子：指老聃。

[50] 帝：天，万物的主宰。县(xuán)：同"悬"。"帝之县解"指的是自然解脱。

[51] 指：通"脂"，油脂。薪：烛火。

【导读】

何谓"养生主"？"养生"，即涵养心性，"主"的意思为原则和方法，"养生主"即修身养性的方法，这是本文探讨的主旨。

在庄子看来，人生最大的执障源于自身的观念：一是以有限的生命去追求无限的知识，只会让人陷入窘迫危险的处境；二是以"名""刑"来作为"善""恶"区分的依凭，从而束缚了自然的身心。面对生命体悟的迷执，庄子提出了"缘督以为经"的养性之法，并通过四则寓言故事来具体阐明。

"庖丁解牛"从正面来论证养生之道，认为只要能够深入了解自然之道，顺应自然，则可物我合一，避免伤害。"右师独脚"与"泽雉不蕲畜乎樊中"这两则寓言，则从反面来论证如何遵循自然之道。右师独脚，这独脚是天生的，就要顺其自然，不要为"非常"之态而困惑和烦恼。雉鸡不愿被放满食物的樊笼囚禁，宁可艰辛地觅食以求得没有羁绊，而自由逍遥的境界正是智者所向往的。

可是于人而言，樊笼何其多？生之困，死之痛，无不是人生的樊笼。庄子借秦失吊老聃的故事来阐明他对死亡的看法。参透死亡是庄子哲学的重要命题之一。在庄子看来，生死都是自然而然之事。面对死亡，一是不可悲，死是顺命而去。若为顺乎自然的死亡而感到痛苦，则是违背自然规律的，乃"遁天之刑"；二是无须悲，死亡无非就是一种形式上的转化，"薪尽火传"就是生死变化之理。薪为载体，火是灵魂，犹如身体与天性。薪终归于灰烬，而火则千古相传，身性一理也。

清余诚《古文释义·养生主总评》：全部《南华》皆寓言也，故一篇之内，寓言多而正言少。洵所谓凭空结撰，超越元著者也。尤妙在寓言中尽情发透要言，不烦更为诠解，其命意、遣词、立格、铸局，亦自有"进乎技矣"之致。至于正言，极精奥、极简峭、极纵横、极排宕;寓言处,极醒豁、极疏畅、极流丽、极曲折,则又变化错综而不可端倪。然须知通篇大旨,总是谓养其有生之主,唯在行无所事。

　　清胡文英《庄子独见》:"养生主",是言养生之大主脑。开手直起"生"字,反旋"养"字;"善""恶"两层,夹出"缘督为经"句,暗点"主"字;下四句,飞花骤雨,千点万点,只是一点。随用"庖丁"一段接住,见养生者,虽不随无涯以自殆,亦不至畏物而离群;惟养此一片清刚之气,随机鼓动,神游于天理,则自不伤于物,明点"养生"二字。折到右师之介,将不养生的样子作衬。末段带出一极养生之老聃,拈着一无关养生闲事,坐他虽足伤生的过失,正见得养到老聃模样,还须仔细,非贬薄老聃也。通篇只首段文法略为易明,余则月华霞锦,光灿陆离,几使人玩其文而忘其命意之处。

四、报任安书[1]（节录）

司马迁

太史公牛马走司马迁再拜言[2]，少卿足下[3]：曩者辱赐书[4]，教以顺于接物，推贤进士为务[5]。意气勤勤恳恳[6]，若望仆不相师[7]，而用流俗人之言[8]。仆非敢如此也。……请略陈固陋[9]。阙然久不报[10]，幸勿为过[11]。……

仆之先，非有剖符丹书之功[12]，文史星历[13]，近乎卜祝之间[14]，固主上所戏弄，倡优所畜[15]，流俗之所轻也。假令仆伏法受诛[16]，若九牛亡一毛[17]，与蝼蚁何以异？而世又不与能死节者[18]，特以为智穷罪极[19]，不能自免，卒就死耳。何也？素所自树立使然也[20]。人固有一死，或重于太山，或轻于鸿毛，用之所趋异也[21]。太上不辱先[22]，其次不辱身，其次不辱理色[23]，其次不辱辞令[24]，其次诎体受辱[25]，其次易服受辱[26]，其次关木索被箠楚受辱[27]，其次剔毛发婴金铁受辱[28]，其次毁肌肤断肢体受辱，最下腐刑[29]，极矣。传曰："刑不上大夫。"[30]此言士节不可不勉励也[31]。猛虎在深山，百兽震恐，及在槛阱之中[32]，摇尾而求食，积威约之渐也[33]。故有画地为牢，势不可入，削木为吏，议不可对[34]，定计于鲜也[35]。今交手足，受木索，暴肌肤[36]，受榜箠[37]，幽于圜墙之中[38]。当此之时，见狱吏则头枪地[39]，视徒隶则正惕息[40]，何者？积威约之势也。及以至是言不辱者，所谓强颜耳，曷足贵乎！且西伯，伯也，拘于羑里[41]；李斯，相也，具于五刑[42]；淮阴[43]，王也，受械于陈；彭越、张敖，南面称孤[44]，系狱抵罪；绛侯诛诸吕[45]，权倾五伯，囚于请室；魏其，大将也，衣赭衣，关三木[46]；季布为朱家钳奴[47]；灌夫受辱于居室[48]。此人皆身至王侯将相，声闻邻国，及罪至罔加[49]，不能引决自裁[50]，在尘埃之中[51]，古今一体，安在其不辱也？由此言之，勇怯，势也[52]；强弱，形也[53]。审矣[54]！何足怪乎？夫人不能早自裁绳墨之外[55]，以稍陵迟至于鞭箠之间，乃欲引节[56]，斯不亦远乎？古人所以重施刑于大夫者[57]，殆为此也[58]。

夫人情莫不贪生恶死，念父母，顾妻子，至激于义理者不然[59]，乃有所不得已也[60]。今仆不幸，早失父母，无兄弟之亲，独身孤立，少卿视仆于妻子何如哉？且勇者不必死节，怯夫慕义，何处不勉焉[61]！仆虽怯懦欲苟活，亦颇识去就之分矣[62]。何至自沉溺缧绁之辱哉[63]？且夫臧获婢妾[64]，犹能引决，况仆之不得已乎？所以隐忍苟活，幽于粪土之中而不辞者[65]，恨私心有所不尽，鄙陋没世[66]，而文彩不表于后世也。

古者富贵而名摩灭[67]，不可胜记，唯倜傥非常之人称焉[68]。盖文王拘而演《周易》[69]；仲尼厄而作《春秋》[70]；屈原放逐，乃赋《离骚》[71]；左丘失明，厥有《国语》[72]；孙子膑脚，《兵法》修列[73]；不韦迁蜀，世传《吕览》[74]；韩非囚秦，《说难》《孤愤》[75]；《诗》三百篇，大底圣贤发愤之所为作也[76]。此人皆意有郁结，不得通其道，故述往事，思来者[77]。乃如左丘无目，孙子断足，终不可用，退而论书策，以舒其愤，思垂空文以自见。

仆窃不逊，近自托于无能之辞，网罗天下放失旧闻[78]，略考其行事，综其始终，稽其成败兴坏之纪[79]，上计轩辕，下至于兹，为十表，本纪十二，书八章，世家三十，列传七十，凡百三十篇，亦欲以究天人之际，通古今之变，成一家之言。草创未就，会遭此祸，惜其不成，已就极刑而无愠色[80]。仆诚以著此书藏诸名山，传之其人，通邑大都[81]，则仆偿前辱之责，虽万被戮[82]，岂有悔哉？然此可为智者道，难为俗人言也。

且负下未易居[83]，下流多谤议，仆以口语遇此祸，重为乡党所笑，以污辱先人，亦何面目复上父母丘墓乎？虽累百世[84]，垢弥甚耳！是以肠一日而九回[85]，居则忽忽若有所亡，出则不知其所往。每念斯耻，汗未尝不发背沾衣也。身直为闺阁之臣[86]，宁得自引于深藏岩穴邪？故且从俗浮沉，与时俯仰，以通其狂惑[87]。今少卿乃教以推贤进士，无乃与仆私心剌谬乎[88]！今虽欲自雕琢，曼辞以自饰[89]，无益于俗不信[90]，适足取辱耳。要之死日，然后是非乃定。书不能悉意，略陈固陋[91]，谨再拜。

（选自萧统编，李善注《文选》四十一卷，上海古籍出版社，1986年版）

【注释】

[1]任安:字少卿,西汉荥阳(今属河南)人。

[2]太史公:司马迁所任职务。牛马走:像牛马般奔走的仆人。古人书信格式,先具列职官姓名于前,所以此书开端是"太史公牛马走司马迁"。

[3]足下:对对方的尊称。

[4]曩(nǎng)者辱赐书:此前来信给我。曩者,从前。辱赐书,套语,表示对方地位很高,给自己写信是一种屈辱。

[5]推贤进士为务:以推荐人才作为自己的任务。

[6]意:来信的用意。气:信中的语气。

[7]若:好像。望:埋怨。相师:遵从效法。

[8]而用流俗人之言:随着一般人的意见而改变自己的主张。

[9]固陋:自谦之语。指自己所说的只是些偏狭浅陋的意见。

[10]阙(quē)然:隔了很久。

[11]幸:希望。过:责备。

[12]剖符丹书:汉代对于有功大臣的特殊待遇。符,用竹子做的契约,一剖为二,皇帝与受赐大臣各存一半。上面写着同样的誓言,皇帝保证永久信任大臣,不改变他的爵位。

[13]文史星历:史籍和天文历法之学,皆太史令所职掌。

[14]卜祝:专管占卜、祭祀的人。

[15]倡优:乐工伶人。文史星历在封建君主看来,视同玩物,因而对这方面的人也如同畜养倡优一样对待。

[16]伏法:罪犯被执行死刑。

[17]九牛亡一毛:形容微不足道。

[18]"而世又"句:世人不会说他死于节义。死节者,守节操而死者。

[19]"特以为"句:只会说他罪当万死。特,不过,仅仅。

[20]"素所"句:自己的工作和职业本来为人所轻视。

[21]用:因。之:代词,指死。趋:趋向。

[22]太上不辱先:最好不辱没祖先。

[23]不辱理色:道理和颜面上都没受到屈辱。

[24]不辱辞令:没被人用文辞教令来申斥。

[25]诎体受辱:捆绑躯体受辱。诎,通"屈"。

[26]易服:换上罪人的衣服。古代罪犯穿着深红色衣服。

[27]关木索被箠楚:套上刑具,受到杖刑。关,戴上。木,枷。索,绳。被,遭受。箠(chuí)楚,古代打人用具,引申为杖刑。

[28]剔毛发婴金铁:把头发剃光,遭受钳刑。婴,环绕。金铁,钳刑,颈上带着铁链去做工。

[29]腐刑:宫刑,是一种阉割人的生殖器的酷刑。

[30]刑不上大夫:出自《礼记·曲礼》,指大夫以上官员犯法,可不受刑罚。

[31]士节:士的节气。

[32]槛(jiàn)阱:捕捉野兽的机具和陷坑。

[33]积威约之渐:长期的威力约制,渐渐地把老虎驯服下来。

[34]"故有画地"四句:即使在空地上画圈为牢狱,也决不进入;即使雕木偶作为狱吏,也决不能面对。这里形容牢狱和狱吏的可怕。

[35]鲜:态度鲜明。

[36]暴肌肤:暴露肌肉以受刑。

[37]榜:鞭打。箠:竹棒,此处作动词用,意为鞭打。

[38]圜墙:监狱。

[39]枪地:扣头触地。枪,通"抢"。

[40]惕息:战战兢兢,不敢喘气。

[41]西伯:指周文王。羑(yǒu)里:古地名,为商纣囚禁周文王的地方。

[42]李斯:秦丞相,最后被秦二世腰斩于咸阳城。具于五刑:先后受五种刑罚。

[43]淮阴:淮阴侯韩信,后在陈地被捕。

[44]彭越、张敖:前者为刘邦将领,后者为刘邦女婿。两者后来均被拘捕。南面称孤:指受封为王。

[45]绛侯:指周勃,曾诛灭诸吕叛乱,巩固刘氏政权,后来为人诬告被拘。

[46]魏其:大将军魏其侯窦婴,武帝时被杀。赭衣:囚衣。三木:在头、手、足三处加刑具。

[47]季布:原是项羽的部将。项羽战败后剃发变服,卖身于朱家为奴。钳奴:剃去头发,用铁圈束颈为奴。

[48]灌夫:汉景帝时平定七国之乱的功臣,后来被诛杀。

[49]罔加:刑法所至。罔,通"网",法网、刑法。

[50]引决:自杀。自裁:自杀。

[51]尘埃之中:指监狱。

[52]势:权力地位。

[53]形:具体表现。

[54]审:明白。

[55]绳墨:法律。

[56]引节:自杀以殉节。

[57]重:慎重考虑。

[58]殆:大概。

[59]不然:指不那么顾念父母妻子。

[60]不得已:指受义理信念的激励,就挺身就义。

[61]何处不勉:在任何情况下都要勉励自己不要受辱。

[62]去就:何去何从。

[63]沉溺:身陷其中,不能自拔。缧绁(léi xiè):捆绑犯人的绳子,引申为捆绑、牢狱。

[64]臧获:古人责骂奴婢的称呼。

[65]粪土之中:指监狱污秽之地。

[66]没世:身死之后。

[67]摩:拭去。

[68]倜傥:才气豪迈不受拘束。

[69]文王拘而演《周易》:传说周文王被殷纣王拘禁时,把古代的八卦推演为六十四卦。

[70]仲尼厄而作《春秋》:孔丘周游列国,在陈地和蔡地受到围攻和绝粮之苦,才返回鲁国,着手作《春秋》一书。厄:困厄。

[71]屈原:曾两次被楚王放逐,幽愤而作《离骚》。

[72]左丘:春秋时鲁国史官左丘明。厥:于是。《国语》:史书,相传为左丘明撰著。

[73]膑脚:削去膝盖骨及以下的酷刑。修列:撰写出来。孙膑曾与庞涓一起从鬼谷子习兵法。后庞涓为魏惠王将军,骗膑入魏,削去了他的髌骨(膝盖骨)。孙膑有《孙膑兵法》传世。

[74]不韦：吕不韦，战国末年大商人，秦初为相国，曾命门客著《吕氏春秋》(一名《吕览》)。秦始皇十年，令吕不韦举家迁蜀，吕不韦自杀。

[75]韩非：战国后期韩国公子，曾从荀卿学，入秦被李斯所谗，下狱死。著有《韩非子》，《说难》《孤愤》是其中的两篇。

[76]大底：大抵。

[77]不得：不能。通其道：行其道。思来者：关心未来的人。

[78]失：读为"佚"。放佚，因战乱而散失的事物。

[79]稽：考察。

[80]会：遭遇。惜：悲痛。极刑：污辱到顶的刑。愠(yùn)：怒。

[81]通：流布。通邑大都：能使自己的著作流传于邑与大都。

[82]戮：辱。

[83]负下未易居：负污辱之名的人很不易处。

[84]累：积累。

[85]九回：九转，形容痛苦之极。

[86]闺阁之臣：指宦官。

[87]通：抒发。狂惑：内心的悲愤与矛盾。

[88]剌(là)谬：违背，悖谬。

[89]曼辞：美辞。

[90]不信：不见信于人。

[91]固陋：见识浅薄。

【导读】

《报任安书》是司马迁写给友人任安的一封回信。司马迁任中书令时，任安因政事入狱，面临死刑，于是写信给司马迁，请求他"推贤进士"。司马迁深知自己出面营救任安是无济于事的，于是写了这封回信。这封信深入地展现了司马迁在生死抉择前对于人生价值的思考。

司马迁的人生不幸起于李陵之祸，惊于武帝之残，悲于世态之凉，伤于腐刑之耻。李陵，西汉名将李广之孙。天汉二年(前99)，李陵在与匈奴的决战中兵败投降，这在朝廷看来既败坏名将家风，又有损国威，故而满是斥责之声。只有司马迁对李陵充满同情，导致龙颜大怒，司马迁身陷囹圄。他不得不面对三种选择：或伏法受诛，或拿钱免死，或接受腐刑。他没有亲友援助,再加上收入微薄,因而无法用钱赎死,所以他的选择实际只有两种:要么去死,要么接受腐刑。面对这样的生死抉择,司马迁内心的痛苦不言而喻。文中司马迁为我们梳理了人生耻辱的等级,他认为腐刑乃是人生最大的耻辱,自己本可以选择死亡,刚烈地告别这个残忍的世界,"知死必勇。非死者难也,处死者难。"但他对生死问题经过深入思索后,最终选择了接受腐刑,坚强地活下去。

在司马迁看来,"人固有一死,或重于泰山,或轻于鸿毛,用之所趋异也",人总是要死的,有人死得比泰山还重,有人死得比鸿毛还轻,其关键在于是否死得有价值。能够死得其所,则可决然赴死,而活着更能创造人生价值,则不可轻易去死。生命的意义就在于创造价值,这成为司马迁人生选择的依据。

人生价值该如何衡量呢?司马迁以立名作为标准,"古者富贵而名摩灭,不可胜记,唯倜傥非常之人称焉",于司马迁而言,富贵不足挂齿,立荣名雪大耻,才不至辱没先祖。而立名的方法有多种,或立德,或立功,或立言。司马迁选择立言,以著述扬名。他说自己"所以隐忍苟活",皆因"恨私心有所不尽,鄙陋没世,而文彩不表于后世也"。他列举了历史上许多著名的人物,遭遇不幸而发愤著书,最终在历史上留名。司马迁认为自己也属于发愤著书的类型,他将内心的抑郁和不平倾注于写作,坚持写完了"通古今之变,成一家之言"的史书。

这篇文章,披肝沥胆,感发意志,读者可切身感受到司马迁身上所展现的"虽可被打败,却不可被征服"的强大的精神力量,这力量的光芒照耀千古。

宋楼昉《崇古文诀》卷四:反覆曲折,首尾相续,叙事明白,读之令人感激悲痛,然看得豪气犹未尽除。

清吴楚材、吴调侯《古文观止》卷五:此书反复曲折,首尾相续,叙事明白,豪气逼人。其感慨啸歌,大有燕、赵烈士之风;忧愁幽思,则又直与《离骚》对垒。文情至此极矣。

清储欣《古文菁华录》卷十九:激昂悲愤,自有文字以来第一书。刑余之人,不可以推贤荐士,此正答少卿意也。中间序得罪之由,明所以得罪而不引决自裁,忍耻苟活之故。数千言,一气条贯,变化万端。大约以"辱"字为骨,以著书立名为归宿。此岂《小雅·巷伯》所能仿佛耶?班史文人相轻之言,而后人奉为定论,则过矣。

五、养生论(节录)

嵇康[1]

世或有谓神仙可以学得,不死可以力致者;或云上寿百二十,古今所同,过此以往,莫非妖妄者。此皆两失其情[2],请试粗论之。

夫神仙虽不目见,然记籍所载,前史所传,较而论之[3],其有必矣。似特受异气,禀之自然,非积学所能致也。至于导养得理[4],以尽性命,上获千余岁,下可数百年,可有之耳。而世皆不精,故莫能得之。

何以言之?夫服药求汗,或有弗获;而愧情一集[5],涣然流离[6]。终朝未餐[7],则嚣然思食[8];而曾子衔哀,七日不饥[9]。夜分而坐[10],则低迷思寝[11];内怀殷忧[12],则达旦不瞑[13]。劲刷理鬓[14],醇醴发颜[15],仅乃得之;壮士之怒,赫然殊观[16],植发冲冠。由此言之,精神之于形骸,犹国之有君也。神躁于中,而形丧于外,犹君昏于上,国乱于下也。

夫为稼于汤之世[17],偏有一溉之功者[18],虽终归燋烂[19],必一溉者后枯。然则一溉之益,固不可诬也[20]。而世常谓一怒不足以侵性,一哀不足以伤身,轻而肆之,是犹不识一溉之益,而望嘉谷于旱苗者也。是以君子知形恃神以立[21],神须形以存。悟生理之易失[22],知一过之害生。故修性以保神,安心以全身。爱憎不栖于情[23],忧喜不留于意。泊然无感[24],而体气和平[25]。又呼吸吐纳[26],服食养身,使形神相亲,表里俱济也。

夫田种者[27],一亩十斛[28],谓之良田,此天下之通称也。不知区种可百余斛[29]。田种一也,至于树养不同[30],则功收相悬。谓商无十倍之价,农无百斛之望,此守常而不变者也。

且豆令人重[31],榆令人瞑[32],合欢蠲忿[33],萱草忘忧[34],愚智所共知也。薰辛害目[35],豚鱼不养[36],常世所识也。虱处头而黑[37],麝食柏而香[38];颈处险而瘿[39],齿居晋而黄[40]。推此而言,凡所食之气,蒸性染身[41],莫不相应。岂惟蒸之使重而无使轻,害之使暗而无使明,薰之使黄而无使坚,芬之使香而无使延哉[42]?故神农曰"上药养命,中药养性"者,诚知性命之理,因辅养以通也。

而世人不察,惟五谷是见,声色是耽[43]。目惑玄黄[44],耳务淫哇[45]。滋味煎其府藏[46],醴醪鬻其肠胃[47],香芳腐其骨髓,喜怒悖其正气,思虑销其精神,哀乐殃其平粹[48]。

夫以蕞尔之躯[49],攻之者非一涂[50],易竭之身[51],而外内受敌,身非木石,其能久乎?其自用甚者,饮食不节,以生百病,好色不倦,以致乏绝,风寒所灾,百毒所伤,中道夭于众难,世皆知笑悼,谓之不善持生也。

……

善养生者则不然也。清虚静泰[52],少私寡欲。知名位之伤德,故忽而不营[53],非欲而强禁也。识厚味之害性,故弃而弗顾,非贪而后抑也。外物以累心不存[54],神气以醇白独著[55]。旷然无忧患[56],寂然无思虑[57]。又守之以一[58],养之以和,和理日济,同乎大顺[59]。然后蒸以灵芝,润以醴泉[60],晞以朝阳[61],绥以五弦[62],无为自得,体妙心玄,忘欢而后乐足,遗生而后身存[63]。若此以往,恕可与羡门比寿[64],王乔争年[65],何为其无有哉?

(选自萧统编,李善注《文选》五十三卷,上海古籍出版社,1986年版)

【注释】

[1]嵇康(224—263?):字叔夜,三国时期曹魏思想家、音乐家、文学家,是魏晋玄学代表人物之一。

[2]此:代指上文的两种说法。两:并,皆。情:实情。

[3]较:通"皎"。明显,明白。

[4]导养:导气养性,道家的养生之术。

[5]愧情:羞惭的心情。

[6]涣然流离:大汗淋漓。涣,水盛的样子。流离,犹"淋漓",沾湿。

[7]终朝:整个早晨。

[8]嚣然:饥饿的样子。

[9]衔哀:心怀哀痛。《礼记·檀弓上》曰:"曾子谓子思曰:'伋,吾执亲之丧也,水浆不入于口者七日。'"

[10]夜分:半夜。

[11]低迷:昏昏沉沉,迷迷糊糊。

[12]殷忧:深深的忧心、忧虑。

[13]不瞑:不合眼。

[14]劲刷:本意为梳子,此处作动词,用梳子梳理。

[15]醇醴(chún lǐ):味厚的美酒。发颜:使脸色发红。

[16]赫然:发怒的样子。殊观:面容大变。

[17]汤:商代开国的国君。传说商汤时曾大旱七年。

[18]偏:独。

[19]燋(jiāo)烂:枯焦旱死的禾苗。

[20]诬:轻视。

[21]恃(shì):依赖。

[22]生理:养生之理。

[23]栖:停留。

[24]泊然:恬静的样子。

[25]体气和平:身体健康,气血调和。

[26]吐纳:从口中徐徐呼出浊气,由鼻中缓缓吸入清气。古代养生方法。

[27]田种(zhòng):散播漫种的耕作方法。

[28]斛(hú):古代旧量器名,亦是容量单位,一斛本为十斗,后南宋末改为五斗。

[29]区种:相传商汤时,伊尹创"区种法"。把作物种在带状低畦或方形浅穴的小区内,集中施肥、灌水,适当密植。

[30]树养:种植培养。

[31]且:语气助词。重:身重。《神农本草经》言黑大豆"久服,令人身重"。

[32]榆:白榆。《神农本草经》言其皮、叶能"疗不眠"。

[33]合欢:也称马缨花。《神农本草经》言其"安五脏,和心志,令人欢乐无忧"。蠲(juān)忿:消除愤怒。

[34]萱草:也称"金针""黄花菜""忘忧草"等。古人以为萱草可以使人忘忧。

[35]薰(hūn)辛:指辛辣腥膻的肉、菜等食物。薰,通"荤"。

[36]豚鱼:河豚。

[37]处:停留。虱子本来是白色,躲在人头发里就变成黑色,比喻随着环境而变化。

[38]麝食柏而香:雄麝常食用柏叶能产生麝香。

[39]颈处险而瘿(yǐng):生活在山区的人,颈部易生瘿。险,通"岩",山崖。瘿,颈项部长肿瘤。

[40]齿居晋而黄:生活在晋地的人,牙齿易变黄。因为晋地产枣。李时珍言"啖枣多,令人齿生黄"。晋,山西一带。

[41]蒸性染身:熏陶情志,沾染形体。

[42]䑇(shān):通"膻",生肉酱。此指其腥味。

[43]耽:沉迷。

[44]玄黄:本指天地的颜色。玄为天色,黄为地色,这里泛指自然界的事物。

[45]淫哇:淫邪之声,多指乐曲诗歌。

[46]府藏:腑脏。五脏六腑的总称。

[47]醴醪(lǐ láo):美酒。鬻(zhǔ):同"煮",引申为伤害。

[48]平粹:宁静纯粹的情绪。

[49]蕞(zuì)尔:形容小。

[50]塗:通"途",道路。

[51]竭:衰竭。

[52]清虚静泰:心地清静,行动安和。

[53]不营:不求。

[54]累心:劳心。

[55]醇白:淳朴宁静。

[56]旷然:豁达。

[57]寂然:心神安静。

[58]一:纯真。

[59]大顺:顺达的境界。

[60]醴泉:甘泉。

[61]晞:晒。

[62]绥:安抚。五弦:泛指音乐。

[63]遗生:忘却自我的存在。

[64]恕可:差不多可以。恕,同"庶"。羡门:古代传说中的神仙。

[65]王乔:即王子乔,东周人,是汉族传说中的神仙,为黄帝后裔。

【导读】

《养生论》是中国养生学史上第一篇较全面、较系统的养生专论。提出"人应该怎么活着"这样一个问题。人都有理想和现实的矛盾,物质与精神的矛盾,欲望与幸福的矛盾,面对各种矛盾与纷扰,嵇康认为应该以神养形、合理膳食、去欲顺性。他提出"养生"须先养神,要排除个人情感的干扰,才能达到一种恬淡平静、知足常乐的人生状态,才能得到生命的满足感、心灵的宁静感、身体的舒适感。这是一种审美的人生境界,正如庄子所说,人的精神游走于"无何有"之中,这和嵇康的"越名教而任自然"的主张也是相通的。

本篇为《养生论》节选。内容主要涉及以下两个方面:

一、论证了养生的重要性。他认为神仙可学,长生可得,上寿百二十并非妖妄,只要"导养得理,以尽性命,上获千余岁,下可数百年,可有之耳。"这是全文的宗旨,也为魏晋道教养生理论提供了具体目标。

二、提出了养生的方法:形神相亲,表里俱济;合理膳食,远害存宜;清虚静泰,去欲顺性;防微杜渐,坚持不懈。其中,"形神相亲,表里俱济"是著名的养生观点,是嵇康对道家精神深刻领悟的结果。庄子在《逍遥游》中有"不食五谷,吸风饮露"的字句,在庄子看来,形是载体,神是内蕴,形神共同构成了生命存在。他提出"坐忘"的观念,强调要忘记形骸的存在。嵇康继承并发展了庄子的思想,他认为要形神兼修、养神为主,此思想直接为神仙道教理论家葛洪继承,后世养生大家如陶弘景、孙思邈等对他的养生思想都有借鉴。

其实,在人类历史中,延年益寿、长生不老是永恒的追求目标。嵇康既继承了自先秦以来的皇帝、方士等养生思想,又综合发展了以道家思想为主的养生学思想,不再只是单纯地以追求养生、以求长生为目的,而把目标放到了追寻生命的真谛、追求自我以及自由等方面。这是对传统养生观的固定思维模式的突破,也是对个体生命存在价值的探寻,其深刻的理论思考对后世影响可谓深远。

明王世贞《艺苑卮言》卷三:嵇叔夜土木形骸,不事雕饰,想于文亦尔。如《养生论》《绝交书》,类信笔成者,或遂重犯,或不相续,然独造之语,自是奇丽超逸,览之跃然而醒。诗少涉矜持,更不如嗣宗。吾每想其人,两腋习习风举。

六、读《山海经》十三首[1]（其一）

陶渊明

孟夏草木长[2]，绕屋树扶疏[3]。众鸟欣有托[4]，吾亦爱吾庐[5]。

既耕亦已种，时还读我书。穷巷隔深辙[6]，颇回故人车[7]。

欢言酌春酒[8]，摘我园中蔬。微雨从东来，好风与之俱[9]。

泛览《周王传》[10]，流观《山海》图[11]。俯仰终宇宙[12]，不乐复何如？

（选自逯钦立校注《陶渊明集》，中华书局，1979年版）

【注释】

[1]《山海经》：一部记载古代神话传说、史地文献、原始风俗的书。

[2]孟夏：初夏，农历四月。

[3]扶疏：枝叶茂盛纷披的样子。

[4]欣有托：高兴找到可以依托的地方。

[5]庐：房舍，茅庐。

[6]穷巷：陋巷。隔：隔绝。深辙：大车所轧之痕迹，此处代指贵者所乘之车。

[7]颇回故人车：经常让熟人的车掉头回去。

[8]酌：斟酒。

[9]与之俱：好风和它一起吹来。

[10]泛览：浏览。《周王传》：即《穆天子传》，记载周穆王西游的书。

[11]流观：浏览。《山海》图：带插图的《山海经》。

[12]俯仰：在低头抬头之间。终宇宙：遍及世界。

【导读】

《读〈山海经〉十三首》是陶渊明的组诗作品，创作于其辞官归隐之后。这是组诗的第一首，写躬耕之暇泛览图书的乐趣。前四句写田园景致之美：孟夏时节，草木茂盛，绿树环绕，众鸟托身林中自得其乐，诗人寓居草庐自寻其趣，"欣""爱"是全诗情感主调，景中含情。中间八句写田园的生活之趣：耕作之余，可悠然自得地读书；身处幽僻之地，可省却人情往来的烦恼；与好友把酒言欢，可摘园中蔬菜而食；从东而来的和风细雨，可送来夏日的清凉。在这里,没有俗世的喧嚣和纷扰,只有耕读之兴、环境之幽、饮酒之欢、微雨之乐,在情景交融中,诗人勾画了一幅安雅清闲的田园生活图。最后四句,写田园读书之乐:所读之书是《穆天子传》和《山海经》,俯仰之间游览古今上下、宇宙八荒,可奇思异想,可自由驰骋,其乐无穷。末四句既点明"乐"的主旨,又重回"时还读我书"即"读《山海经》"上来,可谓曲终奏雅。

本诗描写的是日常生活的自然之景,心灵感受的真实之境。诗人善用平淡的叙述、白描的手法、习见的譬喻来表达人生的乐趣,这是陶诗的特点。

元刘履《选诗补注》卷五:此诗凡十三首,皆记二书所载事物之异,而此发端一篇,特以写幽居自得之趣耳。观其"众鸟有托""吾爱吾庐"等语,隐然有万物各得其所之妙,则其俯仰宇宙,而为乐可知矣。

清温汝能《陶集汇评》:此篇是渊明偶有所得,自然流出,所谓不见斧凿痕也。大约诗之妙以自然为造极。陶诗率近自然,而此首更令人不可思议,神妙极矣……首章揭明"俯仰宇宙"四字,包括一切。下十二章俱从此出,借神仙荒诞之论,以发其悲愤不平之慨,此其大较也。然就《山海经》而言,虽涉于荒渺无稽,余谓有天地便有鬼神,有鬼神便有事物,宇宙间何所不有,惟不见耳。然则上下古今,《山海》一经,岂尽荒唐之论哉。

梁启超《陶渊明之文艺及其品格》:梁启超曰:檀道济说他"奈何自苦如此"。他到底苦不苦呢?他不惟不苦,而且可以说是世界上最快乐的一个人。他最能领略自然之美,最能感觉人生的妙味。在他的作品中,随处可以看得出来。如《读山海经》十三首的第一首(略)。如《和郭主簿》二首的第一首(略)。如《饮酒》二十首的第五首(略)。如《移居》二首(略)。如《饮酒》的第十三首(略)。集中像这类的诗很多。虽写穷愁,也含有翛然自得的气象。

七、种桃杏

白居易[1]

无论海角与天涯，大抵心安即是家。

路远谁能念乡曲[2]，年深兼欲忘京华[3]。

忠州且作三年计[4]，种杏栽桃拟待花[5]。

（选自顾学颉校点《白居易集》，中华书局，1979年版）

【注释】

[1]白居易(772—846)：唐代伟大的现实主义诗人，字乐天，号香山居士，河南新郑（今河南省新郑市）人，祖籍山西太原。他的作品有浓厚的儒、释、道三家杂糅的色彩。

[2]乡曲：偏僻的地方。泛指家乡。

[3]年深：年月久。兼：加倍。京华：京城。

[4]三年计：三年的打算、计划。唐代地方官的任期一般是三年。

[5]拟待花：准备等待开花。

【导读】

白居易的这首小诗写于元和年间，时任忠州刺史。诗歌通俗易懂，体现了作者的达观思想，很有入禅的味道。诗人虽欲表现乐观旷达的心态，但难掩其中矛盾心情。

诗歌开篇奇特，"无论海角与天涯，大抵心安即是家。"没有铺垫，直接倾诉，无论身在哪里，只要内心安定，那里就是家园。看似随遇而安的背后，仿佛可以看到诗人急于摆脱内心困顿的焦躁。白居易早年仕途顺利，但在他四十四岁时因政事被贬为江州司马，后又赴忠州任职。仕途的莫测，宦海的沉浮，让白居易不得不辗转奔波。何时才能结束这样的生活？答案不得而知，所以诗人只能用乐观的态度来自我开解。

"路远谁能念乡曲，年深兼欲忘京华。"路途迢迢，家乡的曲子渐渐被淡忘，年事渐高，更是想要去忘记京城的繁华。时间似乎疗治了思乡之痛、长安之念。可细细读来，"欲"字才是诗眼，诗人那种欲忘而难忘的沉痛心情被淋漓尽致地表现出来，思念之情跃然纸上。

"忠州且作三年计，种杏栽桃拟待花。"既然无法回京，那就在忠州订一个三年的计划吧。白居易用具象的桃杏来喻抽象的时间，实在高妙。一则民间所谓"桃三年杏四年"，桃杏的花期与任期相仿，二则桃花、杏花皆为鲜亮明丽之物，暗喻作者内心的一抹亮色，即诗人对结束忠州任期的期盼。

  清赵翼《瓯北诗话》：至如六句成七律一首，青莲集中已有之。香山最多，而其体又不一。如《忠州种桃杏》云："无论海角与天涯，大抵心安即是家……"前后单行，中间成对，此六句律正体也。

八、九日齐山登高[1]

杜牧[2]

江涵秋影雁初飞,与客携壶上翠微[3]。
尘世难逢开口笑,菊花须插满头归。
但将酩酊酬佳节[4],不用登临恨落晖[5]。
古往今来只如此,牛山何必独沾衣[6]!

(选自冯集梧注解《樊川诗集注》,上海古籍出版社,1962年版)

【注释】

[1]九日:旧历九月九日重阳节,旧俗登高饮菊花酒。齐山:在今安徽省池州市。杜牧在武宗会昌年间曾任池州刺史。

[2]杜牧(803—约852):字牧之,号樊川居士,京兆万年(今陕西西安)人。杜牧是唐代杰出的诗人、散文家。

[3]翠微:齐山有翠微亭,这里代指山。

[4]"但将"句:暗用晋朝陶渊明典故。《艺文类聚》卷四:"陶潜尝九月九日无酒,宅边菊丛中摘菊盈把,坐其侧,久望,见白衣至,乃王弘送酒也。即便就酌,醉而后归。"酩酊(mǐng dǐng),醉得稀里糊涂。

[5]登临:登山临水或登高临下,泛指游览山水。

[6]牛山:山名,在今山东省淄博市。春秋时齐景公泣牛山,即其地。

【导读】

唐会昌五年(845)张祜来池州拜访杜牧。杜牧为安抚友人张祜的失意情绪,加之自己也是怀才不遇,顿有同病相怜之感,故在九日登齐山时,感慨万千,遂作此诗。诗作以看破一切的旷达乃至颓废,来排遣人生多忧、生死无常的悲哀。

诗作开篇描绘了重阳节的美景:南飞的大雁,辽阔的江面,倒映于江中的无边秋色。在这样一个清朗的秋日,诗人与朋友携酒登山。重阳携友登高本是件令人高兴的事情,但此时的诗人怀才不遇,人生失意,面对佳节美景,诗人的心情矛盾。"尘世难逢开口笑",人生中不如意的事十之八九,既然不顺心是人生的常态,不如"菊花须插满头归",及时行乐享受当下。这里,"菊花"是扣合重阳节的习俗。诗人以畅快地享受流光来劝勉自己,宽解友人,既有通达之意,也有无奈之情。诗人心头的愁恨无法完全排解,他想用大醉来酬答佳节,但"举杯消愁愁更愁",眼前的落晖更是增加了他的惆怅。于是诗人用齐景公牛山泣涕之事进一步安慰自己。诗人由眼前所登的齐山,联想到齐景公的牛山坠泪,认为像"登临恨落晖"所感受到的那种人生无常,是古往今来尽皆有之的。既然并非今世才有此恨,就不必像齐景公那样独自伤感流泪,以齐景公的反例作结,可看出作者这种旷怀中其实包含着一种苦涩。全诗准确传达了作者的矛盾心态:既想旷达,又无法平抑心头的郁闷。而正是这一个矛盾的两方面的巧妙融合,使此诗显得既爽拔快健又凄恻满怀,而作者又十分巧妙地将这两种情感同时传达了出来。

元方回《瀛奎律髓》卷二六:此以"尘世"对"菊花",开阖抑扬,殊无斧凿痕,又变体之俊者。后人得其法,则诗如禅家散圣矣。

清金圣叹《选批唐诗》卷五下:(首句)一句七字,写出当时一俯一仰无限神理。异日东坡《后赤壁赋》"人影在地,仰见明月",便是一副印版也。只为此句起得好,下便随意随手,任从承接。或说是悲愤,或说是放达,或说是傲岸,或说是无赖,无所不可。……"只如此"三字妙绝。醉亦如此,不醉亦只如此;怨亦只如此,不怨亦只如此。

清屈复《唐诗成法》卷十:难逢、须插;但将、不用;只如此、何必,相呼应。三四分承一二,五六合承三四。六就今说,八就古事说,虽似分别,终有复意。"尘世"二句,时人多诵者,口吻亦太熟滑。

九、定风波·常羡人间琢玉郎

苏轼

常羡人间琢玉郎[1]，天应乞与点酥娘[2]。尽道清歌传皓齿[3]，风起，雪飞炎海变清凉。　　万里归来颜愈少，微笑，笑时犹带岭梅香[4]。试问岭南应不好[5]，却道：此心安处是吾乡[6]。

（选自王水照、朱刚撰《苏轼诗词文选评》，上海古籍出版社，2011年版）

【注释】

[1]琢玉郎：指北宋画家王巩。玉郎，是女子对丈夫或情人的爱称，泛指青年男子。
[2]天应(yīng)：上天的感应、显应。点酥娘：指宇文柔奴。
[3]皓齿：雪白的牙齿。
[4]岭：这里指岭南，即中国南方五岭之南的地区。梅香：梅花的香气。
[5]试问：试探性地问。应：应该。
[6]此心安处是吾乡：这个让我心安定的地方，便是我的故乡。

【导读】

《定风波·常羡人间琢玉郎》描写了柔奴的美丽与才情，赞颂了她美好的品行。柔奴，苏轼的好友王巩的歌姬。王巩因受到苏轼"乌台诗案"牵连，被贬到宾州，宾州地处岭南，偏僻荒凉，生活艰苦，而柔奴毅然随行。元丰六年（1083），王巩北归，苏轼问及柔奴岭南风土，柔奴答以"此心安处，便是吾乡"。苏轼听后大为感动，作此词以赞。

词的开篇从王巩落笔，一个"羡"字，既是羡王巩的丰神俊朗，亦是羡上天赐给他这样一个天生丽质的女子。接下来很自然地转到对柔奴的描写，写她歌声的清妙，动作的柔美，仪态的娴雅。不过最令作者欣赏的还是她那句"此心安处是吾乡"的回答，因为这种随遇而安的生活态度也正是苏轼所追求的。这种思想，也正是东坡后来远贬岭海时所建构起的"海南万里真吾乡"审美人格的前奏。它决不是消极处世的态度，而是勇于战胜厄运、敢于直面人生的积极表现。

宋杨湜《古今词话》：东坡初谪黄州，独王定国以大臣之子不能谨交游，迁置岭表。后数年,召还京师。是时,东坡掌翰苑。一日,王定国置酒与东坡会饮,出宠人点酥侑尊。而点酥善谈笑,东坡问曰:"岭南风物,可煞不佳?"点酥应声曰:"此身安处是家乡。"坡叹其善应对,赋《定风波》一阕以赠之,其句全引点酥之语,云云。点酥因是词誉藉甚。

　　杨胜宽《苏轼人格研究》:苏轼对这位歌妓达观的情怀很欣赏。因为这与他经历诗狱之祸和黄州之谪以后所悟出的人生哲理相同。一个取悦于人的歌儿,能悟出如此通脱的人生道理,对苏轼来讲,不只是感觉出乎意料,更多的是体味出生活磨炼对人的成熟和进步,何等重要!

　　叶嘉莹《论苏轼词》:为王定国歌儿柔奴所写的《定风波》(常羡人间琢玉郎)一首词,其上半阕结尾数句,既写得矫健飞扬,后半阕结尾数句,也写得旷达潇洒。如此之类,是虽写歌儿舞伎,而并不作绮罗香泽之态者也。

本章思考题及延伸阅读

思考题

1. 孔子说:"吾十有五而志于学,三十而立,四十而不惑,五十而知天命,六十而耳顺,七十而从心所欲,不逾矩。"请谈谈你对这段话的认识。
2. 庖丁解牛之道和养生之道间有何联系?
3. 怎样理解司马迁的"人固有一死,或重于泰山,或轻于鸿毛"的人生价值观?
4. 请谈谈嵇康养生思想的现代意义。
5. 如何理解陶渊明诗歌中所表达的安顿生命、返归自然的喜悦之情?
6. 谈谈你对"无论海角与天涯,大抵心安即是家"的理解。

延伸阅读

1. 葛兆光著《禅宗与中国文化》,上海人民出版社,1986年版。
2. 葛晓音撰《山水田园诗派研究》,辽宁大学出版社,1993年版。
3. 陈桐生著《中国史官文化与〈史记〉》,汕头大学出版社,1993年版。
4. 刘松来著《养生与中国文化》,江西高校出版社,1995年版。
5. 余恕诚著《唐诗风貌》,安徽大学出版社,2000年版。
6. 罗宗强撰《玄学与魏晋士人心态》,南开大学出版社,2003年版。
7. 莫砺锋著《古典诗学的文化观照》,中华书局,2005年版。

爱情婚姻　第四

　　人类有着丰富的情感。看到春花秋月,我们会感时伤怀;看到落叶萧萧,我们会黯然销魂;看到嘤嘤和鸣,我们会产生对美好爱情的向往。在众多美好的情感中,爱情永远是人类生活中最美好最永恒的旋律。她时而温暖柔美,时而激情澎湃,时而让人难舍难离,时而使人形同陌路。她有时端庄可人,有时又面目可憎;她既能让人忘我追求,也会使人望而却步。那么婚姻是什么？她是爱情的坟墓,还是爱情栖息的大树？中国古典文学中有相当一部分作品记录了人们爱情婚姻的动人故事和复杂情感。真可谓是惊心动魄！这些作品是人类爱情婚姻的歌唱,是人类走向平等自由艰辛历程的记载,更是人类心灵发展史的真实笔录！

一、关雎

关关雎鸠[1]，在河之洲。窈窕淑女[2]，君子好逑[3]。
参差荇菜[4]，左右流之[5]。窈窕淑女，寤寐求之[6]。
求之不得，寤寐思服[7]。悠哉悠哉[8]，辗转反侧[9]。
参差荇菜，左右采之。窈窕淑女，琴瑟友之[10]。
参差荇菜，左右芼之[11]。窈窕淑女，钟鼓乐之。

（选自阮元校刻《十三经注疏》影印本卷一，中华书局，1980年版）

【注释】

[1]关关：雄雌雎鸠的和鸣声。雎鸠：水鸟名。古人称其为贞鸟，雄雌有固定的配偶。

[2]窈窕（yǎo tiǎo）：心灵美好、仪容娴静的样子。淑：品行纯洁善良。

[3]逑：配偶。

[4]参差：长短不齐的样子。荇（xìng）菜：水草类植物。圆叶细茎，根生水底，叶浮在水面，可供食用。

[5]左右流之：时而向左、时而向右地摘取荇菜。流，求取。

[6]寤寐（wù mèi）：此言"无论是睡醒时，还是在梦中"。寤，睡醒。寐，睡着。

[7]思服：思念。思，语助词。服，思念。

[8]悠哉：形容思念深长的样子。

[9]辗转反侧：在床上翻来覆去睡不着的样子。

[10]琴瑟：古代弦乐器。琴为五弦或七弦，瑟通常为二十五弦。友：亲爱。

[11]芼（mào）：摘取，挑选。

【导读】

这首诗选自《诗经·周南》。南，即南音，南风。周南当是江、汉一带的地方乐曲。这是《诗经》的第一首诗。《诗序》说此诗是歌咏"后妃之德"，《鲁诗》则说是大臣（毕公）刺周康王好色晏起之作。后世研究者或认为是一首祝贺新婚的乐章，或认为是一首描写上层社会男女恋爱场景的作品。

《关雎》通过描绘一个男子对一个姑娘一往情深的追求，表达了作者对美满婚姻的美好期望。诗首章以雎鸠相向和鸣,相依相恋,兴起君子对淑女的联想。以下各章,又以采荇菜这一行为兴起,极写求之不得的痛苦和想象中得配佳偶的喜悦之情。全诗运用比喻、起兴的修辞手法和重章复唱的结构形式,成功表达了朴实的情感,并对这种朴实的情感展开大胆的表露,将主人公追求爱情的炽烈专一表现得淋漓尽致,极大增强了诗歌的感染力。

　　《论语》:(《关雎》)乐而不淫,哀而不伤。
　　清方玉润《诗经原始》卷一:(一章)此诗佳处全在首四句,多少和平中正之音,细咏自见。取冠《三百》,真绝唱也。(三章)忽转繁弦促音,通篇精神扼要在此。不然,前后皆平沓矣。(四、五章)"友"字"乐"字,一层深一层。快足满意而又不涉于侈靡,所谓乐而不淫也。

二、桃夭

桃之夭夭[1]，灼灼其华[2]。之子于归[3]，宜其室家[4]。
桃之夭夭，有蕡其实[5]。之子于归，宜其家室。
桃之夭夭，其叶蓁蓁[6]。之子于归，宜其家人。

（选自阮元校刻《十三经注疏》影印本卷一，中华书局，1980年版）

【注释】

[1]夭夭：茂盛的样子。
[2]灼灼：花鲜艳盛开的样子。华：同"花"。
[3]之子：这位姑娘。于归：姑娘出嫁。于，去，往。古代把丈夫家看作女子的归宿，故称"归"。
[4]宜：和顺、亲善。
[5]有蕡：即蕡蕡，草木结实很多的样子。蕡(fén)，肥大。
[6]蓁(zhēn)：叶子茂盛的样子。

【导读】

本篇属《诗经·周南》第六篇，为先秦时代汉族民歌。这是一首贺新娘的诗。诗人看见春天柔嫩的桃枝和鲜艳的桃花，联想到新娘的年轻美貌。诗反映了当时老百姓特有的礼俗和风情。

据《周礼》云："仲春，令会男女。"故诗人以桃花起兴，为新娘唱了一首赞歌。各章的前两句，是全诗的兴句，分别以桃树的花、叶、实比兴男女盛年，及时嫁娶。清姚际恒《诗经通论》："桃花色最艳，故以喻女子，开千古辞赋咏美人之祖。"诗歌以桃花、桃实、桃叶作喻，又运用重章叠句，反复赞咏，更与新婚时的气氛相融合，与新婚夫妇美满的生活相映衬，既体现歌谣的风格，又充满自然的气息。

《毛诗序》：《桃夭》，后妃之所致也。不妒忌则男女以正，婚姻以时，国无鳏民也。

清方玉润《诗经原始》：《桃夭》不过取其色以喻"之子"，且春华初茂，即芳龄正盛时耳，故以为比。伪传又以为美后妃而作，《关雎》美后妃矣，而此又美后妃乎？且呼后妃为"之子"，恐诗人轻薄亦不至猥亵如此之甚耳！

三、湘夫人

屈原

帝子降兮北渚[1],目眇眇兮愁予[2]。嫋嫋兮秋风[3],洞庭波兮木叶下[4]。登白薠兮骋望[5],与佳期兮夕张[6]。鸟何萃兮蘋中[7],罾何为兮木上[8]?

沅有茝兮澧有兰[9],思公子兮未敢言[10]。荒忽兮远望,观流水兮潺湲[11]。

麋何食兮庭中[12],蛟何为兮水裔[13]?朝驰余马兮江皋[14],夕济兮西澨[15]。闻佳人兮召予,将腾驾兮偕逝[16]。筑室兮水中,葺之兮荷盖[17]。荪壁兮紫坛[18],播芳椒兮成堂[19]。桂栋兮兰橑[20],辛夷楣兮药房[21]。罔薜荔兮为帷[22],擗蕙櫋兮既张[23]。白玉兮为镇[24],疏石兰兮为芳[25]。芷葺兮荷屋[26],缭之兮杜衡[27]。合百草兮实庭[28],建芳馨兮庑门[29]。九嶷缤兮并迎[30],灵之来兮如云[31]。

捐余袂兮江中[32],遗余褋兮澧浦[33]。搴汀洲兮杜若[34],将以遗兮远者[35]。时不可兮骤得[36],聊逍遥兮容与[37]!

(选自《四部丛刊》影印本《楚辞》)

【注释】

[1]帝子:指湘夫人。舜妃为帝尧之女,故称帝子。渚:水中高地。

[2]眇眇(miǎo):望而不见的样子。愁予:使我忧愁。

[3]嫋嫋(niǎo):绵长不绝的样子。

[4]波:生波。下:落。

[5]登:原无"登"字,现据明夫容馆本《楚辞》补。薠(fán):一种近水生的秋草。骋望:纵目而望。

[6]佳:佳人,指湘夫人。期:期约。张:陈设。

[7]萃:集。

[8]罾(zēng):捕鱼的网。

116

[9]沅:即沅水,在今湖南省。芷(zhǐ):白芷,香草。澧(lǐ):即澧水,在今湖南省,流入洞庭湖。

[10]公子:指湘夫人。

[11]荒忽:即"恍惚",神志迷乱的样子。一说,不分明的样子。潺湲:水流的样子。

[12]麋:兽名,似鹿而大。

[13]水裔:水边。此处意谓蛟本当在深渊却在水边,比喻所处失常。

[14]皋:水边高地。

[15]澨(shì):楚方言,水边。

[16]腾驾:驾着马车奔腾飞驰。偕逝:同往。

[17]葺:编草盖房子。盖:指屋顶。

[18]荪(sūn)壁:用荪草饰壁。荪,一种香草。紫:紫贝。坛:楚方言,即中庭。

[19]椒:一种香木。

[20]栋:屋栋。橑(lǎo):屋椽(chuán)。

[21]辛夷:树名,初春开花。楣:门上横梁。药:白芷。

[22]罔:通"网",作结解。薜荔:一种香草,缘木而生。帷:帷帐。

[23]擗(pǐ):掰开。蕙:一种香草。櫋(mián):隔扇。

[24]镇:镇压坐席之物。

[25]疏:分疏,分陈。石兰:一种香草。

[26]葺:覆盖。

[27]缭:缠绕。杜衡:一种香草。

[28]合:合聚。百草:指众芳草。实:充实。

[29]馨:能够远闻的香。庑(wǔ):走廊。

[30]九嶷(yí):山名,传说"舜葬九嶷",在湘水南。这里指九嶷山神。缤:盛多的样子。

[31]灵:神。如云:形容众多。

[32]袂(mèi):衣袖。

[33]褋(dié):《方言》:禅衣,江淮南楚之间谓之"褋"。禅衣即女子内衣,是湘夫人送给湘君的信物。这是古时女子爱情生活的习惯。

[34]搴(qiān):摘。汀:水中或水边的平地。杜若:一种香草。

[35]遗:赠。远者:指湘夫人。

[36]骤得:数得,屡得。

[37]聊:姑且。容与:悠闲的样子。

【导读】

　　本文选自《楚辞·九歌》。这首诗是写湘夫人等待湘君不至而产生的思慕哀怨之情。作者通过对人物微妙心理的刻画和环境气氛的渲染,表现其炽热而复杂的情感,想象丰富,语言瑰丽,富有浓郁的浪漫主义气息。

　　《九歌》是屈原十一篇作品的总称。"九"是泛指,非实数,《九歌》本是古乐章名。王逸《楚辞章句》认为:"昔楚国南郢之邑,沅湘之间,其俗信鬼而好祠。其祠必作歌乐鼓舞以乐诸神。屈原放逐,窜伏其域,怀忧苦毒,愁思沸郁,出见俗人祭祀之礼,歌舞之乐,其辞鄙陋,因作《九歌》之曲,上陈事神之敬,下见己之冤结,托之以风谏。"也有人认为是屈原在民间祭歌的基础上加工而成。关于湘夫人和湘君为谁,多有争论。二人为湘水之神,则无疑。

　　全诗可分为四段,首段写的是湘君到达约会地点却不见爱人,于是开始等待;第二段则进一步深化了人物的感情;第三段是湘君幻想终于与爱人得以相见时的情景;最后一段不论是形式还是内容都与第一段遥相呼应,该诗以"召唤方式"呼应"期待视野"。与楚地民谣的结合,赋予了它强大的生命内核,加上其自身所具有的强大艺术感染力,无愧为后世的艺术典范。

　　宋苏洵《仲兄郎中字序》:荡乎其无形,飘乎其远来,既往而不知其迹之所存者,是风也,而水实形之。

　　明胡应麟《诗薮》内编卷一:"嫋嫋兮秋风,洞庭波兮木叶下",形容秋景入画;"悲哉秋之为气也,憭慄兮若远行,登山临水兮送将归",模写秋意入神,皆千古言秋之祖。六代、唐人诗赋,靡不自此出者。

四、长恨歌

白居易

汉皇重色思倾国[1],御宇多年求不得[2]。杨家有女初长成,养在深闺人未识[3]。天生丽质难自弃[4],一朝选在君王侧。回眸一笑百媚生,六宫粉黛无颜色[5]。春寒赐浴华清池[6],温泉水滑洗凝脂[7]。侍儿扶起娇无力,始是新承恩泽时。云鬓花颜金步摇[8],芙蓉帐暖度春宵[9]。春宵苦短日高起,从此君王不早朝。承欢侍宴无闲暇,春从春游夜专夜。后宫佳丽三千人,三千宠爱在一身。金屋妆成娇侍夜[10],玉楼宴罢醉和春。姊妹弟兄皆列土[11],可怜光彩生门户[12]。遂令天下父母心,不重生男重生女[13]。骊宫高处入青云,仙乐风飘处处闻。缓歌慢舞凝丝竹[14],尽日君王看不足。渔阳鼙鼓动地来[15],惊破霓裳羽衣曲[16]。九重城阙烟尘生[17],千乘万骑西南行[18]。翠华摇摇行复止,西出都门百余里[19]。六军不发无奈何[20],宛转蛾眉马前死[21]。花钿委地无人收[22],翠翘金雀玉搔头[23]。君王掩面救不得,回看血泪相和流。黄埃散漫风萧索,云栈萦纡登剑阁[24]。峨嵋山下少人行[25],旌旗无光日色薄。蜀江水碧蜀山青,圣主朝朝暮暮情。行宫见月伤心色,夜雨闻铃肠断声[26]。天旋地转回龙驭[27],到此踌躇不能去。马嵬坡下泥土中,不见玉颜空死处[28]。君臣相顾尽沾衣,东望都门信马归[29]。归来池苑皆依旧,太液芙蓉未央柳[30]。芙蓉如面柳如眉,对此如何不泪垂?春风桃李花开日,秋雨梧桐叶落时。西宫南内多秋草[31],落叶满阶红不扫。梨园弟子白发新[32],椒房阿监青娥老[33]。夕殿萤飞思悄然,孤灯挑尽未成眠[34]。迟迟钟鼓初长夜[35],耿耿星河欲曙天[36]。鸳鸯瓦冷霜华重[37],翡翠衾寒谁与共[38]?悠悠生死别经年,魂魄不曾来入梦。临邛道士鸿都客[39],能以精诚致魂魄[40]。为感君王辗转思,遂教方士殷勤觅。排空驭气奔如电,升天入地求之遍。上穷碧落下黄泉[41],两处茫茫皆不见。忽闻海上有仙山[42],山在虚无缥缈间。楼阁玲珑五云起[43],其中绰约多仙子[44]。中有一人字太真,雪肤花貌参差是。金阙西厢叩玉扃[45],转教小玉报双成[46]。闻道汉家天子使,九华帐里梦魂惊[47]。揽衣推枕起徘徊,珠箔银屏迤逦开[48]。云鬓半偏新睡觉[49],花冠不整下堂来。风吹仙袂飘摇举[50],犹似霓裳羽衣舞。玉容寂寞泪阑干[51],梨花一枝春带雨。含情凝睇谢君王[52],一别音容两渺茫。昭阳殿里恩爱绝[53],蓬莱宫中日月长[54]。回头下望人寰处[55],不见长安见尘雾。惟将旧物表深情[56],钿合金钗寄将去[57]。钗留一股合一扇,钗擘黄金合分钿[58]。但教心似金钿坚,天上人间会相见。临别殷勤重寄词[59],词中有誓两心知。七月七日长生殿[60],夜半无人私语时。在天愿作比翼鸟,在地愿为连理枝[61]。天长地久有时尽,此恨绵绵无绝期[62]。

(选自朱金城笺注《白居易集笺校》,上海古籍出版社,2013年版)

【注释】

[1]汉皇:原指汉武帝刘彻,此处借指唐玄宗李隆基。为避免直言,唐人诗文中常以汉称唐。重色:爱好女色。倾国:绝色女子。汉李延年有诗曰:"北方有佳人,绝世而独立。一顾倾人城,再顾倾人国。宁不知倾城与倾国,佳人难再得。"后常以"倾国倾城"代称美女。

[2]御宇:指统治天下。汉贾谊《过秦论》:"振长策而御宇内。"

[3]"杨家有女"二句:杨玉环为蜀州司户杨玄琰之女,自幼由叔父杨玄珪抚养,十七岁被册封为玄宗之子寿王李瑁之妃,二十七岁被玄宗册封为贵妃。白居易此谓"养在深闺人未识",属有意为帝王避讳。

[4]丽质:美丽的姿质。

[5]六宫粉黛:指宫中所有嫔妃。古代皇帝设六宫,正寝(日常处理政务之所)一,燕寝(休息之所)五,合称六宫。粉黛,粉黛本为女性化妆用品,粉以抹脸,黛以描眉。此代指六宫中的女性。无颜色:意谓相形之下,都黯然失色。

[6]华清池:即华清池温泉,在今西安市临潼区骊山下。唐太宗贞观十八年(644)建汤泉宫,高宗咸亨二年(671)改名温泉宫,玄宗天宝六载(747)扩建后改名华清宫。唐玄宗每年冬、春季都到此居住。

[7]凝脂:形容皮肤白嫩细腻,犹如凝固的脂肪。《诗经·卫风·硕人》:"肤如凝脂。"

[8]云鬓:形容女子鬓发盛美如云。《木兰诗》:"当窗理云鬓,对镜贴花黄。"金步摇:一种金首饰,用金银丝盘成花之形状,上面缀着垂珠之类,插于发鬓,走路时摇曳生姿。

[9]芙蓉帐:绣着莲花的帐子,形容帐之精美。

[10]金屋:《汉武故事》载,武帝刘彻幼时,姑母长公主将他抱于膝上,问他将来愿不愿娶她女儿阿娇为妻。刘彻笑答:"若得阿娇,当以金屋藏之。"

[11]列土:分封土地。据《旧唐书·后妃传》等记载,杨贵妃有姊三人,玄宗并封国夫人之号。大姨封韩国夫人,三姨封虢国夫人,八姨封秦国夫人。妃父玄琰,累赠太尉、齐国公。母封凉国夫人。叔玄珪,为光禄卿。从兄铦,为鸿胪卿;锜,为侍御史,尚武惠妃女太华公主。从祖兄国忠,为右丞相。

[12]可怜:可爱,值得羡慕。

[13]不重生男重生女:据陈鸿《长恨歌传》,当时民谣有"生女勿悲酸,生男勿喜欢","男不封侯女作妃,看女却为门上楣"等。

[14]凝丝竹:指弦乐器和管乐器伴奏出舒缓的旋律,犹如凝固于弦管(丝竹)之上。

[15]渔阳:郡名,辖今北京市平谷区和天津市蓟县等地,当时属于平卢、范阳、河东三镇节度使安禄山的辖区。天宝十四载(755)冬,安禄山在范阳起兵叛乱。鼙鼓:古代骑兵用的小鼓,此借指战争。

[16]霓(ní)裳羽衣曲:舞曲名,据说为唐开元年间西凉节度使杨敬述所献,经唐玄宗润色并作歌词,改用此名。乐曲着意表现虚无缥缈的仙境和仙女形象。

[17]九重城阙:九重门的京城,此指长安。阙,古代宫殿门前两边的楼,泛指宫殿或帝王的住所。《楚辞·九辩》:"君之门以九重。"烟尘生:指发生战事。

[18]千乘万骑西南行:天宝十五载(756)六月,安禄山破潼关,逼近长安。玄宗带领杨贵妃等出延秋门向西南方向逃走,当时随行护卫并不多,"千乘万骑"属夸大之词。

[19]"翠华"二句:李隆基西奔至距长安百余里的马嵬驿(在今陕西省兴平市北),扈从禁卫军发难,不再前行,请诛杨国忠、杨玉环兄妹以平民怨。翠华,用翠鸟羽毛装饰的旗帜,皇帝仪仗用。都门,指延秋门。百余里,指到了距长安一百多里的马嵬驿。

[20]六军不发无奈何:《周礼·夏官·司马》:"王六军。"据新、旧《唐书·玄宗纪》《资治通鉴》等记载,玄宗天宝十五载(756)六月,潼关失守,京师大骇。玄宗谋幸蜀,自延秋门出逃,扈从唯宰相杨国忠、韦见素,内侍高力士及太子、亲王等多未及随行。行至马嵬驿,诸军不进。龙武大将军陈玄礼奏:逆胡指阙,以诛国忠为名,中外群情不无嫌怨。陛下宜徇群情,为社稷大计,国忠之徒,可置之于法。兵士围驿四合,及诛杨国忠等,兵犹

未解。玄宗令高力士诘之,回奏曰:国忠虽诛,以贵妃在宫,人情恐惧。玄宗为自保,遂命力士赐贵妃自尽。六军,指天子的军队。

[21] 宛转:形容贵妃死前哀怨缠绵的样子。蛾眉:古代美女的代称,此指杨贵妃。《诗经·卫风·硕人》:"螓首蛾眉。"

[22] 花钿(diàn):用金翠珠宝等制成的花朵形首饰。委地:丢弃在地上。

[23] 翠翘:首饰,形如翡翠鸟尾。金雀:金雀钗,钗形似凤(古称朱雀)。玉搔头:玉簪。《西京杂记》卷二:"武帝过李夫人,就取玉簪搔头。自此后宫人搔头皆用玉。"

[24] 云栈:高入云霄的栈道。萦纡(yíng yū):萦回盘绕。剑阁:又称剑门关,在今四川省剑阁县北,是由秦入蜀的要道。此地群山如剑,峭壁中断处,两山对峙如门。诸葛亮相蜀时,凿石架凌空栈道以通行。

[25] 峨嵋山:在今四川省峨眉山市。玄宗奔蜀途中,并未经过峨眉山,这里泛指蜀中高山。

[26] 夜雨闻铃:《明皇杂录·补遗》:"明皇既幸蜀,西南行。初入斜谷,属霖雨涉旬,于栈道雨中闻铃音,与山相应。上既悼念贵妃,采其声为《雨霖铃》曲以寄恨焉。"这里暗指此事。后《雨霖铃》成为词牌名。

[27] 天旋地转:指时局好转。肃宗至德二载(757),郭子仪军收复长安。回龙驭:皇帝的车驾归来。

[28] 不见玉颜空死处:据《旧唐书·后妃传》载,玄宗自蜀还,令中使祭奠杨贵妃,密令改葬于他所。初葬时,以紫褥裹之,肌肤已坏,而香囊仍在,内官以献,上皇(玄宗)视之凄婉,乃令图其形于别殿,朝夕视焉。

[29] 信马:意思是无心鞭马,任马前进。

[30] 太液:汉宫中有太液池。未央:汉有未央宫。此皆借指唐长安皇宫。

[31] 西宫南内:皇宫之内称为大内。西宫即西内太极宫,南内为兴庆宫。玄宗返京后,初居南内。唐肃宗上元元年(760),权宦李辅国假借肃宗名义,胁迫玄宗迁往西内,并流贬玄宗亲信高力士、陈玄礼等人。

[32] 梨园弟子:指玄宗当年训练的乐工舞女。梨园,据《新唐书·礼乐志》,唐玄宗时宫中教习音乐的机构,曾选"坐部伎"三百人教练歌舞,随时应诏表演,号称皇帝梨园弟子。

[33] 椒房:后妃居住之所,因以花椒和泥抹墙,故称。阿监:宫中的侍从女官。青娥:年轻的宫女。据《新唐书·百官志》,内官宫正有阿监、副监。

[34] 孤灯挑尽:古时用油灯照明,为使灯火明亮,过了一会儿就要把浸在油中的灯草往前挑一点。挑尽,说明夜已深。唐时宫廷夜间燃烛而不点油灯,此处旨在形容玄宗晚年生活环境的凄苦。

[35] 迟迟:迟缓。报更钟鼓声起止原有定时,这里用以形容玄宗长夜难眠时的心情。

[36] 耿耿:微明的样子。欲曙天:长夜将晓之时。

[37] 鸳鸯瓦:屋顶上俯仰相对合在一起的瓦。《三国志·魏书·方技传》载,文帝梦殿屋两瓦坠地,化为双鸳鸯。房瓦一俯一仰相合,称阴阳瓦,亦称鸳鸯瓦。霜华:霜花。

[38] 翡翠衾:布面绣有翡翠鸟的被子,言其珍贵。《楚辞·招魂》:"翡翠珠被,烂齐光些。"谁与共:与谁共。

[39] 临邛道士鸿都客:意谓有个从临邛来长安的道士。临邛,今四川省邛崃市。鸿都:东汉都城洛阳的宫门名,这里借指长安。

[40] 致魂魄:招来杨贵妃的亡魂。

[41] 穷:穷尽,找遍。碧落:即天空。黄泉:指地下。

[42] 海上仙山:《史记·封禅书》:"自威、宣、燕昭使人入海求蓬莱、方丈、瀛洲,此三神山者,其传在渤海中。"

[43] 玲珑:华美精巧。五云:五彩云霞。

[44] 绰约:体态轻盈柔美。《庄子·逍遥游》:"藐姑射之山,有神人居焉,肌肤若冰雪,绰约若处子。"

[45] 金阙:《太平御览》卷六六引《大洞玉经》:"上清宫门中有两阙,左金阙、右玉阙。"西厢:《尔雅·释宫》:"室有东西厢曰庙。西厢在右。"玉扃(jiōng):玉门。即玉阙之变文。

[46] 转教小玉报双成:意谓仙府庭院重重,须经辗转通报。小玉,吴王夫差女。双成,传说中西王母的侍女。这里皆借指杨贵妃在仙山的侍女。

[47] 九华帐:绣饰华美的帐子。九华,有重重花饰的图案,言帐之精美。

[48] 珠箔:珠帘。银屏:饰银的屏风。迤逦:接连不断地。

[49] 新睡觉:刚睡醒。觉,醒。

[50] 袂(mèi):衣袖。

[51] 玉容寂寞:此指神色黯淡凄楚。阑干:纵横交错的样子,这里形容泪痕满面。

[52] 凝睇(dì):凝视。

[53] 昭阳殿:汉成帝宠妃赵飞燕的寝宫。此借指杨贵妃住过的宫殿。

[54]蓬莱宫:传说中的海上仙山。这里指贵妃在仙山的居所。

[55]人寰(huán):人间。

[56]旧物:指贵妃生前与玄宗定情的信物。

[57]寄将去:托道士带回。

[58]"钗留"二句:把金钗、钿盒分成两半,各留一半。擘,分开。合分钿,将钿盒上的图案分成两部分。

[59]殷勤:深情。重寄词:贵妃在告别时重又托他捎话。

[60]长生殿:在骊山华清宫内,天宝元年(742)造。陈寅恪《元白诗笺证稿·长恨歌》:"长生殿七夕私誓之为后来增饰之物语,并非当时真确之事实","玄宗临幸温汤必在冬季、春初寒冷之时节。今详检两《唐书·玄宗纪》,无一次于夏日炎暑时幸骊山"。此所谓长生殿非指华清宫之长生殿,而是长安皇宫寝殿之习称。

[61]比翼鸟:传说中的鸟名,据说只有一目一翼,雌雄并在一起才能飞。连理枝:两株树木枝干相连。古人常用此二物比喻夫妻恩爱、永不分离。

[62]恨:憾恨。绵绵:连绵不断。绝:穷尽。

【导读】

《长恨歌》为白居易最为著名的歌行体长篇,诗歌以优美的语言叙述唐玄宗、杨贵妃在安史之乱中的爱情悲剧。诗人在历史事实的基础上,加入种种传说,以高度艺术化的笔触演绎出一个回旋曲折、婉转动人而又令人感喟的故事。

《长恨歌》开篇极力铺写和渲染玄宗之重色与逸乐。极度的乐,正反衬出后面无尽的恨。唐玄宗的荒淫误国,引发了政治上的悲剧,反过来又导致了他和杨贵妃的爱情悲剧。悲剧的制造者恰是悲剧的主人公,这是故事的特殊与曲折处,诗歌的讽喻意味也正在此处。诗歌从各个方面反复渲染唐玄宗对杨贵妃的思念,用人物感情来开拓和推动情节的发展。诗篇在似乎已经写足"长恨"之处,笔锋一转,境界别开,构思出一个妩媚动人的仙境,把悲剧故事的情节推向新的高潮,且更加波澜曲折,将人物千回百转的心理表现得淋漓尽致,故事也因此而显得更为婉转动人。

《长恨歌》是一首抒情色彩极浓的叙事诗,诗歌将叙事、写景和抒情融于一体,形成含蓄蕴藉的特点。诗人时而把人物的思想感情注入景物,用景物烘托人物的心境;时而抓住人物周围富于特征的物象,恰如其分地表达人物内心深处的隐曲之情。从散漫黄埃到青碧蜀水,从行宫夜雨到夕殿飞萤,时时处处触物伤情,从各个方面反复渲染主人公的苦苦寻觅之情。现实生活中找不到,则到梦中去找;梦中找不到,又到仙境中去找。如此跌宕回环,使人物感情回旋上升,达到高潮,可谓"肌理细腻",极具艺术感染力。

宋王楙《野客丛书》:诗人讽咏,自有主意,观者不可泥其区区之词。《闻见录》曰:乐天《长恨歌》"夕殿萤飞思悄然,孤灯挑尽未成眠",岂有兴庆宫中夜不点烛,明皇自挑灯之理?《步里客谈》曰:陈无己《古墨行》谓"睿思殿里春将半,灯火阑残歌舞散。自书小字答边臣,万国风烟入长算。""灯火阑残歌舞散",乃村镇夜深景致,睿思殿不应如是。二说甚相类。仆谓二词之所以状宫中向夜萧索之意,非以形容盛丽之为,固虽天上非人间比,使言高烧画烛,贵则贵矣,岂复有长恨等意邪?观者味其情旨,斯可矣。

清赵翼《瓯北诗话》:古来诗人,及身得名,未有如是之速且广者。盖其得名,在《长恨歌》一篇。其事本易传,以易传之事,为绝妙之词,有声有情,可歌可泣,文人学士既叹为不可及,妇人女子亦喜闻而乐诵之。是以不胫而走,传遍天下。又有《琵琶行》一首助之。此即无全集,而二诗已自不朽,况又有三千八百四十首之工且多哉!

清王国维《人间词话》:以《长恨歌》之壮采,而所隶之事,只"小玉双成"四字,才有余也。

五、无题

李商隐

昨夜星辰昨夜风,画楼西畔桂堂东[1]。

身无彩凤双飞翼,心有灵犀一点通[2]。

隔座送钩春酒暖[3],分曹射覆蜡灯红[4]。

嗟余听鼓应官去[5],走马兰台类转蓬[6]。

(选自冯浩笺注《玉谿生诗集笺注》卷一,上海古籍出版社,1979年版)

【注释】

[1]"昨夜"二句:二句蝉联而下,追忆宴乐的时间、地点。首句两言"昨夜",极富咏叹情调。

[2]"身无"二句:二句意谓自己无法像彩凤那样展翅飞翔,与意中人相见,但彼此心灵相通。灵犀,旧说犀牛有神异,角中髓质有如白线,贯通两头。

[3]送钩:也称藏钩。古代腊日的一种游戏,分二曹以较胜负。将钩互相传送后,藏于一人手中,令人猜。

[4]分曹:分组。射覆:古代游戏。在巾盂等物下面覆盖东西让人猜。

[5]鼓:指更鼓。应官:上班应差。

[6]走马兰台类转蓬:这句从字面看,是参加宴会后,随即骑马到兰台,类似蓬草之飞转。兰台,即秘书省,掌管图书秘籍。李商隐曾任秘书省正字。

【导读】

此题共有二首,此为第一首。这首诗被认为写于唐文宗开成四年(839),当时李商隐在长安任秘书省校书郎,但具体写作时间难以确定。关于诗中所写内容,历来解说不一。或谓寓意寄托,或谓实写爱情。一般认为这是一首爱情诗,诗中追忆昨夜于酒暖灯红之宴席上与所思女子相望而不能相亲之情景。诗作感慨深沉,情思缠绵,设色工丽,圆转流美。颔联比喻新奇,尤为脍炙人口。

从诗里描写的情形来看,诗人似乎去参加了一次贵族家的宴会,并在宴会上结识了相爱的人,但是却苦于不能表达。诗中写了两种当时的行酒令游戏,一种是藏钩于手中让人猜,一种是将东西放在器皿下让人猜,猜对了获胜。但是,从"春酒暖"和"蜡灯红"的描写看,诗人明显不是简单地为了玩游戏,而是别有寄托。最后,更鼓敲响,诗人不得不离去,惆怅之情也就随之增强了。

六、鹊桥仙

秦观

纤云弄巧[1],飞星传恨[2],银汉迢迢暗度[3]。金风玉露一相逢[4],便胜却[5]、人间无数。　柔情似水,佳期如梦[6],忍顾鹊桥归路[7]。两情若是久长时,又岂在朝朝暮暮[8]。

（选自宋乾道本《淮海居士长短句》卷中）

【注释】

[1]纤云弄巧:纤柔的云彩在空中幻化成各种巧妙的花样。传说织女善织云锦,故人间女子多有七夕向织女"乞巧"的风俗。"巧"字亦扣此风俗。

[2]飞星传恨:流星为牛郎织女传递着彼此间的离愁别恨。夏秋之际,夜空中多见流星。

[3]银汉:银河。迢迢:遥远的样子。暗度:悄悄渡过。

[4]金风玉露:指秋风白露。李商隐《辛未七夕》:"由来碧落银河畔,可要金风玉露时。"

[5]胜却:胜过。

[6]佳期:情侣间约会的美好时光。

[7]忍顾鹊桥归路:织女怎么忍心回过头去看那条返回的鹊桥路呢? 忍顾,怎忍回头看。

[8]朝朝暮暮:指朝夕相聚。语出战国楚宋玉《高唐赋》:楚怀王梦遇巫山神女,神女自称"旦为朝云,暮为行雨,朝朝暮暮,阳台之下"。

【导读】

《鹊桥仙》,词牌名,唐韩鄂《岁华纪丽》卷三引汉应劭《风俗通》云:"织女七夕当渡河,使鹊为桥。"宋陈元靓《岁时广记》卷二六引《淮南子》云:"乌鹊填河成桥而渡织女。"调名本此。本篇是咏此词调的原始题意。吟咏牛郎织女故事的诗篇,以汉代《古诗十九首》中的《迢迢牵牛星》为最早。自此下迄北宋,同题材的作品不可胜数,但大都沿袭汉诗古意,以伤离恨别为主题。这已成为七夕诗词的一种创作定势。秦观此词,好就好在打破了陈陈相因的传统模式,歌颂忠贞不渝、历久弥坚的爱情,令人耳目一新。

　　这是一曲纯情的爱情颂歌,上片写牛郎织女聚会,下片写他们的离别。全词哀乐交织,熔抒情与议论于一炉,汇天上人间为一体,优美的形象与深沉的感情结合起来,起伏跌宕地讴歌了美好的爱情。此词议论自然流畅,通俗易懂,却又显得婉约蕴藉,余味无穷,尤其是末二句,使词的思想境界升华到一个崭新的高度,成为词中警句。

　　明李攀龙《草堂诗余隽》:"相逢"胜"人间",会心之语;"两情"不在"朝暮",破格之谈。七夕歌以双星会少别多为恨,独少游此词谓"两情若是久长"二句,化陈腐,最能醒人心目。

　　明沈际飞《草堂诗余正集》卷二:(末二句)化腐臭为神奇!

　　清黄苏《蓼园词选》:凡咏古题,须独出心裁,此固一定之论。

七、鹧鸪天·元夕有所梦[1]

姜夔

肥水东流无尽期[2],当初不合种相思[3]。梦中未比丹青见[4],暗里忽惊山鸟啼。　　春未绿,鬓先丝。人间别久不成悲。谁教岁岁红莲夜[5],两处沉吟各自知。

（选自朱孝臧辑校《彊村丛书》本《白石道人歌曲》卷五,上海古籍出版社,1989年版）

【注释】

[1]鹧鸪天:词牌名,又称"思越人""剪朝霞""醉梅花""思佳客"等。元夕:即元宵节,在旧历正月十五。

[2]肥水:分为两支,其一东流经合肥入巢湖,其一西北流至寿州入淮。《尔雅·释水》:"归异,出同流,肥。"

[3]相思:盖有树的联想,故上云"种"字。相思树即红豆。

[4]丹青:泛指图画,此处指画像。

[5]红莲夜:指元宵灯节。红莲,指灯节的花灯。

【导读】

这首词是宋宁宗庆元三年(1197)姜夔在杭州所写"合肥情词"之一,记元宵之夜的梦中情事。时光往往能把一切冲淡,此时词人已经四十多岁,开始进入老境,他感叹"少小知名翰墨场,十年心事只凄凉"。当初痛不欲生,以为今生休矣之事,待到多年以后回想起来也许只有淡淡的伤感了。姜夔在此词中展现出来的感情却有所不同。二十多年前,词人曾逗留合肥,于勾栏曲坊间结识善弹筝琶的一对姐妹,此后虽天各一方,词人旧情难以自抑,岁岁红莲夜,依旧是两处沉吟,这是一份何等强烈的感情！本词首句以流水起兴,肥水滚滚东流,永远没有终止的时期,当时真不该一见你就埋下相思的情思。词人被流水抛掷,当初轻狂多情的少年如今已是鬓发如丝的中年人,不知心上人的下落,更不能相见,悲伤沉入心底,不堪重负。"别久不成悲",不是不悲,而是悲痛已沁入心骨。结语"两处沉吟各自知",出之以淡语,是怕触动更多的心思,还是以淡雅写深挚？自有匠心。

情词的传统风格偏于柔婉软媚,这首词却以清健之笔来写刻骨铭心的深情,别具一种峭拔隽永的情韵。全篇除"红莲"一词较艳丽外,其他都是经过锤炼而自然清劲的语言,可谓洗净铅华。词的意境也特别空灵蕴藉,纯粹抒情,丝毫不涉及这段情缘的具体情事。所谓"意愈切而词愈微","感慨全在虚处",正是此词的特点。

八、西厢记(第四本第三折)

王实甫

（夫人、长老上，云）今日送张生赴京，就十里长亭，安排下筵席。我和长老先行，不见张生小姐来到。（旦、末、红同上）（旦云）今日送张生上朝取应，早是离人伤感，况值那暮秋天气，好烦恼人也呵！悲欢聚散一杯酒，南北东西万里程。（唱）

〔正宫·端正好〕碧云天，黄花地，西风紧。北雁南飞。晓来谁染霜林醉？总是离人泪[1]。

〔滚绣球〕恨相见得迟，怨归去得疾。柳丝长玉骢难系，恨不得倩疏林挂住斜晖[2]。马儿迍迍的行，车儿快快的随[3]。却告了相思回避，破题儿又早别离[4]。听得道一声"去也"，松了金钏[5]；遥望见十里长亭，减了玉肌。此恨谁知！

（红云）姐姐今日怎么不打扮？（旦云）你那知我的心里哩！（唱）

〔叨叨令〕见安排着车儿、马儿，不由人熬熬煎煎的气。有甚么心情花儿、靥儿[6]，打扮得娇娇滴滴的媚。准备着被儿、枕儿，则索昏昏沉沉的睡。从今后衫儿、袖儿，都揾湿重重叠叠的泪。兀的不闷杀人也么哥，兀的不闷杀人也么哥！今已后书儿、信儿，索与我凄凄惶惶的寄[7]。

（做到了科，见夫人了）（夫人云）张生和长老坐，小姐这壁坐，红娘将酒来。张生，你向前来，是自家亲眷，不要回避。俺今日将莺莺与你，到京师休辱没了俺孩儿[8]，挣揣一个状元回来者[9]。（末云）小生托夫人余荫，凭着胸中之才，视官如拾芥耳[10]。（洁云）夫人主见不差[11]，张生不是落后的人。（把酒了，坐）（旦长吁科）（唱）

〔脱布衫〕下西风黄叶纷飞，染寒烟衰草萋迷[12]。酒席上斜签着坐的，蹙愁眉死临侵地[13]。

〔小梁州〕我见他阁泪汪汪不敢垂[14]，恐怕人知。猛然见了把头低，长吁气，推整素罗衣。

〔幺篇〕虽然久后成佳配,奈时间怎不悲啼[15]。意似痴,心如醉,昨宵今日,清减了小腰围。

(夫人云)小姐把盏者!(红递酒了,旦把盏长吁科,云)请吃酒!(唱)

〔上小楼〕合欢未已,离愁相继。想着俺前暮私情,昨夜成亲,今日别离。我谂知这几日相思滋味,却原来此别离情更增十倍[16]。

〔幺篇〕年少呵轻远别,情薄呵易弃掷。全不想腿儿相挨,脸儿相偎,手儿相携。你与俺崔相国做女婿,妻荣夫贵[17],但得一个并头莲[18],煞强如状元及第。

(红云)姐姐不曾吃早饭,饮一口儿汤水。(旦云)红娘,什么汤水咽得下!(唱)

〔满庭芳〕供食太急,须臾对面,顷刻别离。若不是酒席间子母每当回避,有心待与他举案齐眉[19]。虽然是厮守得一时半刻,也合着俺夫妻每共桌而食。眼底空留意,寻思起就里,险化做望夫石[20]。

(夫人云)红娘把盏者!(红把酒科)(旦唱)

〔快活三〕将来的酒共食,尝着似土和泥;假若便是土和泥,也有些土气息,泥滋味。

〔朝天子〕暖溶溶玉醅,白泠泠似水[21],多半是相思泪。眼面前茶饭怕不待要吃[22],恨塞满愁肠胃。"蜗角虚名,蝇头微利"[23],拆鸳鸯在两下里。一个这壁,一个那壁,一递一声长吁气。

(夫人云)辆起车儿[24],俺先回去,小姐随后和红娘来。(下)(末辞洁科)(洁云)此一行别无话儿,贫僧准备买登科录看,做亲的茶饭少不得贫僧的。先生在意,鞍马上保重者!从今经忏无心礼,专听春雷第一声[25]。(下)(旦唱)

〔四边静〕霎时间杯盘狼籍,车儿投东,马儿向西,两意徘徊,落日山横翠。知他今宵宿在那里?在梦也难寻觅。

(旦云)张生,此一行得官不得官,疾便回来。(末云)小生这一去,白夺一个状元,正是:青霄有路终须到,金榜无名誓不归。(旦云)君行别无所赠,口占一绝,为君送行:"弃掷今何在,当时且自亲。还将旧来意,怜取眼

133

前人。[26]"（末云）小姐之意差矣，张珙更敢怜谁？谨赓一绝[27]，以剖寸心："人生长远别，孰与最关亲？不遇知音者，谁怜长叹人？"（旦唱）

〔耍孩儿〕淋漓襟袖啼红泪，比司马青衫更湿[28]。伯劳东去燕西飞[29]，未登程先问归期。虽然眼底人千里，且尽生前酒一杯。未饮心先醉[30]，眼中流血，心内成灰。

〔五煞〕到京师服水土，趁程途节饮食，顺时自保揣身体[31]。荒村雨露宜眠早，野店风霜要起迟！鞍马秋风里，最难调护，最要扶持。

〔四煞〕这忧愁诉与谁？相思只自知，老天不管人憔悴。泪添九曲黄河溢，恨压三峰华岳低[32]。到晚来闷把西楼倚，见了些夕阳古道，衰柳长堤。

〔三煞〕笑吟吟一处来，哭啼啼独自归。归家若到罗帏里，昨宵个绣衾香暖留春住[33]，今夜个翠被生寒有梦知。留恋你别无意，见据鞍上马，阁不住泪眼愁眉。

（末云）有甚言语嘱咐小生咱？（旦唱）

〔二煞〕你休忧"文齐福不齐"[34]，我则怕你"停妻再娶妻"。休要"一春鱼雁无消息"！我这里"青鸾有信频须寄"[35]，你却休"金榜无名誓不归"。此一节君须记：若见了那异乡花草，再休似此处栖迟。

（末云）再谁似小姐？小生又生此念？小姐放心，小生就此拜辞。（旦唱）

〔一煞〕青山隔送行，疏林不做美[36]，淡烟暮霭相遮蔽。夕阳古道无人语，禾黍秋风听马嘶。我为甚么懒上车儿内，来时甚急，去后何迟？

（红云）夫人去好一会，姐姐，咱家去！（旦唱）

〔收尾〕四围山色中，一鞭残照里。遍人间烦恼填胸臆，量这些大小车儿如何载得起[37]？

（旦、红下）（末云）仆童赶早行一程儿，早寻个宿处。泪随流水急，愁逐野云飞。（下）

（选自王起主编《中国戏曲选》，人民文学出版社，1985年版）

134

【注释】

[1]"碧云天"(〔正宫·端正好〕):这是一支脍炙人口的曲子,历来为人们所称赏。全曲营造出一种情景交融的诗的意境。它与前面说白中的"早是离人伤感,况值那暮秋天气"相映衬,形成了浓重的离别氛围。首二句本范仲淹《苏幕遮》词:"碧云天,黄叶地,秋色连波,波上寒烟翠。"黄花,指菊花,菊花秋天开放。

[2]玉骢(cōng):马名,一种青白色的骏马。此指张生赴试所乘之马。古人有折柳送别之习惯,故写别情多借助于柳,此言柳丝虽长却系不住玉骢,犹言情虽长却留不住张生。倩(qìng):请人代己做事之谓。

[3]"马儿"二句:张生骑马,走在前;莺莺乘车,跟在后,必是马走慢些,车赶快些,二人才能相随相望,多厮守些时刻。极写崔、张难分难舍的心情。迍迍,行动迟缓的样子。

[4]破题,唐宋诗赋多于开头几句点破题意,元曲中用于比喻开端、起始或第一次。

[5]钏:古代称臂环为钏,今谓之手镯。

[6]靥儿:本指腮边之酒窝,此指妇女装扮面部的一种饰物,即靥钿。

[7]索:须。凄凄惶惶:因伤心而心神不宁的样子。

[8]辱没:玷污。莺莺是相国千金,出身高贵,故有此语。

[9]挣揣:争取、夺得。

[10]拾芥:比喻取之极易。

[11]洁:元代民间往往称和尚为"洁郎",元剧角色中便将扮演和尚者省作"洁"。这里指普救寺住持长老法本。

[12]蔓迷:本指草茂盛且茫茫无际,此指满目枯草,遍野荒凉。

[13]斜签着坐:侧身半坐,封建时代晚辈在长辈面前不能实坐。死临侵地:死板板的,没精打采的样子。

[14]阁泪汪汪不敢垂:强忍泪水而不敢任其流出。阁泪,含泪。

[15]奈时间:无奈(分别)时间太久。

[16]"我谂知"二句:意谓这几天我已经深深知道了相思滋味的苦痛难堪,原来这离别比相思更苦十倍。谂,知道。

[17]妻荣夫贵:本指妻子可以依靠丈夫的爵位而尊贵,这里反其义用之,意谓说张生与崔相国家做女婿,本已因妻而贵,大可不必再去求取功名了。这是气话,有埋怨之意,也有自嘲的意味。

[18]并头莲:亦作"并蒂莲",指并排生长在同一茎上的两朵莲花,往往用以比喻夫妻

相携相得,恩恩爱爱。

[19]举案齐眉:亦作"齐眉举案"。东汉时梁鸿、孟光夫妻相敬如宾,吃饭时孟光将食案(摆放食物之托盘)高举到眉头,敬与梁鸿。后世常用来比喻夫妻和美,妻子敬重丈夫。

[20]望夫石:出自古代民间传说,谓一女子企盼远游的丈夫归来,整日站在山头等待,久而久之,化作人形石头。

[21]"暖溶溶"二句:烫得热热的美酒,在莺莺的感觉中如同白水一般。玉醅(pēi),美酒。

[22]怕不待要:难道不想、何尝不想之意。

[23]蜗角虚名:蜗角极细极微,喻微小之浮名。

[24]辆:动词,驾好,套好。

[25]"从今经忏"二句:为法本的下场诗。经,指佛教经文。春雷第一声,进士试于春正、二月举行,故称中第消息为春雷第一声。

[26]"弃掷今何在"四句:为元稹《莺莺传》传奇中莺莺后来谢绝张生的一首诗。意为当时两人那样亲热,现在为什么抛弃我呢?你还是将原来对我的那一片情,去爱你眼前的新欢吧!这里则是表达莺莺的担忧,怕张生薄情变心。

[27]赓(gēng):续作。

[28]淋漓襟袖啼红泪:王嘉《拾遗记·魏》中说,薛灵芸被选入宫时,告别父母,泪流不止,以玉壶盛泪,壶即呈红色。到了京城,壶中泪水更凝成血状。后多将美人的泪水称作红泪。比司马青衫更湿:化用白居易《琵琶行》中"座中泣下谁最多?江州司马青衫湿"句。

[29]伯劳东去燕西飞:指莺莺与张生分别后各奔东西。《玉台新咏·古词〈东飞伯劳歌〉》:"东飞伯劳西飞燕,黄姑织女时相见。"

[30]未饮心先醉:为刘禹锡《酬令狐相公杏园花下饮有怀见寄》诗句。

[31]顺时自保揣身体:估量自己的身体情况,适应季节变化,自己保重。

[32]"泪添"二句:上句以水喻愁之多,下句以山喻愁之重。华岳三峰,即西岳华山的莲花峰、仙人掌、落雁峰。

[33]"昨宵个"句:是说莺莺回到闺阁,思念张生,倍觉孤独寂寥。

[34]文齐福不齐:意谓有文才而缺少福分,不能考中。

[35]青鸾:古代传说中能报信之神鸟。相传汉武帝时,西王母降临之前,先由青鸟来报信。这里以青鸾代指书信。

[36]疏林不做美：与前文"恨不得倩疏林挂住斜晖"句照应，亦见剧作家文心之美。

[37]"量这些大小"句：犹言这小小车儿怎么能载得下？量，推测、估摸。大小，为偏义复词，实指小，犹言"小小"。

【导读】

《西厢记》是王实甫最有代表性的杰作。王实甫爱情题材的剧作，大胆地揭露了封建礼教势力对青年男女自主婚姻要求的压迫，热情歌颂了具有叛逆精神的青年男女为争取真挚爱情所做出的不懈努力，在文学史上具有深远的影响。他的曲词风格是既华美又自然，被称为"如花间美人"。他还善于化用古典诗词入曲，渲染环境氛围，描摹人物情态，创造出诗一般的意境，尤其善于刻画青年男女的心理活动，细致生动，十分传神。

这折戏俗称"长亭送别"，又简称"长亭"或"送别"，金圣叹批本则作"哭宴"。在红娘的帮助下，崔莺莺与张生终于冲破重重阻隔，私下里结合了。老夫人得知后，恼羞成怒，严厉拷问红娘，并指责红娘未能"行监坐守"，以致木已成舟。红娘"以子之矛，攻子之盾"，伶牙俐齿，据理雄辩，终于说得老夫人哑口无言。这就是俗称的"拷红"。"拷红"之后，老夫人又借口说崔家乃相国之家，三辈不招"白衣女婿"，逼迫张生上京取应。莺莺送别张生，百感交集，难舍难分。在长亭之上，她表白心迹，流露出对爱情的珍惜，对功名的轻视。这是她叛逆精神的集中表现。这折戏紧接"拷红"，规定情境是暮秋的长亭之上。剧作家充分运用景物衬托人物心情，不仅营造出特定的环境氛围，而且在细致的人物心理描写以及巧妙熔铸古典诗词，从而加强曲词的艺术感染力等方面，都堪称古代戏曲中的典范之笔。

九、婴宁

蒲松龄

　　王子服,莒之罗店人[1]。早孤。绝慧,十四入泮[2]。母最爱之,寻常不令游郊野。聘萧氏,未嫁而夭,故求凰未就也[3]。会上元[4],有舅氏子吴生,邀同眺瞩。方至村外,舅家有仆来,招吴去。生见游女如云,乘兴独遨。有女郎携婢,拈梅花一枝,容华绝代,笑容可掬。生注目不移,竟忘顾忌。女过去数武[5],顾婢曰:"个儿郎目灼灼似贼[6]!"遗花地上,笑语自去。

　　生拾花怅然,神魂丧失,快快遂返。至家,藏花枕底,垂头而睡,不语亦不食。母忧之,醮禳益剧[7],肌革锐减[8]。医师诊视,投剂发表[9],忽忽若迷。母抚问所由,默然不答。适吴生来,嘱秘诘之。吴至榻前,生见之泪下,吴就榻慰解,渐致研诘[10]。生具吐其实,且求谋画。吴笑曰:"君意亦复痴。此愿有何难遂?当代访之。徒步于野,必非世家。如其未字[11],事固谐矣,不然,拚以重赂,计必允遂。但得痊瘳,成事在我。"生闻之,不觉解颐[12]。吴出告母,物色女子居里,而探访既穷,并无踪绪。母大忧,无所为计。然自吴去后,颜顿开,食亦略进。数日,吴复来。生问所谋,吴绐之曰:"已得之矣。我以为谁何人,乃我姑氏女,即君姨妹行,今尚待聘。虽内戚有婚姻之嫌[13],实告之,无不谐者。"生喜溢眉宇,问:"居何里?"吴诡曰:"西南山中,去此可三十里。"生又嘱咐再四,吴锐身自任而去。

　　生由是饮食渐加,日就平复,探视枕底,花虽枯,未便雕落。凝思把玩,如见其人。怪吴不至,折柬招之[14]。吴支托不肯赴招[15],生恚怒,悒悒不欢。母虑其复病,急为议姻。略与商榷[16],辄摇首不愿,惟日盼吴。吴迄无耗[17],益怨恨之。转思三十里非遥,何必仰息他人[18]?怀梅袖中,负气自往,而家人不知也。伶仃独步,无可问程,但望南山行去。约三十余里,乱山合沓[19],空翠爽肌,寂无人行,止有鸟道[20]。遥望谷底,丛花乱树中,隐隐有小里落。下山入村,见舍宇无多,皆茅屋,而意甚修雅[21]。北向一家,门前皆绿柳,墙内桃杏尤繁,间以修竹[22],野鸟格磔其中[23]。意其园亭,不敢遽入。回顾对户,有巨石滑洁,因据坐少憩。俄闻墙内有女子,长呼"小荣",其声娇细。方伫听间,一女郎由东而西,执杏花一朵,俯首自簪。举头见生,遂不复簪,含笑拈花而入。审视之,即上元途中所遇也。心骤喜,但念无以阶进,欲呼姨氏,而顾从无还往,惧有讹误。门内无人可问,坐卧徘徊,自朝至于日昃[24],盈盈望断[25],并忘饥渴。时见女子露半面来窥,似讶其不去者。忽一老媪扶杖出,顾生曰:"何处郎君?闻自辰刻来[26],以至于今,意将何为?得毋饥耶?"生急起揖之,答云:"将以盼亲[27]。"媪聋聩不闻。又大言之[28]。乃问:"贵戚何姓?"生不能答。媪笑曰:"奇哉!姓名尚自不知,何亲可探?我视郎君,亦书痴耳。不如从我来,啖以粗粝[29],家有短榻可卧。待明朝归,询知姓氏,再来探访,不晚也。"生方腹馁思啖,又从此渐近丽人,大喜。从媪入,见门内白石砌路,夹道红花,片片堕阶上。曲折而西,又启一关,豆棚花架满庭中。肃客入舍[30],粉壁光如明镜。窗外海棠枝朵,探入室内。裀藉几榻[31],罔不洁泽。甫坐,即有人自窗外隐约相窥。媪唤:"小荣!可速作黍[32]。"外有婢子嘤声而应[33]。坐次,具展宗阀[34]。媪曰:"郎君外祖,莫姓吴否?"曰:"然。"媪惊曰:"是吾甥也!尊堂,我妹子。年来以家窭贫,又无三尺之男,遂至音问梗塞。甥长成如许,尚不相识。"生曰:"此来即为姨也,匆遽遂忘姓氏。"媪曰:"老身秦姓,并无诞育。弱息仅存[35],亦为庶产[36]。渠母改醮[37],遗我鞠养[38]。颇亦不钝,但少教训,嬉不知愁。少顷,使来拜识。"

未几,婢子具饭,雏尾盈握[39]。媪劝餐已,婢来敛具[40]。媪曰:"唤宁姑来。"婢应去。良久,闻户外隐有笑声。媪又唤曰:"婴宁,汝姨兄在此。"户外嗤嗤笑不已。婢推之以入,犹掩其口,笑不可遏。媪嗔目曰:"有客在,咤咤叱叱[41],是何景象?"女忍笑而立,生揖之。媪曰:"此王郎,汝姨子。一家尚不相识,可笑人也。"生问:"妹子年几何矣?"媪未能解。生又言之。女复笑,不可仰视。媪谓生曰:"我言少教诲,此可见矣。年已十六,呆痴裁如婴儿[42]。"生曰:"小于甥一岁。"曰:"阿甥已十七矣,得非庚午属马者耶[43]?"生首应之。又问:"甥妇阿谁?"答曰:"无之。"曰:"如甥才貌,何十七岁犹未聘耶?婴宁亦无姑家[44],极相匹敌[45],惜有内亲之嫌。"生无语,

139

目注婴宁,不遑他瞬。婢向女小语云:"目灼灼贼腔未改!"女又大笑,顾婢曰:"视碧桃开未?"遽起,以袖掩口,细碎连步而出。至门外,笑声始纵。媪亦起,唤婢襆被,为生安置。曰:"阿甥来不易,宜留三五日,迟迟送汝归。如嫌幽闷,舍后有小园,可供消遣,有书可读。"

次日,至舍后,果有园半亩,细草铺毡,杨花糁径[46]。有草舍三楹[47],花木四合其所。穿花小步,闻树头苏苏有声,仰视,则婴宁在上。见生来,狂笑欲堕。生曰:"勿尔,堕矣!"女且下且笑,不能自止。方将及地,失手而堕,笑乃止。生扶之,阴拢其腕[48]。女笑又作,倚树不能行,良久乃罢。生俟其笑歇,乃出袖中花示之。女接之,曰:"枯矣,何留之?"曰:"此上元妹子所遗,故存之。"问:"存之何意?"曰:"以示相爱不忘也。自上元相遇,凝思成病,自分化为异物[49],不图得见颜色,幸垂怜悯。"女曰:"此大细事,至戚何所靳惜[50]?待郎行时,园中花,当唤老奴来,折一巨捆负送之。"生曰:"妹子痴耶?"女曰:"何便是痴?"生曰:"我非爱花,爱拈花之人耳。"女曰:"葭莩之情[51],爱何待言。"生曰:"我所谓爱,非瓜葛之爱[52],乃夫妻之爱。"女曰:"有以异乎?"曰:"夜共枕席耳。"女俯首思良久,曰:"我不惯与生人睡。"语未已,婢潜至,生惶恐遁去。少时,会母所。母问:"何往?"女答以园中共话。媪曰:"饭熟已久,有何长言,周遮乃尔[53]。"女曰:"大哥欲我共寝。"言未已,生大窘,急目瞪之。女微笑而止。幸媪不闻,犹絮絮究诘。生急以他词掩之,因小语责女。女曰:"适此语不应说耶?"生曰:"此背人语。"女曰:"背他人,岂得背老母?且寝处亦常事,何讳之?"生恨其痴,无术可悟之。食方竟,家人捉双卫来寻生[54]。

先是,母待生久不归,始疑。村中搜觅已遍,竟无踪兆[55]。因往询吴。吴忆囊言,因教于西南山村行觅。凡历数村,始至于此。生出门,适相值,便入告媪,且请偕女同归。媪喜曰:"我有志,匪伊朝夕[56]。但残躯不能远涉,得甥携妹子去,识认阿姨,大好!"呼婴宁,宁笑至。媪曰:"有何喜,笑辄不辍?若不笑,当为全人。"因怒之以目。乃曰:"大哥欲同汝去,可便束装。"又饷家人酒食,始送之出,曰:"姨家田产充裕,能养冗人。到彼且勿归,小学诗礼,亦好事翁姑[57]。即烦阿姨,为汝择一良匹。"二人遂发。至山坳,回顾,犹依稀见媪倚门北望也。

抵家,母睹妹丽,惊问为谁。生以姨女对。母曰:"前吴郎与儿言者,诈也。我未有姊,何以得甥?"问女,女曰:"我非母出。父为秦氏,没时,儿在襁中,不能记忆。"母曰:"我一姊适秦氏,良确,然殂谢已久[58],那得复存?"因审诘面庞、志赘,一一符合。又疑曰:"是矣。然亡已多年,何得复存?"疑虑间,吴生至,女避入室。吴询得故,惘然久之。忽曰:"此女名婴宁耶?"生然之。吴亟称怪事。问所自知,吴曰:"秦家姑去世后,姑丈鳏居[59],祟于狐,病瘵死。狐生女名婴宁,绷卧床上,家人皆见之。姑丈没,狐犹时来。后求天师符粘壁上[60],狐遂携女去。将勿此耶?"彼此疑参[61]。但闻室中吃吃,皆婴宁笑声。母曰:"此女亦太憨生[62]。"吴生请面之。母入室,女犹浓笑不顾。母促令出,始极力忍笑,又面壁移时,方出。才一展拜,翻然遽入,放声大笑。满室妇女,为之粲然[63]。

吴请往觇其异,就便执柯[64]。寻至村所,庐舍全无,山花零落而已。吴忆姑葬处,仿佛不远,然坟垅湮没,莫可辨识,诧叹而返。母疑其为鬼,入告吴言,女略无骇意。又吊其无家,亦殊无悲意,孜孜憨笑而已。众莫之测,母令与少女同寝止。昧爽即来省问[65],操女红精巧绝伦[66]。但善笑,禁之亦不可止,然笑处嫣然,狂而不损其媚,人皆乐之。邻女少妇,争承迎之。母择吉为合卺[67],而终恐为鬼物,窃于日中窥之,形影殊无少异[68]。至日,使华装行新妇礼,女笑极不能俯仰,遂罢。生以其憨痴,恐泄漏房中隐事,而女殊密秘,不肯道一语。每值母忧怒,女至一笑即解。奴婢小过,恐遭鞭楚,辄求诣母共话,罪婢投见,恒得免。而爱花成癖,物色遍戚党,窃典金钗,购佳种。数月,阶砌藩溷[69],无非花者。

庭后有木香一架,故邻西家。女每攀登其上,摘供簪玩。母时遇见,辄诃之。女卒不改。一日,西人子见之,凝注倾倒。女不避而笑。西邻子谓女意属己,心益荡。女指墙底笑而下,西人子谓示约处,大悦。及昏而往,女果在焉。就而淫之,则阴如锥刺,痛彻于心,大号而踣。细视非女,则一枯木卧墙边,所接乃水淋窍也。邻父闻声,急奔研问,呻而不言。妻来,始以实告。爇火烛窍[70],见中有巨蝎,如小蟹然。翁碎木捉杀之。负子至家,半夜寻卒。邻人讼生,讦发婴宁妖异。邑宰素仰生才[71],稔知其笃行士[72],谓邻翁讼诬,将杖责之,生为乞免,遂释而出。母谓女曰:"憨狂尔尔,早知过喜而伏忧也。邑令神明,幸不牵累。设鹘突官宰[73],必逮妇女质公堂,我儿何颜见戚里?"女正色,矢不复笑。母曰:"人罔不笑,但须有时。"而女由是竟不复笑,虽故逗之,亦终不笑,然竟日未尝有戚容。

一夕,对生零涕。异之。女哽咽曰:"曩以相从日浅,言之恐致骇怪。今日察姑及郎,皆过爱无有异心,直告或无妨乎?妾本狐产,母临去,以妾托鬼母,相依十余年,始有今日。妾又无兄弟,所恃者惟君。老母岑寂山阿[74],无人怜而合厝之[75],九泉辄为悼恨。君倘不惜烦费,使地下人消此怨恫[76],庶养女者不忍溺弃。"生诺之,然虑坟冢迷于荒草。女但言无虑。刻日,夫妇舆櫬而往[77]。女于荒烟错楚中指示墓处[78],果得媪尸,肤革犹存。女抚哭哀痛。舁归,寻秦氏墓合葬焉。是夜,生梦媪来称谢,寤而述之。女曰:"妾夜见之,嘱勿惊郎君耳。"生恨不邀留,女曰:"彼鬼也,生人多,阳气胜,何能久居?"生问小荣,曰:"是亦狐,最黠。狐母留以视妾,每摄饵相哺,故德之常不去心。昨问母,云已嫁之。"由是岁值寒食[79],夫妇登秦墓,拜扫无缺。女逾年生一子,在怀抱中,不畏生人,见人辄笑,亦大有母风云。

异史氏曰:"观其孜孜憨笑,似全无心肝者;而墙下恶作剧,其黠孰甚焉。至凄恋鬼母,反笑为哭,我婴宁殆隐于笑者矣。窃闻山中有草,名'笑矣乎'[80]。嗅之,则笑不可止。房中植此一种,则合欢、忘忧[81],并无颜色矣。若解语花[82],正嫌其作态耳。"

(选自张友鹤辑校《聊斋志异》会校会注会评本,中华书局,1962年版)

【注释】

[1]莒:明清散州,今山东省莒县。

[2]入泮:考取秀才。春秋时鲁国学宫在泮水之旁,后遂称考得生员资格为入泮或游泮。

[3]求凰:指男子求偶。相传司马相如以《凤求凰》琴曲向卓文君求婚。

142

[4]上元:上元节,农历正月十五。

[5]数武:泛指几步。古代六尺为步,半步为武。

[6]个儿郎:这小伙子。个,这。

[7]醮禳益剧:意为越求神拜佛病情越重。醮禳,僧道祭神消灾的迷信活动。

[8]肌革锐减:身体很快消瘦。肌革,肌肤。

[9]投剂发表:中医的治病方法,即用药将疾病从体内表散出来。剂,药剂。表,表散。

[10]研诘:仔细询问。

[11]字:女子许婚。

[12]解颐:露出笑容。颐,面颊。

[13]虽内戚有婚姻之嫌:意谓同母系姨表亲结婚,因血统近,对后代不利,故有嫌忌。

[14]折柬:裁纸写信。

[15]支托:支吾推托。

[16]榷:同"榷"。

[17]耗:消息。

[18]仰息他人:依赖他人。仰,仰仗。息,鼻息。

[19]合沓:环绕重叠。

[20]鸟道:只有飞鸟可过的道路,形容道路极为险峻。

[21]意甚修雅:给人以整齐幽雅的感觉。

[22]修竹:修长的竹子。

[23]格磔:形容鸟叫的声音。

[24]日昃:太阳偏西。

[25]盈盈望断:望穿双眼。盈盈,形容眼波流动,明澈如秋水。

[26]辰刻:上午七点至九点。

[27]盼亲:探望亲戚。

[28]大言:大声说话。

[29]粗粝:糙米,比喻粗茶淡饭。

[30]肃客:请客人先进屋,表示尊敬。

[31]裀藉:坐垫。

[32]作黍:做饭。

[33]嗷声而应:高声答应。

[34]展:陈述。宗阀:宗族门第。

[35]弱息:幼弱的子女,这里指婴宁。

[36]庶产:妾生的孩子。

[37]改醮:改嫁。

[38]鞠养:抚养。

[39]雏尾盈握:指肥嫩的雏鸡。盈握,满一把。

[40]敛具:收拾餐具。

[41]咤咤叱叱:意犹嘻嘻哈哈。

[42]裁:通"纔",才。

[43]庚午属马:庚午年出生,属马。

[44]姑家:婆家。

[45]匹敌:般配。

[46]杨花糁径:白色的杨花星星点点地散落在小路上。糁,碎米屑,引申为散落。

[47]三楹:三间。

[48]掭:捏。

[49]化为异物:死亡的委婉说法。异物,鬼的讳词。

[50]靳惜:吝惜。

[51]葭莩之情:亲戚情谊。葭莩,芦苇内壁的薄膜,喻指亲戚。

[52]瓜葛:指亲戚。

[53]周遮:形容话多。

[54]捉双卫:牵着两头毛驴。卫,驴的别称。

[55]踪兆:踪迹。

[56]匪伊朝夕:不止一朝一夕。匪,非。伊,语助词。

[57]翁姑:公婆。

[58]徂谢:死亡。

[59]鳏居:丧妻后独居。

[60]天师:指张天师。汉代张道陵传播道教,元朝封张道陵为天师。其后世子孙在江西龙虎山从事炼丹画符等宗教活动,世人亦称为天师。

[61]疑参:疑惑不定。

[62]太憨生:过于娇痴。憨,痴傻。生,语助词。

[63]粲然:露齿而笑。

[64]执柯:做媒。

[65]昧爽:黎明。省问:问安。旧礼子女必须早晚向父母请安。

[66]女红:指女子所做的纺织、缝纫、刺绣等事。

[67]择吉:挑选吉日良辰。合卺:指婚礼。

[68]"窃于"二句:传说鬼在日光下没有身影,因而以此来检验婴宁是否为鬼物。

[69]藩溷:篱笆和厕所。

[70]爇火:点燃灯火。

[71]邑宰:县令。下文"邑令"义同。

[72]笃行士:品行淳厚之士。

[73]鹘突:叠韵联绵词,糊涂。

[74]岑寂山阿:孤寂地居于山坳中。

[75]合厝:合葬。

[76]恸:哀痛。

[77]舆榇:用车子装着棺材。

[78]错楚:灌木丛。

[79]寒食:寒食节,在清明节前二日。旧俗每年这天不生火煮饭,不吃熟食。此指清明节上坟扫墓的风俗。

[80]笑矣乎:传说有一种菌,因为吃了会无故发笑,便名"笑矣乎"。

[81]合欢、忘忧:夜合花、萱草。传说这两种花可令人欢笑而忘记忧愁。

[82]解语花:唐明皇对杨贵妃的昵称,后世用以比喻善解人意的美女。

【导读】

《婴宁》选自蒲松龄《聊斋志异》。蒲松龄(1640—1715),字留仙,一字剑臣,号柳泉居士,人称聊斋先生,自称异史氏,清代杰出文学家、小说家,淄川(今山东省淄博市)人。蒲松龄一生热衷科举,却始终不得志,七十一岁时才破例补为贡生,因此对科举制度的不合理深有感触。他用毕生精力完成《聊斋志异》,计491篇,40余万字。内容丰富多彩,故事多采自民间传说和野史逸闻,将花妖狐魅和幽冥世界的事物人格化、社会化,充分表达了作者的爱憎感情和美好理想。作品继承和发展了我国文学中志怪传奇文学的优秀传统和表现手法,情节幻异曲折,跌宕多变,文笔简练,叙次井然,被誉为我国古代文言短篇小说中成就最高的作品集。鲁迅先生在《中国小说史略》中说此书是"专集之最有名者";郭沫若先生为蒲氏故居题联,赞蒲氏著作"写鬼写妖高人一等,刺贪刺虐入木三分";老舍也评价过蒲氏"鬼狐有性格,笑骂成文章"。

本文"以笑立胎,以花为眼",通过描写王子服与婴宁的爱情故事,成功地塑造了婴宁这样一位狐生鬼养、容貌绝代、笑容可掬、爱花成癖、既"憨"且"黠"的少女形象。为突出婴宁善笑与爱花的个性特征,作者处处写笑又处处以花映带。哪里有婴宁,哪里就有鲜花,哪里就有笑声。各种各样的笑,出于天性,发乎真情,既是婴宁的防身之宝,又是她的进攻利器。而写花写笑,则又显示出作者的绝世笔力,诚如但明伦所言:小说"以拈花笑起,以摘花不笑收,写笑层见叠出,无一意冗复,无一笔雷同"。

十、宝黛初见

曹雪芹

一语未了,只听外面一阵脚步响,丫鬟进来笑道:"宝玉来了!"黛玉心中正疑惑着:"这个宝玉,不知是怎生个惫懒[1]人物,懵懂顽童?——倒不见那蠢物也罢了。"心中想着,忽见丫鬟话未报完,已进来了一位年轻的公子:

  头上戴着束发嵌宝紫金冠,齐眉勒着二龙抢珠金抹额[2];穿一件二色金百蝶穿花大红箭袖[3],束着五彩丝攒花结长穗宫绦[4],外罩石青起花八团倭缎排穗褂[5];登着青缎粉底小朝靴[6]。面若中秋之月,色如春晓之花,鬓若刀裁,眉如墨画,面如桃瓣,目若秋波。虽怒时而若笑,即嗔视而有情。项上金螭璎珞,又有一根五色丝绦,系着一块美玉。

黛玉一见,便吃一大惊,心下想道:"好生奇怪,倒像在那里见过一般,何等眼熟到如此!"只见这宝玉向贾母请了安,贾母便命:"去见你娘来。"宝玉即转身去了。一时回来,再看,已换了冠带:头上周围一转的短发,都结成小辫,红丝结束,共攒至顶中胎发,总编一根大辫,黑亮如漆,从顶至梢,一串四颗大珠,用金八宝坠角[7];身上穿着银红撒花半旧大袄,仍旧戴着项圈、宝玉、寄名锁、护身符[8]等物;下面半露松花撒花绫裤腿,锦边弹墨袜,厚底大红鞋。越显得面如敷粉,唇若施脂;转盼多情,语言常笑。天然一段风骚,全在眉梢;平生万种情思,悉堆眼角。看其外貌最是极好,却难知其底细。后人有《西江月》二词,批宝玉极恰,其词曰:

  无故寻愁觅恨,有时似傻如狂。纵然生得好皮囊,腹内原来草莽。潦倒不通世务,愚顽怕读文章。行为偏僻性乖张,那管世人诽谤!

富贵不知乐业,贫穷难耐凄凉。可怜辜负好韶光,于国于家无望。天下无能第一,古今不肖无双。寄言纨绔与膏粱:莫效此儿形状![9]

贾母因笑道:"外客未见,就脱了衣裳,还不去见你妹妹!"宝玉早已看见多了一个姊妹,便料定是林姑妈之女,忙来作揖。厮见毕归坐,细看形容,与众各别:

两弯似蹙非蹙罥烟眉[10],一双似泣非泣含露目。态生两靥之愁,娇袭一身之病[11]。泪光点点,娇喘微微。闲静时如姣花照水,行动处似弱柳扶风。心较比干多一窍,病如西子胜三分[12]。

宝玉看罢,因笑道:"这个妹妹我曾见过的。"贾母笑道:"可又是胡说,你又何曾见过他?"宝玉笑道:"虽然未曾见过他,然我看着面善,心里就算是旧相识,今日只作远别重逢,亦未为不可。"贾母笑道:"更好,更好,若如此,更相和睦了。"宝玉便走近黛玉身边坐下,又细细打量一番,因问:"妹妹可曾读书?"黛玉道:"不曾读,只上了一年学,些须认得几个字。"宝玉又道:"妹妹尊名是那两个字?"黛玉便说了名。宝玉又问表字,黛玉道:"无字。"宝玉笑道:"我送妹妹一妙字,莫若'颦颦'二字极妙。"探春便问何出。宝玉道:"《古今人物通考》上说:'西方有石名黛,可代画眉之墨。'况这林妹妹眉尖若蹙,用取这两个字,岂不两妙!"探春笑道:"只恐又是你的杜撰。"宝玉笑道:"除《四书》外,杜撰的太多,偏只我是杜撰不成?"又问黛玉:"可也有玉没有?"众人不解其语,黛玉便忖度着因他有玉,故问我有也无,因答道:"我没有那个。想来那玉是一件罕物,岂能人人有的。"

宝玉听了,登时发作起痴狂病来,摘下那玉,就狠命摔去,骂道:"什么罕物,连人之高低不择,还说'通灵'不'通灵'呢!我也不要这劳什子了!"吓的众人一拥争去拾玉。贾母急的搂了宝玉道:"孽障!你生气,要打骂人容易,何苦摔那命根子!"宝玉满面泪痕泣道:"家里姐姐妹妹都没有,单我有,我说没趣;如今来了这么一个神仙似的妹妹也没有,可知这不是个好东西。"贾母忙哄他道:"你这妹妹原有这个来的,因你姑妈去世时,舍不得你妹妹,无法处,遂将他的玉带了去了:一则全殉葬之礼,尽你妹妹之孝心;二则你姑妈之灵,亦可权作见了女儿之意。因此他只说没有这个,不便自己夸张之意。你如今怎比得他?还不好生慎重带上,仔细你娘知道了。"说着,便向丫鬟手中接来,亲与他带上。宝玉听如此说,想一想大有情理,也就不生别论了。

当下,奶娘来请问黛玉之房舍。贾母说:"今将宝玉挪出来,同我在套间暖阁儿[13]里,把你林姑娘暂安置碧纱橱里[14]。等过了残冬,春天再与他们收拾房屋,另作一番安置罢。"宝玉道:"好祖宗,我就在碧纱橱外的床上很妥当,何必又出来闹的老祖宗不得安静。"贾母想了一想说:"也罢哩。"每人一个奶娘并一个丫头照管,余者在外间上夜听唤。一面早有熙凤命人送了一顶藕合色花帐,并几件锦被缎褥之类。

黛玉只带了两个人来:一个是自幼奶娘王嬷嬷,一个是十岁的小丫头,亦是自幼随身的,名唤作雪雁。贾母见雪雁甚小,一团孩气,王嬷嬷又极老,料黛玉皆不遂心省力的,便将自己身边的一个二等丫头,名唤鹦哥者与了黛玉。外亦如迎春等例,每人除自幼乳母外,另有四个教引嬷嬷[15],除贴身掌管钗钏盥沐两个丫鬟外,另有五六个洒扫房屋来往使役的小丫鬟。当下,王嬷嬷与鹦哥陪侍黛玉在碧纱橱内。宝玉之乳母李嬷嬷,并大丫鬟名唤袭人者,陪侍在外面大床上。

原来这袭人亦是贾母之婢,本名珍珠。贾母因溺爱宝玉,生恐宝玉之婢无竭力尽忠之人,素喜袭人心地纯良,克尽职任,遂与了宝玉。宝玉因知他本姓花,又曾见旧人诗句上有"花气袭人"之句[16],遂回明贾母,更名袭人。这袭人亦有些痴处:服侍贾母时,心中眼中只有一个贾母;如今服侍宝玉,心中眼中又只有一个宝玉。只因宝玉性情乖僻,每每规谏宝玉不听,心中着实忧郁。

是晚,宝玉李嬷嬷已睡了,他见里面黛玉和鹦哥犹未安息,他自卸了妆,悄悄进来,笑问:"姑娘怎么还不安息?"黛玉忙让:"姐姐请坐。"袭人在床沿上坐了。鹦哥笑道:"林姑娘正在这里伤心,自己淌眼抹泪的说:'今儿才来,就惹出你家哥儿的狂病,倘或摔坏了那玉,岂不是因我之过!'因此便伤心,我好容易劝好了。"袭人道:"姑娘快休如此,将来只怕比这个更奇怪的笑话儿还有呢!若为他这种行止,你多心伤感,只怕你伤感不了呢。快别多心!"黛玉道:"姐姐们说的,我记着就是了。究竟那玉不知是怎么个来历?上面还有字迹?"袭人道:"连一家子也不知来历,上头还有现成的眼儿,听得说,落草[17]时是从他口里掏出来的。等我拿来你看便知。"黛玉忙止道:"罢了,此刻夜深,明日再看也不迟。"大家又叙了一回,方才安歇。

(选自中国艺术研究院《红楼梦》研究所校注《红楼梦》,人民文学出版社,2008年版)

【注释】

[1] 愈憨(chī):涎皮赖脸的意思。

[2] 紫金冠:把头发束扎在顶部的一种髻冠,上面插戴各种饰物或镶嵌珠玉。二龙抢珠:是抹额上的装饰图案。抹额:围扎在额前,用以压发、束额。

[3] 二色金百蝶穿花大红箭袖:用两色金线绣成的百蝶穿花图案的大红窄袖衣服。箭袖,原为便于射箭穿的窄袖衣服,这里指男子穿的一种服式。

[4] 五彩丝攒花结:用五彩丝攒聚成花朵的结子,指绦带上的装饰花样。长穗宫绦:指系在腰间的绦带。长穗,是绦带端部下垂的穗子。

[5] 团:圆形起绒毛的团花。因其凸出,故云"起花"。倭缎:福建漳州、泉州等地仿日本织法制成的缎面起绒花的缎子。排穗:排缀在衣服下面边缘的彩穗。

[6] 青缎:深黑色缎子。朝靴:古代百官穿的"乌皮履"。这里指黑色缎面、白色厚底、半高筒的靴子。

[7] 坠角:用于朝珠、床帐等下端起下垂作用的小装饰品,这里是指辫子梢部所坠的饰物。

[8] 寄名锁:旧时怕幼儿夭亡,给寺院或道观一定财物,让幼儿当"寄名"弟子,并在幼儿的项下系一小金锁,名"寄名锁"。护身符:是从道观领来的一种符箓,带在身上,避祸免灾。

[9]《西江月》二词:这两首词用似贬实褒、寓褒于贬的手法揭示了贾宝玉的性格。皮囊:一作"皮袋",指人的躯壳。草莽:丛生的杂草,喻不学无术。文章:此指四书五经及时

文八股之类。乐业:这里是满意、安于富贵的意思。纨绔:细绢做的裤子,代指富家子弟。

[10]罥烟眉:形容眉毛像一抹轻烟。罥,挂的意思。

[11]态生两靥之愁,娇袭一身之病:意思是妩媚的风韵生于含愁的面容,娇怯的情态出于孱弱的病体。态,情态,风韵。靥,面颊上的酒窝。袭:承继,由……而来。

[12]心较比干多一窍,病如西子胜三分:上句极言林黛玉聪明颖悟,下句是说黛玉病弱娇美胜过西施。比干,商(殷)代纣王的叔父。《史记·殷本纪》载:纣王淫乱,"比干曰:'为人臣者,不得不以死争。'廼(乃)强谏纣。纣怒曰:'吾闻圣人心有七窍。'剖比干,观其心"。古人认为心窍越多越有智慧。西子,即西施,相传"西施病心而颦(皱眉)",益增妩媚。见《庄子·天运》。

[13]套间:与正房相连的两侧房间。暖阁:是指在套间内再隔断成为小房间,内设炕褥,两边安有隔扇,上有一横楣,形成床帐的样子,称"暖阁"。

[14]碧纱橱:是清代建筑内檐装修中隔断的一种,亦称隔扇门、格门,用以隔断开间,中间两扇可以开关。格心多灯笼框式样,灯笼心上常糊以纸,纸上画花或题字;宫殿或富贵人家常在格心处安装玻璃或糊各色纱,故叫"碧纱橱",俗称"格扇"。参见刘致平《中国建筑类型及结构》。这里的"碧纱橱里",是指以碧纱橱隔开的里间。

[15]教引嬷嬷:清代皇子一落生,即有保母、乳母各八人;断乳后,增"谙达","凡饮食、言语、行步、礼节皆教之"。(见《清稗类钞》)世家大族家庭的"教引嬷嬷",其职务与皇宫的"谙达"近似。

[16]"花气袭人"句:全句为"花气袭人知骤暖",见宋代陆游诗《村居书喜》。意思是花香扑人,知道天气骤然暖和了。

[17]落草:妇人分娩曰坐草。见清吴翌凤《灯窗丛录》引《魏志》。引申其义,小儿落生叫"落草"。

【导读】

　　本篇选自《红楼梦》第三回《贾雨村夤缘复旧职,林黛玉抛父进京都》。"宝黛初会",是《红楼梦》中两个最主要的人物出场的重头戏,宝黛的命运结局已拘定于心领神会的短暂一会。它在《红楼梦》的故事情节发展中,起到承上启下的作用。同时为"木石前盟"的爱情悲剧定下基调,使得宝黛的爱情悲歌成为感人的绝响。

　　宝黛两人的对话富有诗意的含蓄和隽永。黛玉第一眼看到宝玉时,便大吃一惊,她的心里是这样想的:"好生奇怪,倒像在那里见过一般,何等眼熟到如此!"而宝玉第一眼看到黛玉时,则是笑着说:"这个妹妹我曾见过的。"一个是心里暗想,一个是口中笑说。一想一说,真是神来之笔。曹雪芹写"宝黛初会"时从宝黛两人眼中互"看"来写。曹雪芹从黛玉的视角来写宝玉,主要是写宝玉外在的"形"与"态";从宝玉的视角来写黛玉,主要是写黛玉的"神"与"韵",写作手法独特。同时,通过写宝玉第一次摔玉,黛玉第一次"还泪",在故事情节发展和人物命运结局上,起到承前启后的作用,且为写"木石前盟"的悲剧埋下伏笔。

本章思考题及延伸阅读

思考题

1. 你怎样理解《关雎》的主题？
2. 《湘夫人》中湘夫人的称谓变化有何意义？
3. 《鹊桥仙》(纤云弄巧)表达了怎样的爱情观？
4. 婴宁的笑有什么含义？
5. 宝黛爱情悲剧的原因是什么？

延伸阅读

1. 徐培均校注《淮海居士长短句》，上海古籍出版社，1985年版。
2. 夏承焘笺校《姜白石词编年笺校》，上海古籍出版社，1981年版。
3. 霍松林编《西厢汇编》，山东文艺出版社，1987年版。
4. 张锦池著《红楼十二论》，百花文艺出版社，1982年版。

山水田园　第五

　　智者乐水，仁者乐山。无论是孔子的逝者如斯还是庄子的游鱼之乐，抑或是陶渊明的东篱采菊，无不在山水田园间书写心境、安顿生命。

　　一般来说，论及"山水田园"，大多指"山水田园诗"。泛泛言之，山水诗与田园诗差别不大，可合而论之。细而言之，山水诗范围更广，举凡历名山大川、探幽壑险滩、咏秋月春风、状游鱼细石之作皆可称为山水诗。而田园诗则不然，仅限于写农家田园生活，如陶渊明笔下的"南山"。陶渊明开创了田园诗派，他创作的田园诗代表了此类诗的最高成就，后世难有超越者。

　　文学史上，山水诗一枝独秀，渊源有自，代有胜作。先秦时期，山水并未成为独立的审美对象，山水景物描写仍处在陪衬附属地位。两汉时期，山水大多为"比德"之作，以社会美来阐述山水美。第一首独立的、完整的山水诗迟至魏晋时期才出现，即曹操的《观沧海》。晋宋之际，"庄老告退，山水方滋"，"孤独的山水诗人"谢灵运善于移步换景，营造画境，开创山水诗派。随后，谢朓在谢灵运的基础上变革创新，摒弃说理成分，"句多清丽，韵亦悠扬"。山水诗的第一个艺术高峰出现在唐代，李白、杜甫、王维、孟浩然、韦应物、韩愈、柳宗元、白居易、刘禹锡等胸藏丘壑，兴寄烟霞，名篇佳作，传诵至今。宋代为山水诗第二个艺术高峰，梅尧臣、苏舜钦、欧阳修、范仲淹、王安石、苏轼、黄庭坚、陆游、范成大、杨万里、朱熹、姜夔等戛戛独造，别开"宋调"。自宋以后，山水诗有因有革，但难以再现唐宋之辉煌。

　　法国思想家帕斯卡尔说："人是一根能思想的苇草"，因为能思想所以成就伟大。而在中国，最著名的"芦苇"莫过于秋风白露中的苍苍蒹葭了。不妨这样说，"人是一根有情感的芦苇"，因为有情感故能洞察人生。"谁谓河广，一苇杭之"，让我们随着这根"芦苇"一起徜徉在文学的长河，欣赏沿途的风景。

一、观沧海

曹操

东临碣石[1]，以观沧海。

水何澹澹[2]，山岛竦峙[3]。

树木丛生，百草丰茂。

秋风萧瑟，洪波涌起。

日月之行，若出其中。

星汉灿烂，若出其里[4]。

幸甚至哉，歌以咏志[5]。

（选自郭茂倩编《乐府诗集》，中华书局，1979年版）

【注释】

[1] 碣(jié)石：山名。一说即《汉书·地理志》所载骊成县（今河北省乐亭县西南）的大碣石山，六朝时代已沉陷到海面以下，汉末时还在陆上；另一说指今河北省昌黎县的碣石山。

[2] 澹(dàn)澹：水波动荡貌。

[3] 竦(sǒng)峙：高高地耸立。竦，同"耸"，高。峙，立。

[4] 星汉：银河。

[5] 幸甚至哉，歌以咏志：合乐时所加，与正文无关。

【导读】

建安十二年（207）五月，曹操率军北上，征伐乌桓，九月获胜，班师南归。著名的《观沧海》一诗，就是他在归途中经过濒临渤海的碣石山时，留下的一篇写景抒怀之作。

曹操（155—220），字孟德，沛国谯郡（今安徽省亳州市）人，东汉末年杰出的政治家、军事家、文学家。其子曹丕废汉称帝之后，追尊他为武帝。曹操重视农业生产，抑制豪强兼并，破格选拔人才，以雄厚的实力和超凡的胆魄，统一了中国北方，贡献卓著。曹操"雅好诗书文籍，虽在军旅，手不释卷"（曹丕《典论·自叙》），长于四言古体诗，其诗"气韵沉雄",开创建安文坛一代新风,为建安文坛领袖人物。

　　曹操"登高必赋,及造新诗,被之管弦,皆成乐章"(《三国志·魏志·武帝纪》)。他的诗歌创作,内容较为广泛,既有反映汉末动乱社会现实的悲凉之句(如"白骨露于野,千里无鸡鸣"等),也有抒发自己拯世济民怀抱的慷慨之语(如"周公吐哺,天下归心"等)。这些作品,虽然全都袭用乐府旧题,但"以旧题写时事",叙写战争时事,歌咏自我抱负,描绘理想政治,沉雄苍劲,古直悲凉,呈现出鲜明的时代特征。

　　《观沧海》一诗,本系乐府歌辞《步出夏门行》的一章,诗中通过对高山大海等自然景物的描写,抒发了诗人内心的壮志豪情,不仅是曹操写景抒怀的代表作,也成为流传千古的名篇。同时,作为中国文学史上第一首独立的、完整的山水诗,《观沧海》具有文学史上的典型意义,后世山水诗在此基础上不断发展壮大,代有佳作。

清陈祚明《采菽堂古诗选》:浩漾动宕涵于淡朴之中。

清沈德潜《古诗源》:有吞吐宇宙气象。

清张玉穀《古诗赏析》:此志在容纳,而以海自比也。

二、登楼赋

王粲

　　登兹楼以四望兮[1]，聊暇日以销忧[2]。览斯宇之所处兮[3]，实显敞而寡仇[4]。挟清漳之通浦兮[5]，倚曲沮之长洲[6]。背坟衍之广陆兮[7]，临皋隰之沃流[8]。北弥陶牧[9]，西接昭邱[10]。华实蔽野[11]，黍稷盈畴[12]。虽信美而非吾土兮[13]，曾何足以少留[14]！

　　遭纷浊而迁逝兮[15]，漫逾纪以迄今[16]。情眷眷而怀归兮[17]，孰忧思之可任[18]？凭轩槛以遥望兮[19]，向北风而开襟。平原远而极目兮，蔽荆山之高岑[20]。路逶迤而修迥兮[21]，川既漾而济深[22]。悲旧乡之壅隔兮[23]，涕横坠而弗禁[24]。昔尼父之在陈兮，有归欤之叹音[25]。钟仪幽而楚奏兮[26]，庄舄显而越吟[27]。人情同于怀土兮[28]，岂穷达而异心[29]！

　　惟日月之逾迈兮[30]，俟河清其未极[31]。冀王道之一平兮[32]，假高衢而骋力[33]。惧匏瓜之徒悬兮[34]，畏井渫之莫食[35]。步栖迟以徙倚兮[36]，白日忽其将匿[37]。风萧瑟而并兴兮[38]，天惨惨而无色[39]。兽狂顾以求群兮[40]，鸟相鸣而举翼，原野阒其无人兮[41]，征夫行而未息[42]。心凄怆以感发兮[43]，意忉怛而憯恻[44]。循阶除而下降兮[45]，气交愤于胸臆[46]。夜参半而不寐兮[47]，怅盘桓以反侧[48]。

（选自萧统编，李善注《文选》，中华书局，1997年版）

【注释】

[1]兹：此。麦城楼故城在今湖北当阳东南，漳、沮二水汇合处。

[2]聊：姑且，暂且。暇日：假借此日。暇，通"假"，借。销忧：解除忧虑。

[3]斯宇之所处：指这座楼所处的环境。

[4]实显敞而寡仇：此楼的宽阔敞亮很少能有与它相比的。寡，少。仇，匹敌。

[5]挟清漳之通浦：漳水和沮水在这里汇合。挟，带。清漳，指漳水，发源于湖北南漳，流经当阳，与沮水汇合，经江陵注入长江。通浦，两条河流相通之处。

[6]倚曲沮之长洲：弯曲的沮水中间是一块长形陆地。倚，靠。曲沮，弯曲的沮水。

沮水发源于湖北保康,流经南漳,在当阳与漳水汇合。长洲,水中长形陆地。

[7]背坟衍之广陆:楼北是地势较高的广袤原野。背,背靠,指北面。坟,高。衍,平。广陆,广袤的原野。

[8]临皋(gāo)隰(xí)之沃流:楼南是地势低洼的低湿之地。临,面临,指南面。皋隰,水边低洼之地。沃流,可以灌溉的水流。

[9]北弥陶牧:北接陶朱公所在的江陵。弥,接。陶牧,春秋时越国的范蠡帮助越王勾践灭吴后弃官来到陶,自称陶朱公。牧,郊外。湖北江陵西有陶朱公墓,故称陶牧。

[10]昭邱:楚昭王的坟墓,在当阳郊外。

[11]华实蔽野:(放眼望去)花和果实覆盖着原野。华,同"花"。

[12]黍稷(jì)盈畴:农作物遍布田野。黍稷,泛指农作物。

[13]信美:确实美。吾土:这里指作者的故乡。

[14]曾何足以少留:竟不能暂居一段。曾,竟。

[15]遭纷浊而迁逝:生逢乱世,到处迁徙流亡。纷浊,纷乱混浊,比喻乱世。

[16]漫逾纪以迄今:这种流亡生活至今已超过了十二年。逾,超过。纪,十二年。迄今,至今。

[17]眷眷:形容念念不忘。

[18]孰忧思之可任:这种忧思谁能经受得住呢?任,承受。

[19]凭:倚,靠。

[20]蔽荆山之高岑(cén):高耸的荆山挡住了视线。荆山,在今湖北南漳。高岑,小而高的山。

[21]路逶迤(wēi yí)而修迥:道路曲折漫长。修,长。迥,远。

[22]川既漾而济深:河水荡漾而深,很难渡过。

[23]悲旧乡之壅隔兮:想到与故乡阻塞隔绝就悲伤不已。壅,阻塞。

[24]涕横坠而弗禁:禁不住泪流满面。涕,眼泪。弗禁,止不住。

[25]"昔尼父"二句:据《论语·公冶长》记载,孔子周游列国的时候,在陈、蔡绝粮时感叹:"归欤,归欤!"尼父,指孔子。

[26]钟仪幽而楚奏兮:指钟仪被囚,仍不忘弹奏家乡的乐曲。《左传·成公九年》载,楚人钟仪被郑国作为俘虏献给晋国,晋侯让他弹琴,晋侯称赞说:"乐操土风,不忘旧也。"

[27]庄舄(xì)显而越吟:指庄舄身居要职,仍说家乡方言。《史记·张仪列传》载,庄舄在楚国做官时病了,楚王说,他原来是越国的穷人,现在楚国做了大官,还能思念越国

吗?便派人去看,原来他正在用家乡话自言自语。

[28]人情同于怀土兮:人都有怀念故乡的心情。

[29]岂穷达而异心:哪能因为不得志和显达就不同了呢?

[30]惟日月之逾迈兮:日月如梭,时光飞逝。惟,发语词,无实义。

[31]俟(sì)河清其未极:黄河水还没有到澄清的那一天。俟,等待。河,黄河。未极,未至。

[32]冀王道之一平:希望国家统一安定。冀,希望。

[33]假高衢而骋力:自己可以施展才能和抱负。假,凭借。高衢,大道。

[34]惧匏(páo)瓜之徒悬:担心自己像匏瓜那样被白白地挂在那里。《论语·阳货》:"吾岂匏瓜也哉?焉能系而不食?"比喻不为世所用。

[35]畏井渫(xiè)之莫食:害怕井淘好了,却没有人来打水吃。渫,淘井。《周易·井卦》:"井渫不食,为我心恻。"比喻一个洁身自持而不为朝廷所重用的人。

[36]步栖迟以徙倚:在楼上漫步徘徊。

[37]白日忽其将匿:太阳将要沉没。匿,隐藏。

[38]风萧瑟而并兴:林涛阵阵,八面来风。萧瑟,树木被风吹拂的声音。并兴,指风从不同的地方同时吹起。

[39]天惨惨而无色:天空暗淡无光。

[40]兽狂顾以求群:野兽惊恐地张望着寻找伙伴。狂顾,惊恐地回头望。

[41]原野阒(qù)其无人:原野静寂无人。阒,静寂。

[42]征夫行而未息:离家远行的人还在匆匆赶路。

[43]心凄怆以感发:指自己为周围景物所感触,不禁觉得凄凉悲怆。

[44]意切怛(dāo dá)而憯(cǎn)恻:指心情悲痛,无限伤感。憯,同"惨"。

[45]循阶除而下降:沿着阶梯下楼。循,沿着。除,台阶。

[46]气交愤于胸臆:胸中闷气郁结,愤懑难平。

[47]夜参半而不寐:即直到半夜还难以入睡。

[48]怅盘桓以反侧:惆怅难耐,辗转反侧。盘桓,这里指内心的不平静。

【导读】

　　王粲(177—217),字仲宣,山阳郡高平县(今山东省微山县两城镇)人。在"建安七子"中文学成就最高。此赋为王粲南依刘表时所作,见《文选》卷十一,被刘勰誉为"魏晋之赋首"。

　　解读古人作品,"知人论世"不失为门径之一,了解其人生平,熟知其所处时代,建构时空坐标,阐发作品大意。汉献帝兴平元年(194),董卓部将李傕、郭汜战乱关中,王粲南下投靠刘表。建安九年(204),王粲久客思归,登上当阳东南的麦城城楼,纵目四望,百感交集,写下这篇历代传诵不衰的名作。乱世人不及太平犬,王粲为避战乱,南下投靠刘表,其间惶恐不安、忧时伤事、眷恋故土之情于此不一而足。

　　进而言之,此篇抒情小赋也可与同时期创作的《七哀诗》其二对读:"荆蛮非我乡,何为久滞淫。方舟泝大江,日暮愁我心。山冈有余映,岩阿增重阴。狐狸驰赴穴,飞鸟翔故林。流波激清响,猴猿临岸吟。迅风拂裳袂,白露沾衣襟。独夜不能寐,摄衣起抚琴。丝桐感人情,为我发悲音。羁旅无终极,忧思壮难任。"两者都以具有特征性的景物渲染情感。前者凭轩遥望,北风开襟,平原极目,荆山高远,长路漫漫,河水汤汤;后者泛舟江上,落日余晖,山色清寒,狐狸归穴,飞鸟入巢,动物如此,人何以堪?但侧重点不同,前者通篇着力渲染"忧",后者则尽情宣泄"愁。"

　　登楼之举,源于登高。顾名思义,登高是较小空间向较大空间的转换,其背后体现的是人类自身力量的拓展。登高可分为登山、登台和登楼三类。在王粲之前,"孔子登东山而小鲁,登泰山而小天下",展示的是一代哲人的睿思和胸怀,《诗经·鄘风·定之方中》亦云:"升彼虚矣,以望楚矣。"前人诗文,大多为"登山"或"登台",鲜见"登楼"。《登楼赋》出,"王粲登楼"自此成为一种文化典故,后人大多借此抒发羁旅之思、怀乡之愁、不遇之感,如"伤时愧孔父,去国同王粲"(杜甫《通泉驿南去通泉县十五里山水作》)、"登楼王粲望,落帽孟嘉情"(元稹《答姨兄胡灵之见寄五十韵》)、"贾生年少虚垂涕,王粲春来更远游"(李商隐《安定城楼》)等。

　　清于光华《评注昭明文选》引何焯评曰:"长赋须是无可删,短赋须是无可益,如读此赋,曾觉其易尽否?"又引周平园曰:"篇中无幽奥之词、雕镂之字,期于自摅胸臆,书尽言,言尽意而止,无取乎富丽也。前因登楼而极目四望,因极目四望而动其忧时感事、去国怀乡的一片愁思。首尾凡三易韵,段落自明,行文低回俯仰,尤为言尽而意不尽。"

三、归园田居（其一）

陶渊明

少无适俗韵[1]，性本爱丘山。
误落尘网中，一去三十年[2]。
羁鸟恋旧林，池鱼思故渊。
开荒南野际，守拙归园田[3]。
方宅十余亩[4]，草屋八九间。
榆柳荫后檐，桃李罗堂前[5]。
暧暧远人村[6]，依依墟里烟[7]。
狗吠深巷中，鸡鸣桑树颠。
户庭无尘杂，虚室有余闲[8]。
久在樊笼里，复得返自然。

（选自陶澍集注，龚斌点校《陶渊明全集》，上海古籍出版社，2015年版）

【注释】

[1]适：适应、投合。韵：气质、性情。
[2]三十年：当作十三年。一说，"三"为"巳"之误。"巳十年"，举整数而言之。
[3]守拙：抱愚守拙的性格。
[4]方宅：宅的四周。方，旁，四周。
[5]罗：排列，罗列。
[6]暧暧：昏暗不明。
[7]依依：轻柔貌。墟里：村落。
[8]"户庭"二句：静居家中，没有俗世琐杂之事相扰，闲静的时间就显得多了。户庭，门庭。尘杂，指俗世的琐杂之事。虚室，虚空闲静的居室。

【导读】

本组诗共五首，此为第一首，作于晋安帝义熙二年（406）。上年冬十一月，陶渊明辞去彭泽令,归隐田园,此诗写春景,故当为归隐次年。全诗脉络大致如下:因感慨宦海浮沉之苦,故辞官归隐。归隐后,尽情欣赏农家田园风物,发现了归田之乐。

解读陶诗,应关注其常用的四大意象:"鸟""鱼""云""菊"。飞鸟、游鱼、闲云等无疑是诗人向往的自由世界的化身,而"菊"则成为诗人高洁人格的化身,类似于屈原笔下的"香草美人"。

陶渊明的思想最值得关注的地方是"真"。他选择了隐逸生活,是把它当作一种生活方式,是遵从自己内心的需要,而不是"终南捷径"之流将隐逸当作一种手段。此外,陶渊明"躬耕南亩"重在"躬",也不是一些文人浅尝辄止地体验农家生活。陶渊明为后代文人提供了一种生活范式,营造了一个精神生活之"巢"。正因如此,自宋以后,和陶诗渐次增多,苏轼是其中最突出的一位。

当然,陶渊明的诗歌并不都是冲和平淡,也有"金刚怒目"的一面,历代接受者可以各取所需,爱其所爱。也许,这就是一流诗人的伟大之处。

宋胡仔《苕溪渔隐丛话》:东坡尝云:"渊明诗初视若散缓,熟视有奇趣。……又曰:'暧暧远人村,依依墟里烟''狗吠深巷中,鸡鸣桑树颠',大率才高意远,则所寓得其妙,遂能如此。如大匠运斤,无斧凿痕,不知者疲精力,至死不悟。"

清方东树《昭昧詹言》:此诗纵横浩荡,汪洋溢满,而元气磅礴,大含细入,精气入而粗秽除。奄有汉魏,包孕众胜。后来惟杜公有之,韩公较之犹觉圭角镌露,其余不足论矣。

四、山居秋暝[1]

王维

空山新雨后，天气晚来秋。

明月松间照，清泉石上流。

竹喧归浣女[2]，莲动下渔舟。

随意春芳歇，王孙自可留[3]。

（选自赵殿成笺注《王右丞集笺注》，上海古籍出版社，2010年版）

【注释】

[1]秋暝：秋天晚上。

[2]浣(huàn)：洗濯。

[3]王孙：公子，此处为诗人自指。《楚辞·招隐士》："王孙游兮不归，春草兮萋萋。""王孙兮归来，山中兮不可久留。"此处反用其意。

【导读】

王维被称为"诗佛"，且"最能够体现王维诗歌佛禅特性的莫过于'空山'意象"。王维诗中出现"空山"意象的句子大多境界不凡，如"人闲桂花落，夜静春山空"（《鸟鸣涧》），"空山不见人，但闻人语响"（《鹿柴》），"来不语兮意不传，作暮雨兮愁空山"（《送神曲》）等。在本诗中，"空山"意象的意蕴也十分丰厚。

"空山"既可指空旷澄清宁静的山居环境，也可以是诗人平静、淡泊、自在、超脱内心的真实写照，还可以"山空"衬托心静，以心静映照山空，相辅相成，物我合而为一。

从意象的类型来看，"竹""莲"属于自然意象，"浣女""渔舟"属于人文意象，自然与人文交相辉映。从句式上来看，"竹喧归浣女，莲动下渔舟"是倒装句，本应为"浣女归竹喧，渔舟下莲动"。采用倒装句式不仅是押韵的需要，而且是为了突出"竹喧""莲动"这两种喧闹的结果，从而使文本呈现出一种因果关系。表面写"竹喧"和"莲动"，实则把人的活动隐藏其中，似有非有，似无非无，体现出佛家无即有、有即无的旨趣。

诗的尾联"随意春芳歇，王孙自可留"，更是全诗意境得以升华的点睛之笔。逆用《楚辞·招隐士》"王孙兮归来，山中兮不可久留"的典故，反其意而行之，意为尽管春天芳华已消歇,但秋景更佳,"王孙"自可留在山中,表达出诗人对山水的眷恋。这是深谙佛理之人"花非花"式的顿悟,呼应首联"空山"的"空",共同构成一种禅境。

  明钟惺、谭元春《唐诗归》:钟云:"竹喧""莲动",细极!
  清吴昌祺《删定唐诗解》:佳境得隽笔以出之。
  清张谦宜《絸斋诗谈》:"空山新雨后,天气晚来秋",起法高洁,带得通篇俱好。
  高步瀛《唐宋诗举要》:随意挥写,得大自在。

五、终南望余雪

祖咏

终南阴岭秀,积雪浮云端。

林表明霁色,城中增暮寒。

(选自《全唐诗》,中华书局,1985年版)

【导读】

祖咏(699—746),唐代诗人,洛阳(今河南省洛阳市)人。少有文名,擅诗歌创作,与王维友善。祖咏一生仕途落拓,后归隐汝水一带。

这是一首应试诗。据《唐诗纪事》卷二十记载,祖咏年轻时去长安应考,文题是"终南望余雪",他没有按应试要求写一首六韵十二句的五言长律,而是写出本诗即搁笔。考官诘问他,咏曰:"意尽。"由此可见,祖咏对此诗很是自得,也很自负。

从体裁来看,这是一首五绝。绝句之作,大抵清新明快,语短情长。元人杨载说得好:"绝句之法要婉曲回环,删芜就简,句绝而意不绝,多以第三句为主,而第四句发之,有实接,有虚接。承接之间,开与合相关、反与正相依、顺与逆相应,一呼一吸,宫商自谐。大抵启承二句固难,然不过平直叙起为佳,从容承之为是。至如宛转变化,功夫全在第三句,若于此转变得好,则第四句如顺流之舟矣。"(《诗法家数》)揆之此诗,一、二两句点"望终南余雪"之题,中人之才者大多能写出。是否具有诗心和才思,要从第三句开始诗歌的语气是否有变化可以看出。一般来说,"当绝句从客体的描绘转入主观感情的直接抒发时,疑问、否定、感叹往往比肯定的陈述更带超越性。那些在第三句、第四句变成疑问、感叹或否定的基本上都是抒发诗人内心感情的,带着作者直接抒情的成分"(孙绍振《论绝句的结构——兼论意境的纵深结构》)。此诗第三句空间转为落日余晖映照在"林表"上,所以才能看到"霁色",进而第四句水到渠成写肤觉体验"寒"。《终南望余雪》一诗突破以往写雪之窠臼,充分运用视觉、触觉体验,借助空间转换,细致入微地写出了看到山间暮雪的瞬间感受,洵为佳作。

王士禛《渔洋诗话》:余论古今雪诗,唯羊孚一赞,及陶渊明"倾耳无希声,在目皓已洁",及祖咏"终南阴岭秀"一篇,右丞"洒空深巷静,积素广庭闲"、韦左司"门对寒流雪满山"句最佳。若柳子厚"千山鸟飞绝",已不免俗;降而郑谷之"乱飘僧舍""密洒歌楼",益俗下欲呕。韩退之"银杯""缟带"亦成笑柄,世人怵于盛名,不敢议耳。

霍松林《唐宋诗文鉴赏举隅》:祖咏不仅用了"霁",而且选择的是夕阳西下之时的"霁"。他说"林表明霁色",而不说山脚、山腰或林下"明霁色",这是很费推敲的。"林表"承"终南阴岭"而来,自然在终南高处。只有终南高处的林表才明霁色,表明西山已衔半边日,落日的余光平射过来,染红了林表,不用说也照亮了浮在云端的积雪。而结句的"暮"字,也已经呼之欲出了。

前三句,写"望"中所见;末一句,写"望"中所感。俗谚有云:"下雪不冷消雪冷。"又云:"日暮天寒。"一场雪后,只有终南阴岭尚余积雪,其他地方的雪正在消融,吸收了大量的热,自然要寒一些;日暮之时,又比白天寒;望终南余雪,寒光闪耀,就令人更增寒意。做望终南余雪的题目,写到因望余雪而增加了寒冷的感觉,意思的确完满了,就不必死守清规戒律,再凑几句了。

刘学锴《唐诗选注评鉴》:祖咏打破应试诗规定格式的行动,在科举史上似乎是绝无仅有的特例,这充分反映了唐代士人的独特个性。有这样不受羁束的个性,才有突破应试诗敷衍成章陋习的行动并创作出富有远韵的应试诗。祖咏的这一惊世骇俗的行动,即使在思想比较开放的唐代,也是要有很大勇气的,起码要有为了诗歌艺术不惜科举考试落榜的勇气。祖咏开元十三年(725)应进士试登第,诗的试题是否即《雪霁望终南》(这诗题后世流传一律作《终南望余雪》),文献上未明确记载,但从记述的口气看,很有可能就是登第之年的试题。如果情况确实如此,则唐代科举考试之尊重人才的独特个性,尊重诗歌的独特性和艺术性,也可于此略见一斑。有如此开明的主考官,才会有敢于冲破成规和固定格式,唯艺术是尚的诗人产生。祖咏这首诗的产生和流传,对优秀唐诗产生的社会环境和文化艺术氛围,也是一种有力的说明。

六、钴鉧潭西小丘记[1]

柳宗元

得西山后八日[2],寻山口西北道二百步[3],又得钴鉧潭。西二十五步,当湍而浚者为鱼梁[4]。梁之上有丘焉,生竹树。其石之突怒偃蹇[5],负土而出,争为奇状者,殆不可数[6]。其欹然相累而下者[7],若牛马之饮于溪;其冲然角列而上者[8],若熊罴之登于山[9]。

丘之小不能一亩[10],可以笼而有之[13]。问其主,曰:"唐氏之弃地,货而不售[12]。"问其价,曰:"止四百。"余怜而售之[13]。李深源、元克己时同游,皆大喜,出自意外。即更取器用[14],铲刈秽草[15],伐去恶木,烈火而焚之。嘉木立,美竹露,奇石显。由其中以望,则山之高,云之浮,溪之流,鸟兽之遨游,举熙熙然回巧献技[16],以效兹丘之下[17]。枕席而卧,则清泠之状与目谋[18],瀯瀯之声与耳谋[19],悠然而虚者与神谋,渊然而静者与心谋。不匝旬而得异地者二[20],虽古好事之士[21],或未能至焉[22]。

噫!以兹丘之胜,致之沣[23]、镐[24]、鄠[25]、杜[26],则贵游之士争买者,日增千金而愈不可得。今弃是州[27]也,农夫渔父,过而陋[28]之,贾四百,连岁不能售[29]。而我与深源、克己独喜得之,是其果有遭乎[30]!书于石,所以贺兹丘之遭也。

(选自刘禹锡编《柳河东集》,上海古籍出版社,2008年版)

【注释】

[1] 钴鉧(gǔ mǔ)潭:潭名。钴鉧,熨斗。潭的形状像熨斗,故名。

[2] 西山:山名,在今湖南省零陵县西。

[3] 寻:通"循",沿着。

[4] 湍:急流。而:连接两个词,起并列作用。浚(jùn):深水。鱼梁:用石头砌成的拦截水流、中开缺口以便捕鱼的堰。正当水深流急的地方是一道坝。

[5] 突怒:形容石头突出隆起。偃蹇(yǎn jiǎn):形容石头高耸的姿态。

[6] 殆:几乎,差不多。

[7]嵚(qīn)然:倾斜。相累:相互重叠,彼此挤压。

[8]冲(chòng)然:向上或向前的样子。角列:争取排到前面去。也有人解释为,像兽角那样排列。

[9]罴(pí):人熊。

[10]不能:不足,不满,不到。

[11]笼:包笼,包罗。

[12]货:卖,出售。不售:卖不出去。

[13]怜:爱惜。售之:买进它。这里的"售"是买的意思。

[14]更:轮番,一次又一次。器用:器具,工具。

[15]刈(yì):割。

[16]举:全。熙熙然:和悦的样子。回巧:呈现巧妙的姿态。技:指景物姿态的各自的特点。

[17]效:效力,尽力贡献。兹:此,这。

[18]清泠(líng):形容景色清凉明澈。谋:这里是接触的意思。

[19]潆潆(yíng yíng):象声词,像水回旋的声音。

[20]匝(zā)旬:满十天。匝,周。旬,十天为一旬。

[21]虽:即使,纵使,就是。好(hào)事:爱好山水。

[22]或:或许,只怕,可能。焉:表示估量语气。

[23]沣(fēng):水名。流经长安(今陕西省西安市)。

[24]镐:地名。在今西安市西南。

[25]鄠(hù):地名,在今陕西省户县北。

[26]杜:地名。在今陕西省西安市东南。

[27]是州:这个州。指永州。

[28]陋:鄙视,轻视。

[29]连岁:多年,接连几年。

[30]其:岂,难道。遭:遇合,运气。

【导读】

　　公元805年,柳宗元被贬为永州司马。永州地处荒僻,柳宗元在此住了十年,山水游记《永州八记》即为此时所作。《钴鉧潭西小丘记》为八记中的第三篇。

柳宗元"既窜斥,地又荒疠,因自放山泽间,其堙厄感郁,一寓诸文。仿《离骚》数十篇,读者咸悲恻"(《新唐书》),放逐之人,心思自然敏感,既然不容于世,就自我定位为"弃人"。遇此情景,要么借山水遣怀,忘记得失;要么感命运乖蹇,低回婉转,哀哀不已。前者可能会留下诸如"道不行,乘桴浮于海""人生在世不称意,明朝散发弄扁舟""永忆江湖归白发,欲回天地入扁舟""小舟从此逝,江海寄余生"之类的嘉言慧句,究其本质,不过是文人在失意之时的一种自我消解。从某种意义上来说,前者反倒不如后者情感来得真切,后者是作品更加富有主体色彩,柳宗元无疑属于后者。他的山水游记不写名山大川,多写如"唐氏之弃地"之类的名不见经传之地。此时,"弃人"与"弃地"之间产生了内在关联和情感共鸣:"一看到弃地,贬谪诗人便会自然联想到自己被社会抛弃的命运;一想到自己的命运,便不由得将被弃的主观情感外射到所见到的弃地之中;而弃地的大量存在,无疑越发加强了他由地到人、又由人到地的定向思维。"(尚永亮《寓意山水的个体幽怨和美学追求——论柳宗元游记诗文的直接象征性和间接表现性》)"弃地"小丘不幸矣,虽有胜景,但世人有眼无珠,无端遭弃。小丘又幸矣,遇柳宗元、李深源、元克己等人,发现其被遮蔽的美。"弃人"柳宗元则无此幸运,一旦被弃,只能在清寒山水中感慨"不知从此去,更遣几时回"(《再上湘江》)了。

金元好问《论诗绝句》:谢客风容映古今,发源谁似柳州深? 朱弦一拂遗音在,却是当年寂寞心!

[日]清水茂《柳宗元的生活体验及其山水记》:柳宗元的山水记,是对于被遗弃的土地之美的认识的不断的努力,这同他的传记文学在努力认识被遗弃的人们之美是同样性质的东西。并且,由于柳宗元自己也是被遗弃的人,所以这种文学也就是他的生活经验的反映,是一种强烈的抗议。强调被遗弃的山水之美的存在,也就等于强调了被遗弃人们的美的存在,换言之,即宗元自身之美的存在。伴随着这种积极的抗议,其反面则依于自己的孤独感对这种与他的生涯颇为相似的被遗弃的山水抱着特殊的亲切感,以及在这种美之中得到了某种安慰的感觉。

七、前赤壁赋

苏轼

壬戌之秋，七月既望，苏子与客泛舟游于赤壁之下[1]。清风徐来，水波不兴。举酒属客，诵明月之诗，歌窈窕之章[2]。少焉，月出于东山之上，徘徊于斗牛之间[3]。白露横江，水光接天。纵一苇之所如，凌万顷之茫然。浩浩乎如冯虚御风，而不知其所止；飘飘乎如遗世独立，羽化而登仙[4]。

于是饮酒乐甚，扣舷而歌之。歌曰："桂棹兮兰桨，击空明兮沂流光[5]。渺渺兮予怀，望美人兮天一方。"客有吹洞箫者，倚歌而和之。其声呜呜然，如怨如慕，如泣如诉，余音袅袅，不绝如缕。舞幽壑之潜蛟，泣孤舟之嫠妇[6]。

苏子愀然，正襟危坐而问客曰："何为其然也？"客曰："'月明星稀，乌鹊南飞'，此非曹孟德之诗乎？西望夏口，东望武昌，山川相缪，郁乎苍苍，此非孟德之困于周郎乎[7]？方其破荆州，下江陵，顺流而东也，舳舻千里，旌旗蔽空，酾酒临江，横槊赋诗，固一世之雄也，而今安在哉[8]？况吾与子渔樵于江渚之上，侣鱼虾而友麋鹿。驾一叶之扁舟，举匏樽以相属[9]。寄蜉蝣于天地，渺沧海之一粟[10]。哀吾生之须臾，羡长江之无穷。挟飞仙以遨游，抱明月而长终。知不可乎骤得，托遗响于悲风。"

苏子曰："客亦知夫水与月乎？逝者如斯，而未尝往也；盈虚者如彼，而卒莫消长也。盖将自其变者而观之，则天地曾不能以一瞬；自其不变者而观之，则物与我皆无尽也。而又何羡乎？且夫天地之间，物各有主，苟非吾之所有，虽一毫而莫取。惟江上之清风，与山间之明月，耳得之而为声，目遇之而成色，取之无禁，用之不竭，是造物者之无尽藏也，而吾与子之所共适[11]。"

客喜而笑，洗盏更酌。肴核既尽，杯盘狼藉。相与枕藉乎舟中，不知东方之既白[12]。

（选自苏轼撰《苏轼文集》，中华书局，1986年版）

【注释】

[1]壬戌:宋神宗元丰五年(1082)。既望:阴历每月十五日为"望","既望",指十六。

[2]明月之诗:指《诗经·陈风·月出》。窈窕之章:指《诗经·周南·关雎》。

[3]斗、牛:斗宿、牛宿。

[4]冯(píng):同"凭"。羽化:指成仙。葛洪《抱朴子·对俗》:"古之得仙者,或身生羽翼,变化飞行。"

[5]桂棹:用桂树做的棹。兰桨:用兰木做的桨。击空明:指船桨击破明净若空的江面。溯:逆流而上。流光:月光。

[6]吹洞箫者:指杨世昌,绵州武都山道士。幽壑:深谷。嫠(lí)妇:寡妇。

[7]夏口:古城名,孙权筑于黄鹄山(今湖北武汉武昌蛇山)。武昌:今湖北鄂州。缪:盘绕。周郎:周瑜。

[8]破荆州:建安十三年(208)七月,曹操南下,九月,刘表次子刘琮以荆州降曹操。舳舻:指大船。酾(shī):指斟酒。

[9]匏(páo)樽:用匏瓜果实外壳制作的酒器,这里指酒杯。

[10]蜉蝣:小虫,生存期很短,朝生夕死。

[11]无尽藏:无穷无尽的宝藏,语出佛家语"无尽藏海"(像海一样包罗万物)。

[12]枕藉:纵横相枕而卧。

【导读】

元丰五年(1082)七月,苏轼谪居黄州。这首赋主要抒写作者月夜泛舟赤壁的感受,从泛舟而游到枕舟而卧,利用主客对话的形式,深微曲折地透露出作者的隐忧,同时也表达出旷达的人生态度。题中"赤壁"并非三国时期"赤壁之战"之"赤壁",而是黄州城西的赤鼻矶,但"他游的是假赤壁,写出来的却是好文章"(臧克家语)。

自然永恒,人生有限,乐生恶死,人之常情。文中"客"赏无边风月,固然快乐,但一想到人生短暂,马上就由乐生悲。如何消解这一矛盾?东坡借"水月之喻"说哲理、悟人生,寻精神解脱之路。经过一番开导之后,"客喜而笑"。"水月之喻"和文中其他地方出现的"一苇""无尽""无尽藏"一样语出佛典,同时又融贯儒道思想,充分展现了东坡逸怀浩气、超乎尘外的智慧人生。

明茅坤《唐宋八大家文钞·宋大家苏文忠公文钞》：予尝谓东坡文章仙也，读此二赋，令人有遗世之想。

清金圣叹《天下才子必读书》：游赤壁，受用现今无边风月，乃是此老一生本领。却因平平写不出来，故特借洞箫呜咽，忽然从曹公发议，然后接口一句喝倒，痛陈其胸前一片空阔了悟，妙甚。

清孙琮《山晓阁选宋大家苏东坡全集》：因赤壁而思曹、周，亦是意中情景。此却从饮酒乐甚，说到正襟危坐，则因乐而悲。及说水月共适，则客喜而笑，又因悲而喜。一悲一喜，触绪纷来。写景极其工练，言情极其深至。江山不朽，此文应与俱寿。

八、四时田园杂兴(选五)

范成大

淳熙丙午[1],沉疴少纾[2],复至石湖旧隐。野外即事,辄书一绝,终岁得六十篇,号《杂兴》。

其一二
蝴蝶双双入菜花,日长无客到田家。
鸡飞过篱犬吠窦[3],知有行商来买茶。

其三一
昼出耘田夜绩麻[4],村庄儿女各当家[5]。
童孙未解供耕织,也傍桑阴学种瓜。

其三五
采菱辛苦废犁锄[6],血指流丹鬼质枯[7]。
无力买田聊种水[8],近来湖面亦收租。

其四一
新筑场泥镜面平[9],家家打稻趁霜晴。
笑歌声里轻雷动,一夜连枷响到明[10]。

其五五
拨雪挑来踏地菘[11],味如蜜藕更肥醲[12]。
朱门肉食无风味,只作寻常菜把供[13]。

(选自范成大撰《范石湖集》,上海古籍出版社,1981年版)

【注释】

　　[1]淳熙丙午:1186年,作者时年六十周岁。六十年前为靖康丙午(1126),第二年北宋灭亡。

　　[2]沉疴(kē):重病。少纾(shū):稍微缓解。

　　[3]窦:洞,此处指狗洞。

　　[4]耘田:田中除草。绩麻:把麻片析成丝,搓成线。

　　[5]当家:当行,在行。

　　[6]废犁鉏:搁置犁锄不用,意即放弃农耕而改种湖塘。鉏(chú),锄。

　　[7]丹:红,这里指鲜血。鬼质枯:意指瘦得像鬼。质,人形。

　　[8]种水:指种菱藕一类的水生植物。

　　[9]场泥:场地,指打谷场。

　　[10]连枷:一种竹制的打稻农具,有长柄,以轴连上一竹片拼成的竹板,上下挥动,带竹板转动,落地拍击禾穗、秸秆而使粒脱落。

　　[11]踏地菘:即今塌棵菜,青菜之一种,茎肥短,贴地而生,故有此名。冬日青菜,尤其是在严霜大雪之后,叶厚茎肥,其味清甘,了无苦涩,是难得之鲜蔬。

　　[12]肥醲(nóng):肥美浓厚。《淮南子·主术训》:"肥醲甘脆,非不美也。"

　　[13]菜把:菜蔬。杜甫《园官送菜》:"清晨送菜把,常荷地主恩。""朱门肉食无风味,只作寻常菜把供",意指富贵之家整日食荤用甘,不知踏地菘的美味,只当作寻常菜蔬看待。

【导读】

　　范成大(1126—1193),字致能,自号石湖居士,吴县(今江苏省苏州市)人,有《石湖诗集》传世。现存诗歌1900余首,其中爱国诗和田园诗是其精华部分。其田园诗中的大型组诗《四时田园杂兴》自问世以来备受青睐,唱和者众多,赞誉广泛。

　　范成大之前的田园诗或自抒胸臆,陶渊明、王绩之作是典型代表;或从旁观者视角感悟农村生活,盛唐山水田园诗派大多属于此类。范成大的出现,极大地拓展了这一诗体的疆界范围。据统计,《四时田园杂兴》出现各类人物三十多次,提到农舍建筑及生活用具四十六件,谷物菜蔬等植物四十余种,家畜飞禽及田间小动物三十多种,耕耘、打稻、催租、祭扫等农事及社会活动七十余项,反映社会生活面十分广阔,有论者称之为"十二世纪中国江南农村生活的风俗画"。

总体来看,《四时田园杂兴》有以下特点:一、语言浅切。乡居期间,范成大深入了解田家生活,替田家代言,语言符合田家身份和口吻。二、内涵丰富。作品既写田家之苦,也写田家之乐,此外还有世俗风情展示。三、体式新颖。以七绝组诗形式创作田园诗,丰富了这一诗歌类型的体式。四、诗序结合。诗前小序中点明"淳熙丙午",作者时年六十周岁,六十年前为靖康丙午,次年北宋灭亡,作者创作此组诗具有深沉的历史文化意味(参见袁君煊《范成大〈四时田园杂兴〉结构的文化意味》)。

宋吴沆《环溪诗话》:且如农桑樵牧之诗,当以《毛诗·豳风》及石湖《四时田园杂兴》比看,梦中亦解得,诗方有意思长益。

明王世贞《弇州山人四部稿》:即诗无论竹枝鹧鸪家言,已曲尽吴中农圃。

清宋长白《柳亭诗话》:范石湖《四时田园杂兴》于陶、柳、王、储之外,别设樊篱。王载南评曰:"纤悉毕登,鄙俚尽录,曲尽田家况味。"知言哉!其《村田乐府》十首,于腊月风景渲染无遗,吴中习俗,至今可想见也。

钱锺书《宋诗选注》:(范成大)晚年所作的《四时田园杂兴》不但是他的最传诵、最有影响的诗篇,也算得中国古代田园诗的集大成……到范成大的《四时田园杂兴》六十首才仿佛把《七月》《怀古田舍》《田家词》这三条线索打成一个总结,使脱离现实的田园诗有了泥土和血汗的气息,根据他的亲切的观感,把一年四季的农村劳动和生活鲜明地刻画出一个比较完全的面貌。田园诗又获得了生命,扩大了境地,范成大就可以跟陶潜相提并称,甚至比他后来居上。

九、湖心亭看雪

张岱

崇祯五年十二月[1],余住西湖,大雪三日,湖中人鸟声俱绝。是日,更定矣[2],余挐一小舟[3],拥毳衣炉火[4],独往湖心亭看雪。雾凇沆砀[5],天与云与山与水,上下一白。湖上影子,惟长堤一痕[6]、湖心亭一点,与余舟一芥[7],舟中人两三粒而已。

到亭上,有两人铺毡对坐,一童子烧酒,炉正沸。见余大喜,曰:"湖中焉得更有此人?"拉余同饮。余强饮三大白而别[8]。问其姓氏,是金陵人,客此。及下船,舟子喃喃曰:"莫说相公痴,更有痴似相公者!"

(选自张岱著《陶庵梦忆》,中华书局,2008年版)

【注释】

[1] 崇祯五年:即1632年。

[2] 更定:犹言天明。古人以更记夜时,一夜分五更,每更大约两小时。

[3] 挐(ná):牵引。这里是划船的意思。

[4] 毳(cuì)衣:一种毛皮服。

[5] 雾凇:通称"树挂"。寒冷天雾滴碰到在零度以下的树枝等物时,再次凝结成的白色松散的冰晶。沆(hàng)砀(dàng):白色迷茫貌。

[6] 长堤:在湖心亭之西,即苏堤,宋苏轼筑。

[7] 芥:小草。

[8] 大白:大酒杯。《文选》左思《吴都赋》有"飞觞举白"句,刘良注:"大白,杯名。"

【导读】

张岱(1597—1679),初字宗子,后字石公,号陶庵,又号蝶庵,山阴(今浙江省绍兴市)人,侨寓杭州。先世居蜀,故自称蜀人,自曾祖以来,都是显官。岱少时,不求仕进,过着一种游山玩水、读书品艺的纨绔生活。明亡后,隐居剡溪,后事著述。明末小品文的代表作家,作品《陶庵梦忆》《西湖梦寻》都写于明亡之后,主要表达对过去生活和西湖旧日风光的追忆,寄寓着故国之思、身世之悲,文笔清丽优美,简洁形象,无论写景抒情,写人论事,都绘声绘色,活泼生动。

张岱在《西湖梦寻》中说:"善读书,无过董遇三余,而善游湖者,亦无过董遇三余。董遇曰:'冬者岁之余也,夜者日之余也,雨者月之余也。'"这是借董遇之言,作夫子自道。此文所写之时恰是"三余"之——冬日的雪夜。

本文题为《湖心亭看雪》,却未详写所见雪景,而以看雪为线索,回忆奇遇。文中仅"雾凇沆砀,天与云与山与水,上下一白。湖上影子,惟长堤一痕、湖心亭一点,与余舟一芥,舟中人两三粒而已"等数句就将湖中雪景点染,已是圆满自足,形神兼备。此与另外一篇名作《西湖七月半》有异曲同工之妙:"西湖七月半,一无可看,止可看看七月半之人。"

张岱曾言:"人无癖不可与交,以其无深情也;人无疵不可与交,以其无真气也"(《祁止祥癖》)可与本文中"莫说相公痴,更有痴似相公者"的"痴"对读。无论是"癖"还是"疵"抑或是"痴",不过是陶庵以自虐自嘲的方式来对抗"国破家亡,无所归止"(《陶庵梦忆·自序》)的幽暗人生。

明祁彪佳《古今义列传序》:其点染之妙,凡当要害,在余子宜一二百言者,宗子能数十字辄尽情状,及穷事际,反若有千百言在笔下。

清永瑢等《四库全书总目》:是编乃于杭州兵燹之后,追记旧游。以北路、西路、南路、中路、外路五门,分记其胜。每景首为小序,而杂采古今诗文列于其下。张岱所自作尤夥,亦附著焉。其体例全仿刘侗《帝京景物略》,其诗文亦全沿公安、竟陵之派。

陈平原《从文人之文到学者之文》:不管是《陶庵梦忆》,还是《西湖梦寻》,都是在"寻梦",寻找早已失落的"过去的好时光",国破家亡,二十年后,追忆昔日的繁华,这个繁华,包括家国、都市以及个人生活,有的只是感叹与惋惜。

十、游黄山记

袁枚

癸卯四月二日,余游白岳毕[1],遂浴黄山之汤泉[2],泉甘且冽,在悬崖之下。夕宿慈光寺[3]。

次早,僧告曰:"从此山径仄险,虽兜笼不能容[4]。公步行良苦,幸有土人惯负客者,号海马,可用也。"引五六壮佼者来,俱手数丈布。余自笑赢老,乃复作襁褓儿耶?初犹自强,至愈甚,乃缚跨其背。于是且步且负各半。行至云巢[5],路绝矣,蹑木梯而上,万峰刺天,慈光寺已落釜底。是夕至文殊院宿焉[6]。

天雨寒甚,端午犹披重裘拥火。云走入夺舍,顷刻混沌[7],两人坐,辨声而已。散后,步至立雪台,有古松根生于东,身仆于西,头向于南,穿入石中,裂出石外。石似活,似中空,故能伏匿其中,而与之相化。又似畏天,不敢上长,大十围,高无二尺也。他松类是者多,不可胜记。晚,云气更清,诸峰如儿孙俯伏。黄山有前、后海之名[8],左右视,两海并见。

次日,从台左折而下,过百步云梯[9],路又绝矣。忽见一石如大鳌鱼[10],张其口。不得已走入鱼口中,穿腹出背,别是一天。登丹台[11],上光明顶[12],与莲花、天都二峰为三鼎足[13],高相峙。天风撼人,不可立。幸松针铺地二尺厚,甚软,可坐。晚至狮林寺宿矣[14]。

趁日未落,登始信峰[15]。峰有三,远望两峰尖峙,逼视之,尚有一峰隐身落后。峰高且险,下临无底之溪,余立其巅,垂趾二分在外。僧惧挽之。余笑谓:"坠亦无妨。"问:"何也?"曰:"溪无底,则人坠当亦无底,飘飘然知泊何所?纵有底,亦须许久方到,尽可须臾求活。惜未挈长绳缒精铁量之,果若千尺耳。"僧人笑。

次日,登大小清凉台[16]。台下峰如笔,如矢,如笋,如竹林,如刀戟,如船上桅,又如天帝戏将武库兵仗布散地上。食顷,有白练绕树。僧喜告曰:"此云铺海也。"初濛濛然,镕银散绵,良久浑成一片。青山群露角尖,类大

178

盘凝脂中有笋脯矗现状。俄而离散,则万峰簇簇,仍还原形。余坐松顶苦日炙,忽有片云起为荫遮,方知云有高下,迥非一族。

薄暮,往西海门观落日,草高于人,路又绝矣。唤数十夫芟夷之而后行[17]。东峰屏列,西峰插地怒起,中间鹘突数十峰[18],类天台琼台。红日将坠,一峰以首承之,似吞似捧。余不能冠,被风掀落,不能袜,被水沃透;下敢杖,动陷软沙;不敢仰,虑石崩压。左顾右睨,前探后瞩,恨不能化千亿身,逐峰皆到。当海马负时,捷若猱猿,冲突急走,千万山亦学人奔,状如潮涌。俯视深阮怪峰,在脚底相待,倘一失足,不堪置想。然事已至此,惴慄无益[19],若禁缓之,自觉无勇。不得已,托孤寄命[20],凭渠所往,觉此身便已羽化。《淮南子》有胆为云说说[21],信然。

初九日,从天柱峰后转下,过白沙矼[22],至云谷[23],家人以肩舆相迎。计步行五十馀里,入山凡七日。

(选自王英志校点《袁枚全集》,江苏古籍出版社,1993年版)

【注释】

[1]白岳:即齐云山,在安徽省休宁县,位于黄山之南。奇峰四起,绝壁回环,险峻而清奇。乾隆帝誉之为"天下无双胜境,江南第一名山"。

[2]汤泉:即温泉,在山下。泉水清润纯净,无硫黄气。

[3]慈光寺:在朱砂峰下,一名朱砂庵。明万历年间僧普门改建,称法海禅院,寻敕封护国慈光寺。

[4]兜笼:供游客乘坐、由人抬着上山的竹制器具,类似小山轿。

[5]云巢:在文殊院下,为前海一石洞。

[6]文殊院:寺名,在玉屏峰前。明普门和尚至此,云在代州时梦见文殊坐石情景,与此境合,遂构文殊院。遗址今为玉屏楼。

[7]混沌:天地未开辟以前的元气状态。此指笼罩在云雾之中。

[8]前、后海:黄山多云海,因称南为前海,北为后海,中为天海,加上东、西海为五海。

[9]百步云梯:莲花峰下小道,最险处约百步,下临绝壑。

[10]大鳌鱼:指鳌鱼背,在鳌鱼峰前。酷似鳌鱼,张口向海螺石。

[11]丹台:炼丹台,在炼丹峰前,宽广可容万人。传为浮丘公为黄帝炼丹处。台上有

炼丹灶,台下有炼丹源。

[12]光明顶:黄山主峰之一。状如覆钵,无所依傍,山顶平坦。

[13]莲花峰:黄山最高峰。山形如初绽莲花,绝顶方圆丈余,名石船。天都:黄山主峰之一。峰顶平如掌,有石洞。古人尊之为天帝神都,故名。

[14]狮林寺:即狮子林,明代建,在狮子峰下。

[15]始信峰:在黄山东部,峰凸起在绝壑上。峰上有接引崖,崖壁有裂隙,搭桥渡之。下有古松,名扰龙松。

[16]清凉台:在狮子峰下,为观日出、铺海之地。

[17]芟(shān)夷:割除。

[18]鹘(hú)突:模糊不清。

[19]惴栗:恐惧。

[20]托孤寄命:以后代及生命相托。语出《论语·泰伯》:"可以托六尺之孤,可以寄百里之命。"这里比喻把一切都交托给背他的人,听之任之。

[21]胆为云:语出《淮南子·精神训》:"故胆为云。"注云:"胆,金也。金石,云之所出,故为云。"

[22]白沙矼(gāng):在后山皮篷与云谷寺之间,沙色纯白,与四周山色迥异,故名。

[23]云谷:寺名,在香炉峰下。寺周围有灵锡泉、江丽田弹琴处等胜迹。

【导读】

袁枚(1716—1797),字子才,号简斋,又号随园老人,钱塘(今浙江省杭州市)人。少年得志,乾隆三年(1738)进士,入翰林。三十二岁时,因父去世,辞官归居,在江宁小仓山筑"随园"别墅,悠游终岁。《游黄山记》为乾隆四十八年(1783)作,袁枚时年六十八岁。

黄山又名黟山,奇松、怪石、云海、温泉等"四绝"闻名于世,有"五岳归来不看山,黄山归来不看岳"之誉。明清以来,文人笔下多黄山奇景。1616年和1618年,徐霞客分别作有《游黄山日记》前后篇,黄山美景由此海内外驰名。一百多年后,袁枚以近古稀之龄登上黄山,写下打上袁枚烙印的游记之作。

众所周知,游记文大多模山范水,写眼中所见,抒胸中所感。若无锦心绣口,则易造成景点堆砌,见物不见人,板滞沉闷,缺乏灵气。袁枚此作为游记文创作提供了一种可能。概而言之,这篇《游黄山记》以时间为序,描述了作者入黄山七日,步行五十余里之所见所感,展现了黄山之径险、松古、石怪、峰奇、云秀等景观,并细腻地描绘了作者当时微妙的心理体验,读后如身历其境,如亲见其人。具体言之,有以下数处值得关注:一、比喻新奇精妙。写山峰"如儿孙俯伏"亲切感人;"青山群露角尖"如"大盘凝脂中有笋脯蠹现",独抒性灵,他人似乎很少有此种比喻,而袁氏钟爱"笋脯",《随园食单》中多处可见。至于"台下峰如笔,如矢,如笋,如竹林,如刀戟,如船上桅,又如天帝戏将武库兵仗布散地上"之类博喻更是天上地下,水中陆间,包罗万象。二、结构匠心独运。文章以时间为主线,"僧"为暗线。文中僧一共出现三次,恰似导游,一路陪伴作者探幽览胜。僧第一次出现,引出当地惯负客者"海马",极具地域风情。面对作者"聊发少年狂",立悬崖、露脚趾于外时,僧"惧挽之"。经过作者一番看似无理实则有趣的辩解后,"僧人笑"。第三次僧真正充当了一把导游,介绍"云铺海"。僧的出现,起到了或承上启下或相互映照或推进情节的作用,避免了一味单调写景的缺陷。三、语言妙趣横生。在和僧人对话时,袁枚认为万丈深溪,即使坠入也无妨。理由有二:若溪无底,那么人坠落也无底,可以任意飘飞如神仙;若溪有底,由于渊深,尚需时间方能到底,则可在这相对较短的时间中求得人生的乐趣。唯一遗憾之处就是没有带绳铁丈量溪之尺寸。此时,他像"御风而行"的列子,更像"逍遥游"的庄子。

　　总而言之,《游黄山记》写"人化的自然",抒"旷达的性灵"(王英志语)。袁氏山水游记为何具此面目?不妨以他的《题陈山人山水卷》一文作答,该文借陈山人夫子自道,道出了袁枚独特的山水观:

　　陈山人,嗜山水者也。或曰:山人非能嗜者也。古之嗜山水者,烟岚与居,鹿豕与游,衣女萝而啖芝术。今山人之迹,什九市尘,其于名胜,寓目而已,非真能嗜者也。余曰:不然。善琴者不弦,善饮者不醉,善知山水者不岩栖而谷饮。孔子曰:知者乐水。必溪涧而后知,是鱼鳖皆哲士也。又曰:仁者乐山。必峦壑而后仁,是猿猱皆至德也。唯于胸中之浩浩,与其至气之突兀,足与山水敌,故相遇则深相得。纵终身不遇,而精神未尝不往来也,是之谓真嗜也,若山人是已。

本章思考题及延伸阅读

思考题

1. 有人认为陶渊明的田园诗写的是田园牧歌式的农家生活,这与当时的现实不相符合,你怎么看?
2. 请以"中国山水田园诗中的月亮"为题,写一篇不少于800字的文章。
3. 林语堂说苏轼具有"蛇的智慧加上鸽子的温文",请结合苏轼的人生谈谈你对这句话的理解。
4. 比较徐霞客《游黄山日记》与袁枚《游黄山记》。

延伸阅读

1. 胡晓明著《万川之月:中国山水诗的心灵境界》,北京大学出版社,2005年版。
2. 陶文鹏、韦凤娟主编《灵境诗心——中国古代山水诗史》,凤凰出版社,2004年版。
3. 宗白华著《美学散步》,上海人民出版社,1981年版。
4. [德]W.顾彬著,马树德译《中国文人的自然观》,上海人民出版社,1990年版。
5. 徐复观著《中国艺术精神》,春风文艺出版社,1987年版。
6. 朱良志著《中国美学十五讲》,北京大学出版社,2006年版。

艺术修养　第六

　　如果说西方文化的特质是主客二分式的二元对立的文化模式,那么,华夏文化则是一种浑圆型的诗性文化。中国被誉为"诗的国度",诗的艺术精神伴随着中国古人的人生,中国古人的行为方式也渗透着审美的品格,这种诗性文化集中地表现在早期代表中华文化主流的"礼乐文化"中。所谓"礼"原是远古时代的祭天或祭祖的仪式,西周的周公通过"制礼"来巩固国家权力,"礼"转变为政治行为的规范,以孔子为代表的儒家学派又把"礼"作为修身的手段。孔子说:"君子博学于文,约之以礼,亦可以弗畔矣夫。"(《论语·雍也》)君子一方面要"博学于文",广博地学习文献,积累深厚的知识,同时要"约之以礼",用礼来约束自己的言行,因为礼是根据道德原则制定出来的。"礼"的行为具有超越性的精神意义,因而具有一种诗意性。所以,张法在《中国美学史》中说:"合礼的行为和器具都具有超越性的精神意义,并隐合乎美的规律而雅化,所以今人一般将礼称为行为艺术,将礼器称为礼仪美术。""乐"本身就是中国古代最有代表性的艺术形式,它起源于人类的劳动生活中,在原始文化的巫术活动中得到了进一步发展。西周初年,周公"作乐"辅佐政治,形成"礼乐文化",后为儒家学派进一步继承。礼乐教化通行天下,使人修身养性,体悟天道,谦和有礼,威仪有序,这是我国古典"礼乐文化"的内涵和意义所在,也是圣人制礼作乐的本意。《礼记·乐记》中说:"乐者,天地之和也;礼者,天地之序也。和故百物皆化,序故群物皆别。"礼是天之经,地之义,是天地间最重要的秩序和仪则;乐是天地间的美妙声音,是道德的彰显。礼序乾坤,乐和天地,气魄何等宏大!"大乐与天地同和,大礼与天地同节",因此,这种"礼乐文化"就是一种诗性文化。

　　诗性文化的传统影响了整个几千年的中华民族,代表了华夏文化的民族性特征,在没有宗教传统的社会里,诗性文化的艺术境界可以抚慰人们的情感,陶冶人们的性情。中国思想主要支柱的儒、道、禅三家,无不以审美和艺术为其最高境界。孔子主张"克已复礼",但并没有忘记审美的艺术境界,并道出了对"吾与点也"诗意人生的向往;庄子毕生"绝圣弃智",但其"以卮言为曼衍,以重言为真,以寓言为广"(《庄子·天下》)的文章,显然是一部不可多得的艺术精品;中国的禅宗却扬弃了外来佛教的思辨内容和行为戒律,把它引向了充分自由的审美境界。所以,中国古人重视艺术修养,提倡"诗教""乐教"的艺术教育,《乐记·乐本篇》云:"乐者为同,礼者为异。同则相亲,异则相敬。乐胜则流,礼胜则离。合情饰貌者,礼乐之事也。"《诗大序》说"诗"能"成孝敬,厚人伦,美教化,移风俗"。其艺术审美的作用可想而知。

总之,中华文化是一种诗性的审美文化,艺术和修养联姻,共同建构了中国古人诗意化的人生境界。

一、大学(选读)

　　大学之道[1],在明明德[2],在亲民[3],在止于至善。知止而后有定[4];定而后能静;静而后能安;安而后能虑;虑而后能得。物有本末,事有终始。知所先后,则近道矣。

　　古之欲明明德于天下者,先治其国;欲治其国者,先齐其家[5];欲齐其家者,先修其身[6];欲修其身者,先正其心;欲正其心者,先诚其意;欲诚其意者,先致其知[7];致知在格物[8]。物格而后知至;知至而后意诚;意诚而后心正;心正而后身修;身修而后家齐;家齐而后国治;国治而后天下平。

　　自天子以至于庶人,壹是皆以修身为本[9]。其本乱而末治者否矣[10]。其所厚者薄,而其所薄者厚[11],未之有也[12]!此谓知本,此谓知之至也。

　　　　　　　　　　(选自胡平生、张萌译注《礼记》,中华书局,2017 年版)

【注释】

　　[1]大学之道:大学的宗旨。"大学"一词在古代有两种含义:一是"博学"的意思;二是相对于小学而言的"大人之学"。古人八岁入小学,学习"洒扫应对进退、礼乐射御书数"等文化基础知识和礼节;十五岁入大学,学习伦理、政治、哲学等"穷理正心,修己治人"的学问。所以,后一种含义其实也和前一种含义有相通的地方,同样有"博学"的意思。"道"的本义是道路,引申为规律、原则等,在中国古代哲学、政治学里,也指宇宙万物的本原、个体,一定的政治观或思想体系等,在不同的上下文环境里有不同的意思。

　　[2]明明德:前一个"明"做动词,有使动的意味,即"使彰明",也就是发扬、弘扬的意思。后一个"明"做形容词,明德也就是光明正大的品德。

　　[3]亲民:"亲"应为"新",即革新、弃旧图新。亲民,也就是新民,使人弃旧图新、去恶从善。

　　[4]知止:知道目标所在。

　　[5]齐其家:管理好自己的家庭或家族,使家庭或家族和和美美,蒸蒸日上,兴旺发达。

　　[6]修其身:修养自身的品性。

[7]致其知:使自己获得知识。

[8]格物:认识、研究万事万物。

[9]壹是:都是。本:根本。

[10]末:相对于本而言,指枝末、枝节。

[11]厚者薄:该重视的不重视。薄者厚:不该重视的却加以重视。

[12]未之有也:即未有之也。没有这样的道理(事情、做法等)。

【导读】

　　《大学》是一篇论述儒家修身治国平天下思想的散文,原是《小戴礼记》第四十二篇,相传为曾子所作,实为秦汉时儒家作品,是一部中国古代讨论教育理论的重要著作。《大学》经北宋程颢、程颐竭力尊崇,南宋朱熹又作《大学章句》,最终和《中庸》《论语》《孟子》并称"四书"。宋、元以后,《大学》成为学校官定的教科书和科举考试的必读书,对中国古代教育产生了极大的影响。

　　选取部分("大学之道"至"此谓知之至也")讲的是大学之道。首先,《大学》对儒学做了一个高度概括,提出"明明德,在亲民,在止于至善"三项,即宋代儒家们所说的大学"三纲领"。这一概括非常准确地揭示了儒学的基本精神,也道出了《大学》的主旨。其次,《大学》提出欲明明德于天下者,要经历格物、致知、诚意、正心、修身、齐家、治国、平天下八个环节。其中,修身以上,"格物、致知、诚意、正心"四者,专注于心性修养,属儒家的"内圣"之学;修身以下,"齐家、治国、平天下",系君子之行为规范及治政之事,属儒家的"外王"之学,其意主要在彰明儒家"为政以德"的观念和"道德转化为政治"的思想。再次,《大学》第一次提出"格物"的概念,把格物致知列为儒家伦理学、政治学和哲学的基本范畴,从而赋予认知活动对于修身养性的精神、心理过程和治理社会与国家的实践活动的极其重要的意义。最后,《大学》把修身规定为自天子以至于庶人的一切活动的根本,这既指明天子没有特权置身于修身之外,又提出普通百姓不能降低对自己的要求,把修身当作无关紧要的事。修身就是关注自我,认识自我,审视自我,完善、发展自我。以修身为本就是将培育完善、发展自我的自觉性置于重要的地位,这种思想能够增强个体自强不息的、内在的精神生命力。

　　《大学》着重阐述了提高个人修养,培养良好的道德品质与治国平天下之间的重要关系。中心思想可以概括为"修己以安百姓",并以三纲领"明明德、亲民、止于至善"和八条目"格物、致知、诚意、正心、修身、齐家、治国、平天下"为主题。

二、庄子·知北游(选读)

知北游于玄水之上[1],登隐弅之丘[2],而适遭无为谓焉[3]。知谓无为谓曰:"予欲有问乎若:何思何虑则知道? 何处何服则安道[4]? 何从何道则得道[5]?"三问而无为谓不答也。非不答,不知答也[6]。知不得问,反于白水之南[7],登狐阕之上[8],而睹狂屈焉[9]。知以之言也问乎狂屈。狂屈曰:"唉! 予知之,将语若。"中欲言而忘其所欲言[10]。知不得问,反于帝宫,见黄帝而问焉。黄帝曰:"无思无虑始知道,无处无服始安道,无从无道始得道。"

知问黄帝曰:"我与若知之,彼与彼不知也[11],其孰是邪?"黄帝曰:"彼无为谓真是也,狂屈似之,我与汝终不近也[12]。夫知者不言,言者不知,故圣人行不言之教[13]。道不可致,德不可至[14]。仁可为也[15],义可亏也[16],礼相伪也[17]。故曰:'失道而后德,失德而后仁,失仁而后义,失义而后礼[18]。'礼者,道之华而乱之首也[19]。故曰:'为道者日损,损之又损之,以至于无为。无为而无不为也[20]。'今已为物也[21],欲复归根,不亦难乎! 其易也其唯大人乎[22]! 生也死之徒[23],死也生之始,孰知其纪[24]! 人之生,气之聚也。聚则为生,散则为死。若死生为徒,吾又何患! 故万物一也[25]。是其所美者为神奇,其所恶者为臭腐[26]。臭腐复化为神奇,神奇复化为臭腐。故曰:'通天下一气耳[27]。'圣人故贵一。"

知谓黄帝曰:"吾问无为谓,无为谓不应我,非不我应,不知应我也;吾问狂屈,狂屈中欲告我而不我告[28],非不我告,中欲告而忘之也;今予问乎若,若知之,奚故不近[29]?"黄帝曰:"彼其真是也,以其不知也;此其似之也,以其忘之也;予与若终不近也,以其知之也"。

狂屈闻之,以黄帝为知言[30]。

天地有大美而不言[31],四时有明法而不议[32],万物有成理而不说[33]。圣人者,原天地之美而达万物之理[34]。是故至人无为,大圣不作,观于天地之谓也。

187

今彼神明至精[35]，与彼百化[36]。物已死生方圆[37]，莫知其根也。扁然而万物，自古以固存[38]。六合为巨[39]，未离其内[40]；秋豪为小，待之成体；天下莫不沈浮[41]，终身不故[42]；阴阳四时运行，各得其序；惛然若亡而存[43]；油然不形而神[44]；万物畜而不知[45]：此之谓本根，可以观于天矣[46]！

（选自方勇注《庄子》，中华书局，2015年版）

【注释】

[1] 知：虚拟人名。玄水：虚拟河流名。

[2] 隐弅(fén)：假设之地名。

[3] 无为谓：虚拟之得道者，与自然合一无为不言之人。

[4] 服：行事。安：持守。

[5] 何从何道：由何种途径，用何种方法。

[6] 不知答：意思是说，无为谓视大地万物为一体，无分别之心，故对所问不知答。

[7] 白水：传说中的河流名，与玄水相对。

[8] 狐阕：虚拟的山名。

[9] 狂屈：虚拟人名。本篇所举之人名、地名、河流名多为虚拟，并含有寓意。

[10] 中欲言：正想说的当中。

[11] 彼与彼：指无为谓与狂屈。

[12] 不近：与道不相近。

[13] 不言之教：不用言语的教化。

[14] 道不可致，德不可至：这句意思是，道与德不能有意求得，愈是有意追求，愈离道德遥远。无为无求，与天地同一，则道致而德达。致，招致、取得。至，达到。

[15] 仁：指儒家之仁，是有形迹的，可有意去做到。

[16] 义：裁断是非的标准。亏：损弃。庄子认为，裁断中取其合宜、弃其不宜，故有损弃。

[17] 礼相伪：礼是人制定的社会、道德规范，在推行中重表面形式，不重内在真实，故易流于相互欺骗和诈伪。

[18] "失道"四句：出自《老子》三十八章。意为道德仁义礼的相继出现，反映社会由无为进入有为，随着文明的进步，智力的发展，人距离纯真质朴之性愈远，道德也不断下降。只有废止一切文明成果，返璞归真，回复自然，才能达到道德的完善。

[19]华:同"花"。比喻漂亮的外在形式。庄子认为,礼是在人与人之间失掉忠信后制定出来,起约束作用的。既对人的行为进行约束限制,就必出现种种形式的反限制,从而引起纷争和动乱。所以说礼是"乱之首"。

[20]损:减损,指减损人之知识、经验、欲望等。无为而无不为:因任自然,不加干预,则万物各循其性、自行主化、无不自为而成。

[21]今已为物:现已成有形之物。即由虚无之道聚而成体,再复归虚无则难。

[22]大人:至人,与天道无为一体,故复归大道则易。

[23]生也死之徒:生与死为同类,就一物说有生死之别,就万物总体说则无生死之分,此物之生或为彼物之死,生死为同类。徒,类。

[24]纪:纲纪、条理。

[25]万物一也:气之聚散表现为物生死之无穷变化过程,万物统一于气。

[26]"是其"二句:人们把自己认为美好的称为神奇,把自己厌恶的称为臭腐。神奇与臭腐本没有同一的客观标准。

[27]通天下一气:把天地万物看成一气贯通,这种观点包含某种唯物论因素,但气并未脱离虚无之道的笼罩,气不过是道的体现,道的作用而已。通,贯通。

[28]不我告:不告诉我。

[29]奚:何。不近:与大道不相近。

[30]知言:懂得知者不言、言者不知的道理。

[31]大美:指天地覆载万物、生养万物而又不自居其功,具有最大美德。

[32]明法:明确的规律。

[33]成理:成形的道理。

[34]原:归本、推究之意。达:通达。

[35]彼:指天地。神明:天地蕴含的活力、创造力,虽无形可见却无所不在,主宰一切,它是极精微的。

[36]与彼百化:天地参与万物之各种变化。彼,指万物。

[37]死生方圆:物或生或灭,或方或圆,变化无方,形态各异,莫知其所由来。

[38]扁然:犹遍然,普遍地。

[39]六合:上下四方的无限空间。巨:巨大。

[40]其:指道。

[41]沈浮:升降、往来。表示万物的相互作用与无穷变化。沈,通"沉"。

[42]不故:言其新故相除,永葆生机。故,陈旧。

[43]惛然:溟涬暗昧之状。形容大道暗昧模糊,似亡而存的样子。

[44]油然:流动变化无所系着之状。

[45]万物畜:万物为其畜养。

[46]观于天:观见自然之道。

【导读】

　　《庄子》约成书于先秦时期。《汉书·艺文志》著录五十二篇,今本《庄子》三十三篇。其中内篇七,外篇十五,杂篇十一。所传三十三篇,已经郭象整理,篇目章节与汉代亦有不同。全书以"寓言""重言""卮言"为主要表现形式,继承老子学说而倡导自由主义,蔑视礼法权贵而倡言逍遥自由,内篇的《齐物论》《逍遥游》和《大宗师》集中反映了此种哲学思想。

　　本篇可分为两段。第一部分至"以黄帝为知言",主要说明大道本不可知,"知者不言,言者不知",因为宇宙万物原来都是"气","气"聚则生,"气"散则死,万物归根结底乃是混一的整体。第二部分至"可以观于天矣",基于第一部分的认识,进一步提出"至人无为,大圣不作",一切"观于天地"的主张,即一切顺其自然。

　　本篇以篇首的三个字作为篇名。"知"是一寓托的人名,"北游"指向北方游历。在传统的哲学体系中,北方被叫作"玄","玄"指昏暗、幽远,因此北方就是所谓不可知的地方。作者认为"道"是不可知的,因此开篇便预示了主题。本篇内容主要是在讨论"道",一方面指出了宇宙的本原和本性,另一方面也论述了人对于宇宙和外在事物应取的认识与态度。

　　作者所说的"道",是指对于宇宙万物的本原和本性的基本认识。作者认为宇宙万物源于"气",包括人的生死也是出于气的聚散。作者还认为"道"具有整体性,无处不在但又不存在具体形象,贯穿于万物变化的始终。作者看到了生与死、长寿与短命、光明与幽暗……都具有相对性,既是对立的,又是相互转化的,这无疑具有朴素的唯物辩证观。但基于宇宙万物的整体性和同一性认识,作者又认为"道"是不可知的,"知"反而不成其为"道",于是又滑向了不可知论,主张无为,顺其自然,一切都有其自身的规律,不可改变,也不必去加以改变,这显然又是唯心的了。

三、学记(选读)

发虑宪[1],求善良,足以謏闻[2],不足以动众;就贤体远,足以动众,未足以化(教化)民。君子如欲化民成俗,其必由学乎!

玉不琢,不成器[3]。人不学,不知道[4]。是故古之王者,建国君民[5],教学为先[6]。《兑命》曰[7]:"念终始典于学[8]",其此之谓乎!

虽有嘉肴,弗食,不知其旨也[9]也;虽有至道[10],弗学,不知其善也。是故学然后知不足,教然后知困[11]。知不足,然后能自反也[12];知困,然后能自强也[13]。故曰:教学相长也[14]。《兑命》曰:"学学半[15]",其此之谓乎!

古之教者,家有塾,党有庠,术有序[16],国有学。比年入学[17],中年考校[18]。一年视离经辨志,三年视敬业乐群,五年视博习亲师,七年视论学取友,谓之小成。九年知类通达,强立而不反,谓之大成[19]。夫然后足以化民易俗,近者说服而远者怀之,此大学之道也。记曰:"蛾子时术之[20]",其此之谓乎!

大学始教,皮弁祭菜[21],示敬道也。宵雅肄三[22],官其始也。入学鼓箧[23],孙其业也[24]。夏楚二物[25],收其威也。未卜禘不视学[26],游其志也[27]。时观而弗语,存其心也。幼者听而弗问,学不躐等也[28]。此七者,教之大伦也。记曰:"凡学,官先事[29],士先志[30]",其此之谓乎!

大学之教也,时教必有正业[31],退息必有居学[32]。不学操缦[33],不能安弦;不学博依[34],不能安诗;不学杂服[35],不能安礼。不兴其艺,不能乐学。故君子之于学也,藏焉修焉,息焉游焉。夫然,故安其学而亲其师,乐其友而信其道,是以虽离师辅而不反也[36]。《兑命》曰:"敬孙务时敏[37],厥修乃来[38]",其此之谓乎!

今之教者,呻其占毕[39],多其讯言[40],及于数进而不顾其安[41]。使人不由其诚[42],教人不尽其材。其施之也悖,其求之也佛[43]。夫然,故隐其学而疾其师[44],苦其难而不知其益也。虽终其业,其去之必速。教之不刑[45],其此之由乎!

大学之法,禁于未发之谓豫[46],当其可之谓时[47],不凌节而施之谓孙[48],相观而善之谓摩[49]。此四者,教之所由兴也[50]。

发然后禁,则扞格而不胜[51];时过然后学,则勤苦而难成;杂施而不孙,则坏乱而不修;独学而无友,则孤陋而寡闻;燕朋逆其师[52];燕辟废其学[53]。此六者,教之所由废也。

君子既知教之所由兴,又知教之所由废,然后可以为人师也。故君子之教,喻也。道而弗牵[54],强而弗抑,开而弗达。道而弗牵则和,强而弗抑则易,开而弗达则思。和易以思,可谓善喻矣。

(选自胡平生、张萌译注《礼记》,中华书局,2017年版)

【注释】

[1]发:发布。虑:谋划。宪:法令。

[2]谞(xiǎo):小。

[3]琢:雕刻。《诗经·卫风·淇奥》:"如切如磋,如琢如磨。"器:器具。

[4]道:道理,儒家之道。

[5]君:统治。

[6]教学:设学施教。

[7]兑(yuè)命:即说(yuè)命,《尚书》的一个篇名。

[8]念终始典于学:始终要以设学施教为重要的法则。念,想。终,终了,引申为好的归结,与"始"相对。典,重要的法则,制度。

[9]旨:味美。

[10]至:好到极点了。

[11]困:不通。

[12]自反:反求之于自己。

[13]自强(qiǎng):自己督促自己。

[14]教学相长:教和学是相互推进的。长(zhǎng),推进。

[15]学(xiào)学:向人学。意思是说教占学的一半。学(xiào),教人。

[16]家:家族。党:古时500家为党。术(suì):通"遂",12500户为遂。

[17]比年:每年。

[18] 中年:隔一年。校(jiào):考试。

[19] 大成:达到了太学的最高境界。大成者,力行之效。

[20] 蛾(yǐ):通"蚁",蚂蚁。时:适时。术:学习,练习,训练。

[21] 皮弁:举行礼仪时戴的帽子。菜:芹藻之类的肴馔。

[22] 宵:通"小",宵雅,《诗经》中的《小雅》。三:三篇,一般认为是《鹿鸣》《四牡》《皇皇者华》等三篇歌君臣宴乐上下和睦的。

[23] 箧(qiè):书箱。

[24] 孙:通"逊",恭顺严肃。

[25] 夏楚:私塾惩戒过错生的戒尺和荆条。夏(jiǎ),同"槚"。楚,荆条。

[26] 禘(dì):古代祭祖大礼,通常在农历五月举行,叫作"夏祭"。

[27] 游:优游纵暇,发展学生志趣爱好,使学生从容不迫地精通学业。

[28] 躐(liè):躐,超越。

[29] 事:按制度办事。

[30] 志:立志。

[31] 时教:按照常规组织教学。如春夏礼乐,秋冬诗书。时,时常,常规。

[32] 退息:放学回家。居学:在家中完成作业,发展个人志趣。

[33] 缦:琴弦、琴瑟等类丝乐,指燕乐。

[34] 博依:广博地掌握修辞技巧。依,比喻。

[35] 杂服:各种生活琐事,如衣冠、洒扫、进退、登降、应对、投壶、沃盥、器物等。

[36] 师辅:老师及其辅导。

[37] 孙(xùn):通"逊",谦恭。敏:勤勉。

[38] 厥:代词,这样。

[39] 呻:诵读。占毕:课本。占(zhān),同"苫",管,竹简。毕,竹简,书简。

[40] 讯:告知。

[41] 及:急于追求。数:同"速"。安:安稳,牢固。

[42] 使:教育。

[43] 施(yì):给予,教给。佛(fú):同"拂",违逆,违背。

[44] 隐:病,痛,以……为苦。疾:憎恨。

[45] 刑:成,成功,成就。

[46] 大学:即太学,古时最高学府,春秋战国时的一种学制,与"小学"相对。朱熹

193

《四书集注·大学章句序》:"……王宫、国都以及闾巷,莫不有学。人生八岁,则自王公以下,至于庶人之子弟,皆入小学,而教之以洒扫、应对、进退之节,礼乐、射御、书数之文;及其十有五年,……皆入大学,而教之以穷理、正心、修己、治人之道。此又学校之教、大小之节所以分也。"禁:禁止。未发:(学生的错误)还没有发生。豫:预防。

[47] 当:适当。可之:可以进行教育,之,代指教育的行为。谓时:叫作及时。

[48] 节、孙:(学生年龄的)顺序。节,本义为植物拔节。孙,本义为子孙。这里均用为引申义。

[49] 善之:使之善,使动用法。意为教师和学生相互取长补短,使自己更完善。摩:观摩、切磋。

[50] 所由兴也:所兴起的原因。

[51] 扞(hán)格:抵触,拒绝教育。

[52] 燕:同"宴",安乐淫逸。

[53] 燕辟:聊天言不及义。废:失败。

[54] 道(dǎo):同"导",引导。

【导读】

《学记》,是古代中国典章制度专著《礼记》(《小戴礼记》)中的一篇,写作于战国晚期,相传为西汉戴圣编撰。据郭沫若考证,作者为孟子的学生乐正克。

第一,教育作用与目的。《学记》开篇就用格言式的优美语言论述了教育的作用与目的。自古以来,凡是有作为的统治者(王者)要想治理好自己的国家,仅仅依靠发布政令、求贤用士等手段是不可能达到目的的,统治者要想使百姓遵守社会秩序,形成良风美俗,从而达到天下大治的目的,就必须发展社会教化,通过社会教育手段,提高全体国民的文化素养和道德自觉。另外,人虽具有天生的善性,但是,不接受教育,不经过努力学习,就无法懂得道理,更不能遵守"王者"的法令。这就像一块美玉一样,质地虽美,但不经过仔细地雕琢,就不能成为美器。古代的帝王深谙此理,他们在建设国家,统治人民的过程中,始终高度重视发展教育,使其优先发展。

第二,教育制度与学校管理。关于学校教育制度,《学记》的作者首先以托古改制的方式,规划了教育体系。关于学校管理的具体措施,《学记》首先特别重视大学的入学教育和对学生日常行为的管理,"大学始教,……教之大伦也"。《学记》的作者提倡大学必须建立严格的成绩考核制度,平时的小考要经常进行,大的成绩考核要每隔一年进行一次,每次考核必须有明确的标准。

第三,教育原则与方法。《学记》的作者总结先秦以来教育成功与失败的经验教训,从指出问题为切入点,提出教育、教学过程中必须遵循的原则和应该采用的方法。首先,指出当时教育、教学过程中所存在的问题。其次,它提出了教学过程中应遵循的原则与方法:"预"是预防为主的原则;"时"是"当其可",是及时施教的原则;"孙"是"不凌节而施",即循序渐进的原则;"摩"是"相观而善"的原则。

《学记》作者主张课内与课外相结合,课本学习和实际训练相结合,既要扩大知识领域,又要培养高尚的道德情操和良好的生活习惯,重视因材施教,主张从了解学生学习的难易,才质的美恶,作为启发诱导的依据。

四、乐记(选读)

凡音之起,由人心生也。人心之动,物使之然也。感于物而动,故形于声。声相应,故生变,变成方[1],谓之音。比音而乐之[2],及干戚羽旄[3]。谓之乐。

乐者,音之所由生也,其本在人心之感于物也。是故其哀心感者,其声噍以杀[4];其乐心感者,其声啴以缓[5];其喜心感者,其声发以散[6];其怒心感者,其声粗以厉;其敬心感者,其声直以廉[7];其爱心感者,其声和以柔。六者非性也,感于物而后动。是故先王慎所以感之者。礼以道其志[8],乐以和其声[9],政以一其行,刑以防其奸。礼、乐、政,其极一也[10],所以同民心而出治道也[11]。

凡音者,生人心者也。情动于中,故形于声,声成文[12],谓之音。是故治世之音安以乐,其政和;乱世之音怨以怒,其政乖[13];亡国之音哀以思,其民困。声音之道,与政通矣。

宫为君,商为臣,角为民,徵为事,羽为物[14],五者不乱,则无怗懘之音矣[15]。宫乱则荒,其君骄;商乱则陂[16],其官坏;角乱则忧,其民怨;徵乱则哀,其事勤[17];羽乱则危,其财匮。五者皆乱,迭相陵[18],谓之慢[19]。如此,则国之灭亡无日矣。

郑、卫之音[20],乱世之音也,比于慢矣[21]。桑间、濮上之音[22],亡国之音也。其政散,其民流[23],诬上行私而不可止也。

凡音者,生于人心者也。乐者,通伦理者也[24]。是故知声而不知音者,禽兽是也。知音而不知乐者,众庶是也。唯君子为能知乐。是故审声以知音,审音以知乐,审乐以知政,而治道备矣[25]。是故不知声者不可与言音,不知音者不可与言乐。知乐,则几于礼矣。礼乐皆得,谓之有德。德者,得也。是故乐之隆,非极音也;食飨之礼[26],非致味也[27]。《清庙》之瑟[28],朱弦而疏越[29],一倡而三叹[30],有遗音者矣[31]。大飨之礼,尚玄酒而俎腥鱼[32],大羹不和[33],有遗味者矣。是故先王之制礼乐也,非以极口腹耳目之欲也,将以教民平好恶而反人道之正也[34]。

人生而静[35],天之性也;感于物而动,性之欲也。物至知知[36],然后好恶形焉。好恶无节于内,知诱于外,不能反躬,天理灭矣[37]。夫物之感人无穷,而人之好恶无节,则是物至而人化物也[38]。人化物也者,灭天理而穷人欲者也。于是有悖逆诈伪之心,有淫泆作乱之事。是故强者胁弱,众者暴寡,知者诈愚,勇者苦怯,疾病不养,老幼孤独不得其所,此大乱之道也。

是故先王之制礼乐,人为之节,衰麻哭泣[39],所以节丧纪也[40];钟鼓干戚,所以和安乐也;昏姻冠笄[41],所以别男女也;射乡食飨[42],所以正交接也。礼节民心,乐和民声,政以行之,刑以防之。礼乐刑政,四达而不悖,则王道备矣。

(选自胡平生、张萌译注《礼记》,中华书局,2017年版)

【注释】

[1] 方:道,这里指条理次序。

[2] 比:组合。乐:这里指演奏乐曲。

[3] 干:盾牌。戚:一种斧子。羽:野鸡羽毛。旄:牛尾。这些东西都是跳舞时用的道具。

[4] 噍(jiào)以杀(shài):急迫短促。

[5] 啴(chǎn)以缓:舒展和缓。

[6] 发:振奋。散:奔放。

[7] 廉:端正方直。

[8] 道:同"导",诱导。

[9] 和其声:意思是说调节人们的情感。

[10] 极:最终目的。

[11] 出:实现。治道:治国平天下的道理。

[12] 文:这里指条理。

[13] 乖:违背。

[14] "宫为君"五句:宫、商、角、徵、羽,即"五音"或"五声",是我国古代无音声阶中的五个音级,相当于简谱中的1、2、3、5、6。这里的宫、商、角、徵、羽,不是指五个单音,而

是曲调的调式。事,劳役,役事。物,财物,物资。

[15]怗懘(zhān zhì):《史记·乐书》作"憸懘",指音调敝败不和谐、不流畅。

[16]陂(bì):倾斜,这里指邪恶。

[17]勤:指劳役的繁重。

[18]迭(dié):这里指五音互相混淆缠杂。

[19]慢:慢音,放肆而没有规矩的音乐。

[20]郑、卫之音:指春秋战国时期郑、卫两国的音乐,与传统的雅乐不同,因其细腻动听而往往被认为是"靡靡之音"。先儒都强调近雅乐而远郑音。孔子说,治国就要"放郑声,远佞人",因为"郑音淫,佞人殆"(《论语·卫灵公》);还说"恶郑声之乱雅乐也,恶利口之覆邦家者"(《论语·阳货》)。郭店楚墓竹简《性自命出》、上海博物馆所藏战国楚竹书《性情论》也说:"郑、卫之乐,则非其声而纵之也。"认为郑、卫之乐皆非雅乐而是放纵不知节制之音,与传世文献可互相印证。

[21]比:近。

[22]桑间、濮上之音:桑间,郑注:"濮水之上,地有桑间者。"在今濮阳南,古属卫地。据唐张守节撰《史记正义》,昔殷纣使师延作长夜靡靡之乐,以致亡国。武王伐纣,此乐师师延将乐器投濮水而死。后晋国乐师涓夜过此水,闻水中作此乐,因听而写之。既得还国,为晋平公奏之。师旷抚之曰"此亡国之音也,得此必于桑间濮上乎?纣之所由亡也。"

[23]流:放纵,不受约束。

[24]伦理:事物的条理。

[25]治道:治国的方法。

[26]食飨(sì xiǎng):古代合祭祖先的礼仪。

[27]致:达到极点。

[28]清庙:宗庙。

[29]朱弦:朱红色熟丝做的弦,发音沉浊。疏:疏朗。越:瑟底部的孔。

[30]倡:同"唱"。

[31]遗:遗弃。

[32]尚:崇尚。玄酒:水。上古祭祀时用水。

[33]大羹:祭祀时用的肉汁。不和:不调味。

[34]平:节制。

[35]人生而静:指人初生时没有外物的影响,还没有情感、欲望的躁动。静,平静。

[36] 知(zhì)知:前"知"同"智",指心智;后"知"为感知、知晓。

[37] 天理:上天之理,犹天性。指天所决定的人的本性,即天赋善性。

[38] 人化物:人化于物,即人天赋的善性受外物影响而异化。

[39] 衰麻:指丧服,因为丧服均用粗麻布制成。哭泣:指丧礼中各种有关哭泣的规定。

[40] 丧纪:丧事。

[41] 昏:同"婚"。冠笄:指男女的成年礼。见《曲礼上》"男女异长"。

[42] 射:大射礼。乡:乡饮酒礼。

【导读】

本节选自《乐记·乐本篇》。《乐记》是中国古代有关音乐和文艺理论的专著,其中讨论了音乐和文艺的起源、效果、作用等重要问题。据传,《乐记》原本有二十三篇,现在流传下来的只有十一篇。

《乐记》中的"乐"兼指诗、歌、舞三者,但主要以论述音乐为主。《乐记》是最早的一部具有比较完整体系的音乐理论著作,它总结了先秦时期儒家的音乐美学思想,是西汉成帝时戴圣所辑《礼记》第十九篇的篇名,其丰富的美学思想,对两千多年来中国古典音乐的发展有着深刻的影响,并在世界音乐思想史上占有重要的地位。

《乐记》作为儒家经典著作,承载了较为完整的儒家音乐美学思想。《乐本篇》论述了音乐的本源和本质。从全文的内在逻辑结构上看,《乐本篇》以"感于物而动"中蕴含的音、心感应关系为论点,从音与人,音与政治,音与伦理,音与王道等方面论证了这种感应关系,这是其内在的逻辑思维;而礼乐思想则是其逻辑思维下所要表达的重要思想。乐与人、乐与政治、乐与伦理、乐与王道的关系,正是礼乐思想表现的不同方面。

《乐记》认为,音乐是通过声音来表现情的,情来自人对现实生活的反映。这打破了前人认为乐是上天赐予或神圣创造的说法。《乐记》认为,外界事物的变化使人的感情产生各种变化,音乐则是这种感情变化的表露。这种感于外物而发的声音,并不就是"乐"。发出来的声音,要能按照宫、商、角、徵、羽排列变化,形成高低抑扬、有节奏的音调,才能称之为乐。按照一定的音调歌唱、演奏,并举着干、戚、羽、旄跳舞,这就是乐。

五、论画六法

张彦远

昔谢赫[1]云:"画有六法:一曰气韵生动,二曰骨法用笔,三曰应物象形,四曰随类赋彩,五曰经营位置,六曰传移模写。自古画人罕能兼之。"

彦远试论之曰:古之画,或能移其形似[2],而尚其骨气。以形似之,外求其画,此难可与俗人道也。今之画,纵得形似,而气韵不生。以气韵求其画,则形似在其间矣。上古之画,迹简意澹而雅正,顾、陆之流是也。中古之画,细密精致而臻丽,展、郑之流是也。近代之画,焕烂而求备,今人之画,错乱而无旨,众工之迹是也。

夫象物必在于形似,形似须全其骨气,骨气、形似皆本于立意,而归乎用笔。故工画者多善书。然则,古之嫔擘纤而胸束,古之马喙尖而腹细,古之台阁竦峙[3],古之服饰容曳[4],故古画非独变态、有奇意也,抑亦物象殊也。至于台阁树石、车舆器物无生动之可拟,无气韵之可俦[5],直要位置向背而已。顾恺之曰:"画人最难,次山水,次狗马。其台阁一定器耳,差易为也。"斯言得之。至于鬼神人物,有生动之可状,须神韵而后全。若气韵不周,空陈形似,笔力未遒,空善赋彩,谓非妙也。故韩子曰:"狗马难,鬼神易。狗马乃凡俗所见,鬼神乃谲怪之状。"斯言得之。至于经管位置,则画之总要。自顾、陆以降,画迹鲜存,难悉详之。唯观吴道玄之迹,可谓六法俱全,万象必尽,神人假手,穷极造化也[6]。所以气韵雄状,几不容于缣素,笔迹磊落,遂恣意于墙壁[7]。其细画又甚稠密,此神异也。至于传移模写,乃画家末事。然今之画人,粗善写貌,得其形似,则无其气韵,具其彩色,则失其笔法。岂曰画也,呜呼!今之人,斯艺不至也。

宋朝顾骏之常结构高楼以为画所[8],每登楼去梯,家人罕见。若时景融朗,然后含毫,天地阴惨,则不操笔。今之画人,笔墨混于尘埃,丹青和其泥滓,徒污绢素,岂曰绘画,自古善画者,莫匪衣冠贵胄、逸士高人,振妙一时,传芳千祀[9],非闾阎鄙[10]贱之所能为也。

(选自张彦远著,章宏伟编,朱和平注《历代名画记》,中州古籍出版社,2016年版)

【注释】

[1]谢赫:南朝画论家,提出绘画"六法"。

[2]移其形似:放弃对形似的追求。

[3]竦峙:高高耸立,互相对峙。

[4]容曳:这里指古代人衣服宽大,衣服拖在后面。容,宽大。曳,拖、牵引。

[5]侔(mó):通"牟",谋取、求得的意思。

[6]造化:一般指自然,在绘画上指一切非人工所能创造的对象,除了包括在自然界中有形物之外,还包括种种无形的能够感觉的。

[7]恣意:任意。

[8]顾骏之:刘宋时代的画家。

[9]传芳千祀:指后人怀念前任的庄重仪式,这里指可以赢得流芳千古的美名。

[10]闾阎:泛指缺乏艺术修养的见识短浅之人。闾,古代称里巷的大门。阎,指里巷的中门。

【导读】

张彦远的美学思想主要表现在他的绘画理论上。他把绘画艺术的存在看作是一种社会文化现象,认为绘画是应社会发展的需要而产生的。他指出绘画具有极大的社会教育功用和特殊的艺术审美功能。它可以"成教化,助人伦,穷神变,测幽微",因而与"六籍同功,四时并运"。他还首次提出中国造型艺术的重要特点是"书画同体",在中国美学史上最早对谢赫的"六法"进行了阐述和发挥,把形似和神似作为"气韵生动"的核心内容,强调通过象形来表现对象的骨气,崇尚自然美,以"自然"为艺术美的最高准则和理想。张彦远在中国美学史上最大的贡献是著有《历代名画集》。这是中国第一部较为系统完整的绘画通史,颇有绘画艺术的"百科全书"的意味。

张彦远指出古代名家绘画不重其形,而重视"骨气"和"神韵",今天的绘画重形而"神韵"全无,通过古今对比,指出了时下绘画的弊端。在绘画创作上,张彦远提出"以形写神""传神写照"的原则。张彦远标举"妙"的审美标准。他认为"画妙通神",并提出"妙理""妙法""妙笔"的互动关系。他同时提出"精、谨细"的审美标准,以代替"能、逸"

二品。从这足以看出他与前人的不同之处,不唯前人所言、所写,以自己独到的见解,为中国古典绘画理论和美学做出了巨大贡献。

谢赫在《画品》中明确指出:"六法者何？一气韵生动是也;二骨法用笔是也;三应物象形是也;四随类赋彩是也;五经营位置是也;六传移模写是也。"张彦远强调了"气韵"和"骨气"是绘画的根本所在,"以气韵求其画,则形似在其间矣",气韵生动是"六法"的灵魂。他还提出"夫象物必在于形似,形似须全其骨气,骨气形似皆本于立意而归乎用笔,故工画者多善书"。这正是"立意"与"用笔"的相结合,从而达到气韵生动之效果。张彦远说,"书画之艺,皆须意气而成",但意气不是人人皆有的,它的培养在画外而不在画内,宋人语:"人品既已高矣,气韵不得不高","气韵"之高,不在技巧,而在"人品"。董其昌也说过:"读万卷书,行万里路。"其目的也是为了"意气"的培养。画家的创作若"能移其形似,而尚其骨气,以形似之外求其画",那么就是"真画"。否则,作品"纵得形似,而气韵不生","笔力未遒,空善赋彩,具其色彩,而失其笔法"便不是好画,是"死画"。

六、书谱序(选读)

孙过庭

余志学之年[1],留心翰墨,昧钟张之馀烈[2],挹羲献之前规[3],极虑专精,时逾二纪[4]。有乖入木之术[5],无间临池之志[6]。观夫悬针垂露之异[7],奔雷坠石之奇[8],鸿飞兽骇之资[9],鸾舞蛇惊之态[10],绝岸颓峰之势[11],临危据槁之形[12];或重若崩云[13],或轻如蝉翼;导之则泉注[14],顿之则山安[15];纤纤乎似初月之出天崖[16],落落乎犹众星之列河汉[17];同自然之妙有,非力运之能成[18];信可谓智巧兼优[19],心手双畅,翰不虚动,下必有由[20]。一画之间,变起伏于锋杪[21];一点之内,殊衄挫于毫芒[22]。况云积其点画,乃成其字;曾不傍窥尺牍[23],俯习寸阴[24];引班超以为辞[25],援项籍而自满[26];任笔为体,聚墨成形;心昏拟效之方[27],手迷挥运之理[28],求其妍妙,不亦谬哉!

……

又一时而书,有乖有合[29],合则流媚[30],乖则雕疏[31],略言其由,各有其五:神怡务闲[32],一合也;感惠徇知[33],二合也;时和气润[34],三合也;纸墨相发[35],四合也;偶然欲书,五合也。心遽体留[36],一乖也;意违势屈[37],二乖也;风燥日炎,三乖也;纸墨不称[38],四乖也;情怠手阑[39],五乖也。乖合之际,优劣互差[40]。得时不如得器[41],得器不如得志,若五乖同萃[42],思遏手蒙[43];五合交臻[44],神融笔畅。畅无不适,蒙无所从。当仁者得意忘言[45],罕陈其要[46];企学者希风叙妙[47],虽述犹疏[48]。徒立其工[49],未敷厥旨[50]。不揆庸昧[51],辄效所明[52];庶欲弘既往之风规[53],导将来之器识[54],除繁去滥,睹迹明心者焉[55]。

(选自孙过庭著,姜夔著,陈硕评注《书谱 续书谱》,浙江人民美术出版社,2012年版)

【注释】

[1] 志学之年：语出《论语·为政》："吾十有五而志于学。"后一般以十五岁为求学的年龄。

[2] 眛：通"味"，此字疑是作者在书写"味"时的笔误，但"味"也可在少数情况下与"眛"通假，如《白虎通义·礼乐》载："味之为言眛也。"馀烈：本义为余威，这里代指先贤的成就。

[3] 挹(yì)：本义为瓢舀取，这里引申为吸取。前规：前人的规范、规矩，与"馀烈"同义。

[4] 逾：超过。二纪：古时候一般以十二年为一纪，二纪为二十四年。

[5] 乖：背离，缺少。入木之术：指王羲之"入木三分"的故事，典出张怀瓘"书断"："晋帝时祭北郊，更祝版，工人削之，笔入木三分。"此引申为王羲之的书法笔力沉雄、技巧高妙。

[6] 无间：无可非议。

[7] 夫：语气词，无意义。悬针：书法中称竖画的名称之一，凡竖画下端出锋的，其锋如针之悬。垂露：书法中竖画的名称之一，凡竖画下端圆浑不出锋的，如露珠下垂。

[8] 奔雷：声响猛烈的雷。坠石：从高空坠落的石块。二者在此皆为形容书法势态的意象，古人借用以形容书法的势态的意象，以表达不同的情境下书法的势态。

[9] 鸿飞兽骇之资：此句出自《孙子兵法·行军》："鸟起者，伏也；兽骇者，覆也。"鸿飞：鸿雁惊起。兽骇(hài)：野兽惊窜。资，疑为"姿"的笔误。

[10] 鸾(luán)舞：鸾鸟起舞，多喻和乐的气氛。

[11] 绝岸：陡峭的岸。颓峰：崩溃、坍塌的山峰。

[12] 临危：濒临险境。据槁：依靠干枯之物，形容形势危急。

[13] 崩云：碎裂的云彩。

[14] 导：引导。泉注：泉水流注。

[15] 顿：停顿，停止。山安：山脉安定、稳固。

[16] 纤纤：细长、柔细的样子。

[17] 落落：清楚、分明的样子。河汉：古为黄河与汉水的并称，此指银河。

[18] 力运：人力、人工。

[19] 信：确实。可谓：可以说。智巧：智慧与技巧。

[20] 翰：笔墨。由：章法。

[21]峰杪(miǎo):笔锋的末端。峰,通"锋",本文"锋"多作"峰"。杪,本义为树木末端、树梢,这里引申为末端。

[22]殊:犹,尚。衄(nǜ)挫:书法术语,近于折锋的笔法。衄,畏缩、挫败。毫芒:毫毛的细尖。

[23]曾:一直,从来。傍窥:在旁边看,指学习不认真。

[24]俯习寸阴:埋头学习不浪费一丝光阴,指珍惜时间。

[25]引:引用,援例。班超(32—102),字仲升,扶风郡平陵县(今陕西省咸阳市东北)人。东汉时期著名军事家、外交家、史学家。这里引用班超投笔从戎的典故,事见《后汉书·班超传》:"(班超)家贫,常为官佣书以供养。久劳苦,尝辍业投笔叹曰:'大丈夫无他志略,犹当效傅介子、张骞立功异域,以取封侯,安能久事笔砚间乎?'左右皆笑之。超曰:'小子安知壮士哉?'"后多借指未能闻达境遇下胸怀大志的人。

[26]援:引用,引证。项籍:即项羽(前232—前202),下相(今江苏省宿迁市)人。这里引用项羽弃文习武的典故,事见《史记·项羽本纪》:"项籍少时,学书不成,去学剑,又不成。项梁怒之,籍曰:'书足以记名姓而已。剑一人敌,不足学,学万人敌。'于是项梁乃教籍兵法。"

[27]昏:糊涂,迷乱。拟效:仿效,这里借指书法学习中的临摹。

[28]迷:迷惘。挥运:挥毫运笔。

[29]乖:违背,背离。合:合宜,适合。

[30]流媚:柔媚,圆润美好。

[31]雕疏:凋零,零落。雕,通"凋"。

[32]神怡务闲:精神怡然,心致闲和。

[33]感惠:感激他人的恩惠。徇知:酬答知己。徇,通"殉"。

[34]时和气润:时令宜人,气候温润。

[35]相发:相感发,这里引申为纸墨等书写工具的相称得宜。

[36]心遽(jù):心思仓促、匆忙。体留:行动迟钝、僵化。

[37]意违:违背己意。势屈:迫于形势。

[38]称:适合,合宜。

[39]情怠:情绪怠慢。阑:消沉,衰落。

[40]互差:互相差别。

[41]器:器具,这里引申为笔、墨、纸、砚等文房用具。

[42]同萃(cuì):具备,汇集。与下句"交臻"同义。

[43]遏:遏制,阻碍。蒙:蒙蔽,不明。

[44]交臻:齐至。臻,到。

[45]当仁者:引申指书法上有一定造诣的人。得意忘言:此语出自《庄子·外物》:"筌者所以在鱼,得鱼而忘筌;蹄者所以在兔,得兔而忘蹄;言者所以在意,得意而忘言。"

[46]罕:少。陈:陈述,说明。要:要领,关键。

[47]企学者:希望学习书法的人。希:仰慕。

[48]虽述犹疏:虽然述说了但还是很粗疏、简陋。

[49]徒:徒然,白白地。工:一说为通"功",功夫、精力;一说为巧、精,引申为叙述时华丽的文辞。二者似都可成立。

[50]敷:陈述,铺叙。厥:其。旨:宗旨,含义。

[51]揆(kuí):度量,揣度。庸昧:资质愚钝,才识浅陋。

[52]辄:就。效:贡献,进献。所明:所知道的。

[53]庶:也许,大概。欲:希望,打算。既往:以往,过去。风规:风度品格。

[54]导:引导。器识:器局与见识。

[55]睹迹:看到这篇墨迹(即《书谱》)。明心:表明心迹、想法。

【导读】

孙过庭(活动于7世纪后期),一说名虔礼,字过庭,陈留(今河南省开封市)人,一说名过庭,字虔礼,富阳(今浙江省杭州市)人。根据本卷自题,为吴郡人,名过庭。孙过庭出身寒微,迟至不惑之年始出任率府录事参军之职,以性高洁遭谗议而去官,遂专注于书法研究。

孙过庭专习王羲之草书,笔法精熟,唐代无人能与他相比。本卷纸墨精好,神采焕发,不仅是一篇文辞优美的书学理论,也是草书艺术的理想典范。卷中融合质朴与妍美书风,运笔中锋侧锋并用,笔锋或藏或露,忽起忽倒,随时都在变化,令人目不暇接。笔势纵横洒脱,达到心手相忘之境。

《书谱序》的这段主要讲述自己的学书体会,并对书法的审美特征进行了描述。

第二段作者提出了书法的创作条件,包括精神状态的"神怡务闲""心遽体留",动机(感惠徇知、意违势屈),外部条件(时和气润、风燥日炎),工具(纸墨相发,纸墨不称),情绪(偶然欲书,情怠手阑)等方面,不独对书法创作总结精辟,施之其他文艺门类也不失为极高的借鉴意义。其"得时不如得器,得器不如得志"更被奉为不易之论。

孙过庭的《书谱序》是一篇重要的书学论文。全文从前代的书家评论开始,表达了作者对书法的发展的认识;同时也考察了钟张、二王的各种书体,对书法的本质进行了探索,书法"达其性情,形其哀乐"的本质特征得到了认识。在创作论上,作者提出"五乖五合"的创作论;在批评论上提出了对书法批评和鉴赏的看法。《书谱序》在中国书法理论史上是一篇体系完备的书论。

七、文与可画筼筜谷偃竹记

苏轼

竹之始生,一寸之萌耳[1],而节叶具焉。自蜩腹蛇蚹以至于剑拔十寻者[2],生而有之也。今画者乃节节而为之,叶叶而累之,岂复有竹乎?故画竹必先得成竹于胸中,执笔熟视,乃见其所欲画者,急起从之,振笔直遂[3],以追其所见,如兔起鹘落,少纵则逝矣。与可之教予如此。予不能然也,而心识其所以然。夫既心识其所以然,而不能然者,内外不一,心手不相应,不学之过也。故凡有见于中而操之不熟者,平居自视了然,而临事忽焉丧之,岂独竹乎?

子由为《墨竹赋》以遗与可曰:"庖丁,解牛者也,而养生者取之;轮扁,斫轮者也[4],而读书者与之。今夫夫子之托于斯竹也,而予以为有道者则非邪?"子由未尝画也,故得其意而已。若予者,岂独得其意,并得其法。

与可画竹,初不自贵重,四方之人持缣素而请者[5],足相蹑于其门。与可厌之,投诸地而骂曰:"吾将以为袜材。"士大夫传之,以为口实。及与可自洋州还,而余为徐州。与可以书遗余曰:"近语士大夫,吾墨竹一派[6],近在彭城,可往求之。袜材当萃于子矣[7]。"书尾复写一诗,其略云:"拟将一段鹅溪绢[8],扫取寒梢万尺长。"予谓与可:"竹长万尺,当用绢二百五十匹,知公倦于笔砚,愿得此绢而已。"与可无以答,则曰:"吾言妄矣。世岂有万尺竹哉?"余因而实之,答其诗曰:"世间亦有千寻竹,月落庭空影许长。"与可笑曰:"苏子辩则辩矣,然二百五十匹绢,吾将买田而归老焉。"因以所画筼筜谷偃竹遗予曰:"此竹数尺耳,而有万尺之势。"筼筜谷在洋州,与可尝令予作洋州三十咏,《筼筜谷》其一也。予诗云:"汉川修竹贱如蓬,斤斧何曾赦箨龙[9]。料得清贫馋太守,渭滨千亩在胸中。"与可是日与其妻游谷中,烧笋晚食,发函得诗,失笑喷饭满案。

元丰二年正月二十日,与可没于陈州。是岁七月七日,予在湖州曝书画[10],见此竹,废卷而哭失声。昔曹孟德祭桥公文,有"车过""腹痛"之语。

而予亦载与可畴昔戏笑之言者,以见与可于予亲厚无间如此也。

(选自苏轼著,傅成、穆俦标点《苏诗全集》,上海古籍出版社,2000年版)

【注释】

[1] 萌:嫩芽。

[2] 蜩(tiáo)腹:蝉的肚皮。蛇蚹:蛇腹下的横鳞。

[3] 遂:完成。

[4] 轮扁(piān),斫(zhuó)轮者也:《庄子·天道》载:桓公在堂上读书,轮扁在堂下斫轮,轮扁停下工具,说桓公所读的书都是古人的糟粕,桓公责问其由。轮扁说:臣斫轮"不徐不疾,得之于手而应于心,口不能言,有数存焉于其间"。斫,雕斫。

[5] 缣素:供书画用的白色细绢。

[6] 墨竹一派:善画墨竹的人,指苏轼。

[7] 袜材当萃于子矣:谓求画的细绢当聚集到你处。

[8] 鹅溪:在今四川省盐亭县西北,附近产名绢,称鹅溪绢,宋人多用以作书画材料。

[9] 箨(tuò)龙:指竹笋。

[10] 陈州:治所在今河南省淮阳县。湖州:今浙江省湖州市吴兴区,时苏轼任湖州知州。

【导读】

《文与可画筼筜谷偃竹记》不过是一篇绘画题记,却写出了文同高明的画论、高超的画技和高尚的画品,写出了作者自己与文同的友谊之深,情感之厚。文章看去好像随笔挥写,却是形散神凝,"常行于所当行,常止于所不可不止"。

苏轼这篇绘画题记,实际上是一篇纪念文章,是表现对于一位诗人兼书画家的朋友、亲戚的追怀、悼念,因此就不能不打破一般绘画题记的常规写法。作者所要追怀、悼念的不是普通的朋友、亲戚,而是一位诗人而兼书画家的朋友、亲戚。况且这追怀、悼念又是因逝者的一幅《筼筜谷偃竹》的绘画而引起的,所以最好的追怀、悼念,就莫过于充分指出和肯定逝者在艺术上的杰出成就。这篇文章一开始也就从介绍文同对于画竹的艺术见解落笔。

通观整篇结构,极为自然、流畅。从竹的本性写起,到最后才点出对亡友的思念并以此作结。前半部分侧重于说理,后半部分侧重于叙事,全文是以画竹为线索来组织安排材料的。第一段,阐述文与可的绘画理论,谈自我艺术实践的体会。第一层,由竹说起,提出画竹应当有成竹在胸。第二层,写作者自己学习文与可画论的心得。第三层,评价苏辙的看法,表明自己比弟弟更能领悟文与可的画论。第二段,追忆二人在交往过程中与画竹相关的几件趣事。第一件,投求画者的绢于地,并言当袜穿,传为笑话。第二件,书信往来各自表述艺术创作中神似重于形似的美学观点。第三件,追述自己一首"筼筜谷"诗令文夫妇为之喷饭。第三段,交代写作此文的缘由,并表明二人关系感情深厚、亲密无间。

全文以画竹理论为开篇,文与可有画竹"成竹在胸""心手相应"的理论,阐明了一条极深刻的艺术创作经验。"胸有成竹"说,即胸中必须先有鲜活的形象,才能创造出真正的艺术造型。"得心应手"说,即必须把艺术表现方法变成熟练的技能技巧,方能创造出真正的艺术形象。"执笔熟视,乃见其所欲画者",所欲画者并非指实物,而是映现于胸中的鲜活形象。这里所说的"视"是凝神结想的意思;这里所说的"见"是指在脑海中映现的意思。"心识其所以然",是指胸中明白怎样才能这样的道理;"不能然",是指实践上还做不到这样。这两者不统一,就是心和手不能相应。

八、墨池记

曾巩

　　临川之城东[1]，有地隐然而高[2]，以临于溪[3]，曰新城。新城之上，有池洼然而方以长[4]，曰王羲之之墨池者。荀伯子《临川记》云也[5]。羲之尝慕张芝[6]，临池学书，池水尽黑，此为其故迹，岂信然邪？

　　方羲之之不可强以仕[7]，而尝极东方，出沧海，以娱其意于山水之间[8]。岂有徜徉肆恣[9]，而又尝自休于此邪？羲之之书晚乃善[10]，则其所能，盖亦以精力自致者[11]，非天成也。然后世未有能及者，岂其学不如彼邪[12]？则学固岂可以少哉[13]！况欲深造道德者邪[14]？

　　墨池之上，今为州学舍[15]。教授王君盛恐其不章也[16]也，书"晋王右军墨池"之六字于楹间以揭之[17]，又告于巩曰："愿有记。"推王君之心，岂爱人之善，虽一能不以废[18]，而因以及乎其迹邪[19]？其亦欲推其事[20]，以勉其学者邪[21]？夫人之有一能，而使后人尚之如此[22]，况仁人庄士之遗风余思[23]，被于来世者何如哉[24]！

　　庆历八年九月十二日，曾巩记。

（选自曾巩撰，陈杏珍、晁继周点校《曾巩集》，中华书局，1998年版）

【注释】

　　[1]临川：宋朝的抚州临川郡（今江西省抚州市临川区）。
　　[2]隐然而高：微微地高起。隐然，不显露的样子。
　　[3]临：从高处往低处看，这里有"靠近"的意思。
　　[4]洼然：低深的样子。方以长：方而长，就是长方形。
　　[5]荀伯子：南朝宋人，曾任临川内史。著有《临川记》六卷，其中提道："王羲之尝为临川内史，置宅于郡城东南高坡，名曰新城。旁临回溪，特据层阜，其地爽垲，山川如画。今旧井及墨池犹存。"
　　[6]张芝：东汉末年书法家，善草书，世称"草圣"。王羲之"曾与人书云：'张芝临池学书，池水尽黑，使人耽（dān，酷爱）之若是，未必后之也。'"（《晋书·王羲之传》）

[7]强以仕：勉强要(他)做官。王羲之原与王述齐名，但他轻视王述，两人感情不好。后羲之任会稽内史时，朝廷任王述为扬州刺史，管辖会稽郡。羲之深以为耻，称病去职，誓不再仕，从此"遍游东中诸郡，穷诸名山，泛沧海"。

[8]娱其意：使他的心情快乐。

[9]岂有：莫非。徜徉肆恣：尽情游览。徜徉，徘徊，漫游。肆恣，任意，尽情。

[10]书：书法。晚乃善：到晚年才特别好。《晋书·王羲之传》："羲之书初不胜(不及)庾翼、郗愔(xì yìn)，及其暮年方妙。尝以章草答庾亮，而(庾)翼深叹伏。"

[11]以精力自致者：靠自己的精神和毅力取得的。

[12]岂其学不如彼邪：是不是他们学习下的功夫不如王羲之呢？岂，是不是，表示揣测，副词。学，指勤学苦练。

[13]则学固岂可以少哉：那么学习的功夫难道可以少下吗？则，那么，连词。固，原来，本。岂，难道，表示反问，副词。

[14]深造道德：在道德修养上深造，指在道德修养上有很高的成就。

[15]州学舍：指抚州州学的校舍。

[16]教授：官名。宋朝在路学、府学、州学都置教授，主管学政和教育所属生员。其：指代墨池。章：通"彰"，显著。

[17]楹间：指两柱子之间的上方一般挂匾额的地方。楹，房屋前面的柱子。揭：挂起，标出。

[18]一能：一技之长，指王羲之的书法。不以废：不让它埋没。

[19]因以及乎其迹：因此推广到王羲之的遗迹。

[20]推：推广。

[21]学者：求学的人。

[22]尚之如此：像这样尊重他。尚，尊重，崇尚。

[23]仁人庄士：指品德高尚、行为端庄的人。遗风余思：遗留下来令人思慕的美好风范。余思，指后人的怀念。

[24]被于来世：对于后世的影响。被，影响。何如哉：会怎么样呢？这里是"那就更不用说了"的意思。

【导读】

曾巩(1019—1083)，字子固，建昌南丰(今江西省南丰县)人。宋仁宗嘉祐二年

（1057）进士，北宋著名散文家，为唐宋八大家之一。他的文章注重儒家道统，典重平实，不甚讲求文采，但议论透辟，叙事条理清楚，俯仰如意，讲究行文的法度和布局，对后世有相当影响。著有《元丰类稿》。

第一段的开头，着眼于整体，落墨于大处，表面上写的全是新城，没有一个字提到墨池，其实却为我们粗线条地勾勒出墨池四周的地理环境，就像电影中的一个全景镜头。接着，作者收拢视线，缩小范围，由大及小，最后才突现出墨池。这段从地理位置、外形特点、得名缘由三个方面，扼要介绍了临川墨池的有关情况，给人留下了清晰的整体形象。行文曲折有致，构思精巧缜密，读来引人入胜。"临池学书，池水尽黑"八个字，说明了王羲之平时学书的刻苦专一，费尽精力，这就为下文的即事立论，提供了论据，埋下了伏笔。

作者在第二段的前半部分插进了一段回忆性的文字，追叙了王羲之的一段经历。前四句通过王羲之不愿为官而"极东方，出沧海"，到处游览的具体行动，刻画出他厌恶浑浊官场，喜爱山水名胜，追求自在闲适生活的清高品格，同时又为引出"自休于此"做好准备。后两句"岂有徜徉肆恣，而又尝自休于此邪？"用设问推测的语气，指出他曾到过临川一带，也就是间接解释了临川城东为什么会留下墨池遗迹的原因，补充说明了临川墨池的来历。

第三段，文章从传说中王羲之墨池遗迹入笔，寥寥数语，就将墨池的地理位置及来历，交代得清楚明白，饶有生趣。王盛题"晋王右军墨池"六字，并盛情邀约曾巩作记，就是为了借助贤人名声和遗迹，来显扬本土人文景观，弘扬本土文化意蕴。但是，曾巩巧妙机智地借题发挥，撇下"墨池"之真假不着一言，而是重点论及王羲之本人，说明王羲之的成功取决于其后天的不懈努力，从而顺理成章地强调了学习的重要性。学习技艺尚且如此，提高个人的道德修养更应如此。

九、人间词话(选读)

王国维

一　词以境界为最上。有境界,则自成高格,自有名句。五代、北宋之词所以独绝者在此。

二　有造境,有写境,此"理想"与"写实"二派之所由分。然二者颇难分别,因大诗人所造之境必合乎自然,所写之境亦必邻于理想故也。

三　有有我之境,有无我之境。"泪眼问花花不语,乱红飞过秋千去"[1],"可堪孤馆闭春寒,杜鹃声里斜阳暮"[2],有我之境也。"采菊东篱下,悠然见南山"[3],"寒波澹澹起,白鸟悠悠下"[4],无我之境也。有我之境,以我观物,故物皆著我之色彩。无我之境,以物观物,故不知何者为我,何者为物。古人为词,写有我之境者为多。然未始不能写无我之境,此在豪杰之士能自树立耳。

四　无我之境,人惟于静中得之。有我之境,于由动之静时得之。故一优美,一宏壮也。

二六　古今之成大事业、大学问者,必经过三种之境界。"昨夜西风凋碧树,独上高楼,望尽天涯路"[5],此第一境也。"衣带渐宽终不悔,为伊消得人憔悴"[6],此第二境也。"众里寻他千百度,回头蓦见,那人正在灯火阑珊处"[7],此第三境也。此等语皆非大词人不能道。然遽以此意解释诸词,恐晏、欧诸公所不许也。

(选自王国维著、张徐芳今译《人间词话》,译林出版社,2010年版)

【注释】

[1]"泪眼"句:冯延巳【鹊踏枝】:"庭院深深深几许?杨柳堆烟,帘幕无重数。玉勒雕鞍游冶处,楼高不见章台路。雨横风狂三月暮,门掩黄昏,无计留春住。泪眼问花花不语,乱红飞过秋千去。"

[2]"可堪"句:秦观【踏莎行】:"雾失楼台,月迷津渡,桃源望断无寻处。可堪孤馆闭

春寒,杜鹃声里斜阳暮。驿寄梅花,鱼传尺素,砌成此恨无重数。郴江幸自绕郴山,为谁流下潇湘去!"

[3]"采菊"句:陶潜【饮酒诗】第五首:"结庐在人境,而无车马喧。问君何能尔,心远地自偏。采菊东篱下,悠然见南山。山气日夕佳,飞鸟相与还。此中有真意,欲辨已忘言。"

[4]"寒波"句:元好问【颍亭留别】:"故人重分携,临流驻归驾。乾坤展清眺,万景若相借。北风三日雪,太素秉元化。九山郁峥嵘,了不受陵跨。寒波澹澹起,白鸟悠悠下。怀归人自急,物态本闲暇。壶觞负吟啸,尘土足悲咤。回首亭中人,平林淡如画。"

[5]"昨夜"句:晏殊【蝶恋花】:"槛菊愁烟兰泣露。罗幕轻寒,燕子双飞去。明月不谙别离苦,斜光到晓穿朱户。昨夜西风凋碧树。独上高楼,望尽天涯路。欲寄彩笺兼尺素,山长水阔知何处。"

[6]"衣带"句:柳永【凤栖梧】:"伫倚危楼风细细。望极春愁,黯黯生天际。草色烟光残照里。无言谁会凭栏意。拟把疏狂图一醉,对酒当歌,强乐还无味。衣带渐宽终不悔,为伊消得人憔悴。"

[7]"众里"句:辛弃疾【青玉案】(元夕):"东风夜放花千树。更吹落、星如雨。宝马雕车香满路,凤箫声动,玉壶光转,一夜鱼龙舞。蛾儿雪柳黄金缕。笑语盈盈暗香去。众里寻它千百度。蓦然回首,那人却在,灯火阑珊处。"

【导读】

王国维(1877—1927),初名国桢,字静安,亦字伯隅,初号礼堂,晚号观堂,又号永观,谥忠悫。浙江省嘉兴市海宁人。王国维是中国近、现代相交时期一位享有国际声誉的著名学者。

《人间词话》是王国维的一部文学批评著作,作于1908—1909年,最初发表于《国粹学报》。"境界"说是《人间词话》的核心,统领其他论点,又是全书的脉络,沟通全部主张。

第一、二则:提出境界的重要性,并在中国文学批评史上第一次提出了"造境"与"写境"、"理想"与"写实"的问题。造境偏于想象和虚构,写境侧重模仿和写实,而理想与写实两种创作流派即大体对应着这两种创作方法。两种创作方式与两种文学流派"大体对应",因为两者确实难以绝对区分。

第三则:有我之境与无我之境是王国维境界分类中十分重要的一组。所谓有我之境,强调观物过程中的诗人主体意识,并将这种主体意识投射、浸染到被观察的事物中去,使原本客观的事物带上明显的主观色彩,从而使诗人与被观之物之间形成一种强势与弱势的关系;所谓无我之境,即侧重寻求诗人与被观察事物之间的本然契合,在弱化诗人的主体意识的同时,强化物性的自然呈现,从而使诗人与物性之间形成一种均势。

第四则:从动静关系来区别无我之境与有我之境,并将其纳入西方优美、宏壮的风格类型之中,王国维中西融合的美学思想在此则也表现得颇为充分。

第二十六则:王国维在诗词境界的基础上,进一步扩大到人生的境界,王国维提出了人生的"三种境界",以三首宋词喻之,此则颇为驰名。按照语境,王国维是立足成就大事业、大学问的高度来建立"三种境界"说的。晏殊"昨夜"三句乃是表示确立高远目标的重要性,因为只有在"高楼"才能"望尽天涯路";柳永的"衣带"二句,表现的是在追求理想的过程中需要一种持之以恒的执着品格;辛弃疾的"众里"三句乃是用以表现实现目标的最终境界。三种境界,其实分别说明了理想的确立、追求和实现的三个阶段。因为三个阶段不断提升,所以三种境界也呈递进之势。

王国维当然明白自己是断章取义,是姑妄言之,所以他说自己的解释未必是引词作者所持的本义。但他同时也认为,能够给人以联想的阐释空间的词句也不是一般词人所能写出,必须是"大词人"才能写出在具体的意象中涵盖更为丰富的内涵的词句。如此,王国维也为自己联想的合理性做了一定的说明。

本章思考题及延伸阅读

思考题

1. 简要说说中国艺术的发展历程和主要特征。
2. 举例说说中国文学艺术与人格修养的关系。
3. 中国文房四宝的著名产地有哪些?

延伸阅读

1. 胡平生、张萌译注《礼记·学记》,中华书局,2017年版。
2. 庄周著、方勇注《庄子》,中华书局,2015年版。
3. 荀况著,方勇、李波译注《荀子》,中华书局,2015年版。
4. [清]郑板桥著《郑板桥集》,上海古籍出版社,1979年版。
5. [唐]孙过庭著,[宋]姜夔著,陈硕评注《书谱 续书谱》,浙江人民美术出版社,2012年版。
6. [唐]张彦远著,章宏伟编,朱和平注《历代名画记》,中州古籍出版社,2016年版。
7. [宋]朱熹注释《宋本大学章句》,国家图书馆出版社,2010年版。
8. [清]张伯行选评《唐宋八大家文钞》,中华书局,2010年版。
9. 王国维著、张徐芳今译《人间词话》,译林出版社,2010年版。

伦理道德　第七

中国传统文化的重要精神特质,是特别强调天人合一、人伦关系。中国传统文化的精神基础是伦理(实质是儒家伦理),中国传统文化也被称为"伦理型文化"。由夏商周三代渐次奠定并成熟的宗法制,十分典型地体现了由个人而家族、由家族而国家的同化合一,宗法等级与政治等级的高度一致,此即《礼记·大学》所谓"身修而后家齐,家齐而后国治,国治而后天下平"。宗法制社会下,伦理道德最重孝道,《论语·学而》所谓"弟子入则孝,出则悌,谨而信,泛爱众,而亲仁";《孝经》开篇所谓"夫孝,德之本也,教之所由生也","夫孝,始于事亲,中于事君,终于立身",孝为德本,孝道构成传统伦理道德的根基。家国一体,统治者宣扬的孝亲,又与忠君紧密关联。礼乐教化,莫不教人忠孝节义,以维护家族融洽、国家稳定。对此,西方哲学家黑格尔曾评论道:"中国纯粹建筑在这样一种道德的结合上,国家的特性便是客观的'家庭孝敬'。中国人把自己看作属于他们家庭的,同时又是国家的儿女。"(黑格尔《历史哲学》)

中国传统儒家伦理道德倡仁爱、重亲缘,由家庭、家族伦理而推及社会伦理,等级、亲疏与和谐、融合兼顾,以己度人,以情絜情,"己所不欲,勿施于人","泛爱众,而亲仁"(孔子语)。这些对于当下构建和谐社会仍然具有积极意义。

然而,森严的等级与悬殊的尊卑,以及宗法制影响下的情、理难辨,理、法不分,导致中国古代社会普遍的人治现象,宋明理学"存天理、灭人欲"口号流行之后,更是出现"以理杀人"的可怕景象。对中国传统伦理道德思想,我们需要合理吸收继承其精华,也需要加以理性思考和批判。"二十四孝"中的埋儿、卧冰之类违背现代文明及至法理的内容,尤其需要剔除。

至于道家崇尚自然之德,重视养生,强调素朴、无争,而认为儒家推崇仁义孝慈等为逆情悖理、废弃大道;佛学强调大慈大悲、众生平等,宣扬因果报应,引导人们去恶从善、清净无欲,通过种种戒律和持法修行以进入佛法真空境界,对此佛、道二家伦理观,我们也须辩证看待。

一、孔子论孝四则

子曰:"弟子入则孝[1],出则悌[2],谨而信[3],泛爱众,而亲仁[4]。行有余力,则以学文[5]。"(《论语·学而》)

子曰:"父在,观其[6]志;父没,观其行;三年无改于父之道[7],可谓孝矣。"(《论语·学而》)

子游问孝[8]。子曰:"今之孝者,是谓能养[9]。至于犬马,皆能有养。不敬,何以别乎?"(《论语·为政》)

子曰:"孝哉,闵子骞[10]!人不间于其父母昆弟之言[11]。"(《论语·先进》)

(选自程树德撰《论语集释》,中华书局,2006年版)

【注释】

[1]弟子:为人弟、为人子者,即幼小者。

[2]悌(tì):敬爱兄长。

[3]谨:寡言。泛指慎重。

[4]亲仁:亲近仁德之人。仁,仁德之人。

[5]文:文献,尤指礼乐文献。

[6]其:指父之子。下同。

[7]道:或解为言教,或解为合理的人生之道。

[8]子游:孔子弟子,姓言,名偃,字子游。

[9]养:旧读 yàng,指供奉衣食。

[10]闵子骞:孔子弟子,名损,字子骞。

[11]"人不间于"句:对于此句有两种理解:对闵子骞父母兄弟称道闵子骞,人皆无异议。或解作:没有人在闵子骞父母兄弟面前非议过闵子骞。前一种理解更为合理。间(jiàn):非议。昆弟:兄弟。

【导读】

儒家以孝、悌、忠、信为四德,而孝居首,孝道实为传统伦理道德的根基。孔子反复论孝,因为孝正是他所提倡的仁爱的基本点之一,所谓"孝悌也者,其为仁之本与"(《论语·学而》)。在孔子看来,孝悌是为人的根本,孝敬父母,不仅仅是能奉养,更主要的是能礼敬,对父母应当"生,事之以礼;死,葬之以礼,祭之以礼","至于犬马,皆能有养。不敬,何以别乎?"(《论语·为政》)。其次,孝之体现在于遵循父道(对于孔子"三年无改于父之道"的言论,或认为有其特定的对象;或认为此"道"应理解为合理的人生之道),这同样是一种礼敬。

孔子无疑也将孝亲与忠君同化,故其论曰:"其为人也孝悌,而好犯上者,鲜矣;不好犯上,而好作乱者,未之有也。"(《论语·学而》)

二、樊迟、仲弓问仁

樊迟问仁[1]。子曰:"爱人。"问知。子曰:"知人。"(《论语·颜渊》)

仲弓问仁[2]。子曰:"出门如见大宾,使民如承大祭[3]。己所不欲,勿施于人。在邦无怨,在家无怨。"(《论语·颜渊》)

樊迟问仁。子曰:"居处恭,执事敬[4],与人忠。虽之夷狄[5],不可弃也[6]。"(《论语·子路》)

(选自程树德撰《论语集释》,中华书局,2006年版)

【注释】

[1]樊迟:孔子弟子,名须,字子迟。

[2]仲弓:孔子弟子,姓冉,名雍,字仲弓。

[3]"出门"二句:出门与同仁行礼如见贵宾一般,对民如大祭一样凝重,指为人处世均应肃敬。大宾,贵宾。大祭,重大祭祀。

[4]居处:平日闲居。执事:行事。

[5]虽:即便。之:到,去。夷狄:泛指中原华夏政权之外的四方各族。

[6]不可弃也:谓不改变上述之为人处世的准则。

【导读】

孔子倡导仁,仁学堪称儒家伦理的核心。孔子倡导仁的政治目的是"克己复礼",即以克制和礼让来调和社会关系,维护社会稳定。孔子倡导的仁,在为人处世方面,以爱人为中心,包含三个方面:一是律己,二是忠恕待人,三是敬事。三者又以忠恕为要。所谓忠恕,一是要"躬自厚而薄责于人"(《论语·卫灵公》),即严于律己、宽以待人;二是要"己所不欲,勿施于人",此即推己及人之道。在孔子看来,仁还包括敬事,仁人志士应当刚毅进取、自强不息。后世"敬业乐群"的观念,正是源自孔子仁学思想。

三、兼爱(上)

圣人以治天下为事者也,必知乱之所自起,焉能治之[1];不知乱之所自起,则不能治。譬之如医之攻人之疾者然[2],必知疾之所自起,焉能攻之;不知疾之所自起,则弗能攻。治乱者何独不然[3]?必知乱之所自起,焉能治之;不知乱之所自起,则弗能治。

圣人以治天下为事者也,不可不察乱之所自起。当察乱何自起[4]?起不相爱。臣子之不孝君父[5],所谓乱也。子自爱,不爱父,故亏父而自利[6]。弟自爱,不爱兄,故亏兄而自利。臣自爱,不爱君,故亏君而自利。此所谓乱也。虽父之不慈子[7],兄之不慈弟,君之不慈臣,此亦天下之所谓乱也。父自爱也,不爱子,故亏子而自利。兄自爱也,不爱弟,故亏弟而自利。君自爱也,不爱臣,故亏臣而自利。是何也?皆起不相爱。虽至天下之为盗贼者亦然。盗爱其室,不爱异室[8],故窃异室以利其室。贼爱其身[9],不爱人,故贼人以利其身。此何也?皆起不相爱。虽至大夫之相乱家、诸侯之相攻国者亦然。大夫各爱其家,不爱异家,故乱异家以利其家。诸侯各爱其国,不爱异国,故攻异国以利其国。天下之乱物[10],具此而已矣[11]!察此何自起,皆起不相爱。

若使天下兼相爱[12],爱人若爱其身,犹有不孝者乎?视父、兄与君若其身,恶施不孝[13]?犹有不慈者乎?视弟子与臣若其身,恶施不慈?故不孝、不慈亡有[14],犹有盗贼乎?故视人之室若其室,谁窃[15]?视人身若其身,谁贼?故盗贼亡有。犹有大夫之相乱家、诸侯之相攻国者乎?视人家若其家,谁乱?视人国若其国,谁攻?故大夫之相乱家、诸侯之相攻国者亡有。

若使天下兼相爱,国与国不相攻,家与家不相乱,盗贼无有,君臣父子皆能孝慈,若此则天下治。故圣人以治天下为事者[16],恶得不禁恶而劝爱[17]?故天下兼相爱则治,交相恶则乱。故子墨子曰:不可以不劝爱人者[18],此也[19]。

(选自孙诒让著《墨子间诂》,中华书局,2001年版)

伦理道德 第七

【注释】

[1]焉:乃,才。

[2]攻:治。

[3]治乱者:治理社会纷乱之人,即统治阶层。

[4]当:"尝"的假借字,尝试。

[5]臣子:臣下和子女,相对于国君和父母。

[6]亏:损害。

[7]虽:通"唯",句首语气词,无实在意义。慈:慈爱。

[8]异室:他人家室。

[9]贼:危害他人之人。下句"贼"为动词,作"危害"解。

[10]乱物:混乱之事。

[11]具此:全尽于此。具,同"俱"。

[12]兼相爱:谓彼此相爱,爱己的同时也爱人。

[13]恶施不孝:哪里会有不孝之事呢?恶(wū),何,哪里。

[14]亡有:没有。亡,同"无"。

[15]谁窃:有谁还会盗窃。以下各句结构相同。

[16]为事:作为职责。

[17]"恶得"句:怎能不禁止人们相互仇恨而劝导人们相互仁爱呢?恶,前一"恶(wū)"作"何"解;后一"恶(wù)"作"仇恨"解。

[18]子墨子:前一"子"为墨家弟子尊崇墨翟之称谓。由此称谓可见本篇虽为墨翟言论,而为墨家后学所记,并非墨翟亲撰。劝:劝勉,鼓励。

[19]此:正因为此(指"兼相爱则治,交相恶则乱")。

【导读】

儒家、道家、墨家虽然观点不同,但实际都重道德、倡仁爱。道家推崇自然之仁德,而反对可能破坏自然人性的礼教。在老子眼里,上善若水,是因为"水善利万物而不争","居善地,心善渊,与善仁"。(《老子》第八章)墨家学派创始人墨翟吸收儒、道二家仁爱思想,进一步发展为"兼爱",其所主张的爱,无等差、无亲疏,是所谓完全平等之爱。在墨家看来,爱有等差,即不是平等之爱,仍然容易引起社会矛盾。而在儒家(孟子)看来,爱

223

无等差，则无君臣父子之礼仪，人即无异于禽兽。儒、墨二家在这一点上相互攻驳。尽管墨家兼爱思想更接近于现代平等思想，但自汉代以来，儒家思想一直是占据统治地位的官方学术思想，而墨家思想则长期受到打压，以至墨家自汉代以后基本消亡，墨家学派唯一著作《墨子》也长期被打入冷宫。

本篇为《墨子·兼爱》上、中、下三篇之上篇。本篇不事藻饰，而以严密的逻辑翔实论证了治天下者必使天下兼相爱、交相利，而后天下方可以治理，凸显了墨子兼爱的思想主张。

四、万章问娶妻

万章问曰[1]:"《诗》云,'娶妻如之何?必告父母'[2]。信斯言也,宜莫如舜[3]。舜之不告而娶[4],何也?"孟子曰:"告则不得娶。男女居室[5],人之大伦也。如告,则废人之大伦,以怼父母[6],是以不告也。"万章曰:"舜之不告而娶,则吾既得闻命矣[7]。帝之妻舜而不告[8],何也?"曰:"帝亦知告焉则不得妻也。"万章曰:"父母使舜完廪,捐阶,瞽瞍焚廪[9]。使浚井,出,从而掩之[10]。象曰[11]:'谟盖都君咸我绩[12],牛羊,父母;仓廪,父母。干戈,朕;琴,朕;弤,朕[13];二嫂,使治朕栖。'象往入舜宫,舜在床琴[14]。象曰:'郁陶思君尔[15]。'忸怩[16]。舜曰:'惟兹臣庶,汝其于予治[17]。'不识舜不知象之将杀己与?"曰:"奚而不知也?象忧亦忧,象喜亦喜。"[18]曰:"然则舜伪喜者与[19]?"曰:"否;昔者有馈生鱼于郑子产,子产使校人畜之池[20]。校人烹之,反命[21]曰:'始舍之,圉圉焉;少则洋洋焉;攸然而逝[22]。'子产曰:'得其所哉!得其所哉[23]!'校人出,曰:'孰谓子产智?予既烹而食之,曰,得其所哉,得其所哉。'故君子可欺以其方,难罔以非其道[24]。彼以爱兄之道来,故诚信而喜之[25],奚伪焉?"

(选自焦循撰《孟子正义》,中华书局,1987年版)

【注释】

[1]万章:孟子弟子。

[2]"娶妻"二句:此句出自《诗经·齐风·南山》。本诗又有"取妻如之何?匪媒不得"之语。

[3]"信斯言"二句:谓应该没有谁比舜更相信(实指遵循)此话。斯言:此言,此话。宜:应该。

[4]舜之不告而娶:谓舜不告知父母即娶妻。

[5]男女居室:即男女婚姻(因婚姻而成立家庭)。

[6]"如告"三句:舜如告知父母而后娶妻,则必遭父母反对而无法娶妻,如此则废弃了人伦,又会招致父母怨恨。怼(duì):怨。

[7]闻命:谓听懂了,懂得其中道理了。

[8]妻(qì):嫁女。指尧嫁二女于舜而未告知舜的父母。下句"妻"字同义。

[9]"父母"三句:此处写舜的父母企图抽走梯子以害死舜,舜父放火欲烧死舜,下文描写同样如此(舜均能神奇逃生)。此类描写与《诗经·大雅·生民》描写周民族先祖后稷出生时的磨难相似,实均为英雄早期受难的原型。完廪(lǐn):修缮谷仓。捐:弃,抽去。阶:阶梯,此指舜登上谷仓的梯子。瞽瞍:舜的父亲,眼睛看不见东西。

[10]浚:疏浚,指淘出井中淤泥。掩:掩埋,指掩埋舜欲出之洞口。

[11]象:舜的同父异母之弟,为舜父母所宠。

[12]谟盖都君咸我绩:谋划如何害死舜都是我的功劳。谟:谋划。盖:"害"的假借字。都君:指舜。咸:都,全部。

[13]"牛羊"至"朕":此句意为象称害死舜后,舜的干戈、琴、弓均应属于自己所有。下句谓舜的二妻同样归象。弤(dǐ):弓名。朕:我。

[14]宫:室,指舜的住所。床琴:指于床边弹琴。

[15]郁陶:充满思念的样子。

[16]忸怩:羞愧不安的样子。

[17]惟:思。臣庶:臣下与百姓。于:为,替。治:管理,指管理臣庶。

[18]"奚而不知"三句:舜如何不知道象要杀己?只是他一向忧象所忧,乐象所乐而已。奚,哪里,为何。

[19]伪喜:假装高兴。

[20]子产:姬姓,公孙氏,名侨,字子产,春秋后期郑国名相。先秦著名政治家、思想家。馈:赠送。生鱼:活鱼。校人:管理池沼的小吏。

[21]命:报告。

[22]圉圉:活动困难的样子。洋洋:舒缓摇尾的样子。攸然:自在的样子。

[23]得其所哉:鱼儿得到了它们该去的地方啦。

[24]"故君子"二句:对于君子,可以用合乎人情的方法来欺骗他,但不可用违反情理的事来欺罔他,即君子始终不会违背道义。

[25]"彼以"二句:象假装一副敬爱兄长的样子来做事,舜则本于诚信,因此真诚地相信而满心喜悦。

伦理道德 第七

【导读】

　　孟子论儒家五伦曰:"父子有亲,君臣有义,夫妇有别,长幼有序,朋友有信。"(《孟子·滕文公上》)夫妇之道,为儒家人伦之大端。《周易·序卦》称:"有天地然后有万物,有万物然后有男女,有男女然后有夫妇,有夫妇然后有父子,有父子然后有君臣,有君臣然后有上下,有上下然后礼义有所错。夫妇之道不可以不久也。"《礼记·内则》更称:"礼,始于谨夫妇。"《礼记·中庸》同样称:"君子之道,造端乎夫妇。"周代以来,在儒家礼义规范下,娶妻必遵"父母之命、媒妁之言",但儒家规范也不可拘执,因为凡事皆有权变。孟子遵守"男女授受不亲",但却认为嫂子溺水,必须援手相救:"嫂溺不援,是豺狼也。男女授受不亲,礼也。嫂溺,援之以手者,权也。"(《孟子·离娄上》)

　　尧舜时代,当并无娶妻必告父母之说。万章之问,本属混淆时代,但孟子恰恰抓住此问题宣扬了尧舜的人格,同时表明先秦儒家既讲原则,更看重实际情况,与后世腐儒死守教条有天壤之别。

　　《孟子》语言生动形象,富于论辩性。本章以子产与舜相映衬,又以校人与子产相映衬,描绘子产的君子人格、校人的小人嘴脸,尤为生动。

五、爱莲说

周敦颐

　　水陆草木之花,可爱者甚蕃[1]。晋陶渊明独爱菊。自李唐来,世人甚爱牡丹[2]。予独爱莲之出淤泥而不染,濯清涟而不妖[3],中通外直,不蔓不枝,香远益清,亭亭净植[4],可远观而不可亵玩焉[5]。

　　予谓菊,花之隐逸者也;牡丹,花之富贵者也;莲,花之君子者也。噫!菊之爱,陶后鲜有闻[6]。莲之爱,同予者何人?牡丹之爱,宜乎众矣[7]!

（选自陈克明校注《周敦颐集》,中华书局,2009 年版）

【注释】

[1]蕃(fán):繁多。

[2]李唐:唐朝帝王姓李,故称李唐。唐李肇《唐国史补》载唐人爱牡丹的情景:"京城贵游尚牡丹三十余年矣。每春暮,车马若狂,以不耽玩为耻。执金吾铺官围外,寺观种以求利,一本有值数万者。"

[3]濯(zhuó):洗涤。妖:妖冶,妖艳。

[4]中通外直:莲茎内空而外直。不蔓不枝:莲茎不蔓延,无枝杈。亭亭净植:莲茎洁净挺立。

[5]亵玩:肆意玩弄。

[6]鲜(xiǎn):少。

[7]宜乎:理所当然。

【导读】

　　周敦颐(1017—1073),字茂叔,道州(今湖南省道县)人。北宋著名学者,宋代理学的开创者,世称濂溪先生。周敦颐曾任州县地方官,政绩突出。黄庭坚称赞他说:"人品甚高,胸怀洒落,如光风霁月。廉于取名而锐于求志,薄于徼福而厚于得民。"(引自脱脱等《宋史·周敦颐传》)

　　《爱莲说》是周敦颐的短文名篇,作者颂扬莲花的高洁,莲花显然象征君子的品格,更有明显的自喻之意,显露出作者的人格理想和道德情操。周敦颐爱莲与陶渊明爱菊前后辉映,莲与菊均已化作传统士人高洁品格的象征。

文章先后以菊花作为正面映衬,以牡丹作为反面衬托,颇具烘云托月之效。短短百余言而生动有致,语言精练含蓄,回味悠长。

六、师说

韩愈

古之学者必有师。师者,所以传道、受业、解惑也[1]。人非生而知之者,孰能无惑?惑而不从师,其为惑也,终不解矣。生乎吾前,其闻道也,固先乎吾,吾从而师之。生乎吾后,其闻道也,亦先乎吾,吾从而师之。吾师道也,夫庸知其年之先后生于吾乎[2]!是故无贵无贱,无长无少,道之所存,师之所存也。嗟乎!师道之不传也久矣,欲人之无惑也难矣。古之圣人,其出人也远矣[3],犹且从师而问焉。今之众人,其下圣人也亦远矣,而耻学于师。是故圣益圣,愚益愚,圣人之所以为圣,愚人之所以为愚,其皆出于此乎!爱其子,择师而教之,于其身也,则耻师焉,惑矣!彼童子之师,授之书而习其句读者[4],非吾所谓传其道解其惑者也。句读之不知,惑之不解,或师焉,或不焉,小学而大遗,吾未见其明也[5]。巫医乐师百工之人[6],不耻相师。士大夫之族,曰师、曰弟子云者,则群聚而笑之。问之,则曰:"彼与彼年相若也,道相似也。位卑则足羞,官盛则近谀[7]。"呜呼,师道之不复可知矣!巫医乐师百工之人,君子不齿,今其智乃反不能及[8],其可怪也欤!

圣人无常师,孔子师郯子、苌弘、师襄、老聃[9]。郯子之徒,其贤不及孔子。孔子曰:"三人行,则必有我师。"[10]是故弟子不必不如师,师不必贤于弟子。闻道有先后,术业有专攻,如是而已。

李氏子蟠[11],年十七,好古文,六艺经传,皆通习之[12],不拘于时,学于余。余嘉其能行古道,作《师说》以贻之[13]。

(选自马其昶校注、马茂元整理《韩昌黎文集校注》,上海古籍出版社,1998年版)

【注释】

[1]道:当指儒家孔孟之道。受:通"授"。

[2]庸:难道,哪里。意为哪里用得着,不必。

[3]出：超出，指圣人的才智远超众人。

[4]句读(dòu)：文辞语意已尽处为句；语意未尽而须停顿处为读。古代典籍本无断句标点，学子读书时需先习句读。

[5]"句读"六句：不知句读则知从师学习，未能解惑却不知从师问学，学习小的知识而忽视大的知识，显然未明事理。

[6]巫医：古代长期巫、医不分，因而往往并称。百工：各种手工技艺。

[7]"位卑"二句：师从地位低的人则感到羞耻，师从职位高的人则有谄媚之嫌。

[8]不齿：羞于与之并列。乃：竟然。

[9]郯(tán)子：春秋时郯国君主，据说孔子曾向其请教少皞氏以鸟名官的事。苌(cháng)弘：周敬王时大夫，据说孔子曾向其请教音乐。师襄：鲁国乐官，孔子曾向其学琴。老聃：即老子，姓李名耳，《史记》等记载孔子曾向老子问礼。

[10]"三人行"二句：语出《论语·述而》："三人行，必有我师焉；择其善者而从之，其不善者而改之。"

[11]李氏子蟠(pán)：李蟠，韩愈弟子。

[12]六艺：六经，泛指儒家经典。传(zhuàn)：解释经典的著作。通习：广泛学习。

[13]嘉：嘉许，赞赏。贻(yí)：赠送。

【导读】

在中国传统伦理道德中，师与天、地、君、亲相提并论，尊师重教传统可谓由来已久。先秦以来，自君王至大夫、士人，无不需要从师学习，且"故古之王者建国君民，教学为先"（《礼记·学记》）。宗室之师，又有师、傅、保等，各司其职。《礼记·文王世子》有详细记载："凡三王教世子必以礼乐。乐，所以修内也；礼，所以修外也。礼乐交错于中，发形于外，是故其成也怿，恭敬而温文。立大傅、少傅以养之，欲知其父子、君臣之道也。大傅审父子、君臣之道以示之，少傅奉世子，以观大傅之德行而审喻之。大傅在前，少傅在后；入则有保，出则有师，是以教喻而德成也。师也者，教之以事而喻诸德者也；保也者，慎其身以辅翼之而归诸道者也。"

先秦官学本集中于天子之所，春秋战国时期，礼崩乐坏，官学下移，诸侯也多设官学。而自孔子广收弟子，私学开始流行。西汉蜀郡太守文翁兴学蜀中，地方官学自此设立。

时代有变迁，师道有兴废。在国力强盛的唐代，士大夫中却长期流行耻于从师的情况。针对此不合理现象，韩愈撰此文予以批评。柳宗元《答韦中立论师道书》称："今之世，不闻有师，有辄哗笑之，以为狂人。独韩愈奋不顾流俗，犯笑侮，收召后学，作《师说》，因抗颜而为师。世果群怪聚骂，指目牵引，而增与为言辞。愈以是得狂名。"可见韩愈的勇气与胆识非同一般。

　　文章感情充沛，议论畅达，修辞纯熟，骈散结合，平易的语言中蕴含夺人的气势，堪称作者推崇的"气盛言宜"的文章典范。

七、朱熹家训

朱熹

君之所贵者,仁也。臣之所贵者,忠也。父之所贵者,慈也。子之所贵者,孝也。兄之所贵者,友也。弟之所贵者,恭也。夫之所贵者,和也。妇之所贵者,柔也。事师长贵乎礼也,交朋友贵乎信也。见老者,敬之;见幼者,爱之。有德者,年虽下于我,我必尊之;不肖者,年虽高于我,我必远之。慎勿谈人之短,切莫矜己之长[1]。仇者以义解之,怨者以直报之[2],随所遇而安之。人有小过,含容而忍之;人有大过,以理而谕之[3]。勿以善小而不为,勿以恶小而为之。人有恶,则掩之;人有善,则扬之。处世无私仇,治家无私法。勿损人而利己,勿妒贤而嫉能。勿称忿而报横逆,勿非礼而害物命[4]。见不义之财勿取,遇合理之事则从。诗书不可不读,礼义不可不知。子孙不可不教,童仆不可不恤[5]。斯文不可不敬[6],患难不可不扶。守我之分者,礼也;听我之命者,天也。人能如是,天必相之[7]。此乃日用常行之道[8],若衣服之于身体,饮食之于口腹,不可一日无也,可不慎哉!

(选自朱杰人、严佐之、刘永翔主编《朱子全书》,安徽教育出版社,2010年版)

【注释】

[1]矜(jīn):夸耀。

[2]以义解之:晓之以理义,以化解冤仇。以直报之:以公平正直的态度消除私怨。

[3]含容:包涵、宽容。谕:使之明白。

[4]"勿称忿"二句:对待蛮横之人不要感情用事、动怒使性;不要因为非礼而伤害生命。

[5]恤:怜悯,同情。

[6]斯文:斯文之人,谓有德行有学问之人。

[7]相(xiàng):帮助。

[8]日用常行:日常生活,平素的为人处世。

【导读】

朱熹(1130—1200),字元晦,号晦庵,晚年称晦翁,卒谥文,后世尊称其为朱子、朱文公,又称其紫阳先生。南宋著名理学家、思想家、哲学家、教育家、文学家。朱熹祖籍徽州婺源(今属江西省),出生于福建尤溪,侨寓建阳(今属福建省南平市)崇安。朱熹继承发展了北宋程颢、程颐的理学,成为宋代理学的集大成者。朱熹长期授徒讲学,弟子极多,影响极大。朱熹的理学思想影响中国数百年,其所著《四书集注》成为后世科举考试最基本的教科书。

家训作为家族尊长教育子孙立身处世的教诲性文字,在中国可谓源远流长。家训中不乏警世名言,如诸葛亮《诫子书》中的"非淡泊无以明志,非宁静无以致远"即千古流传。《朱熹家训》体现了朱熹的理学思想,也是儒家伦理道德的集中体现。朱熹全面阐述了修身、齐家、待人、处世等准则,体现了儒家坚持的"做人第一、品德至上"的伦理观,对后世影响深远。

八、论公德

梁启超

我国民所最缺者,公德其一端也。公德者何?人群之所以为群,国家之所以为国,赖此德焉以成立者也。人也者,善群之动物也。人而不群,禽兽奚择[1]?而非徒高论曰群之群之,而遂能有功者也;必有一物焉贯注而联络之,然后群之实乃举,若此者谓之公德。

道德之本体一而已[2],但其发表于外,则公私之名立焉。人人独善其身者谓之私德,人人相善其群者谓之公德,二者皆人生所不可缺之具也。无私德则不能立,合无量数卑污虚伪残忍愚懦之人,无以为国也;无公德则不能团,虽有无量数束身自好廉谨良愿之人[3],仍无以为国也。吾中国道德之发达,不可谓不早,虽然,偏于私德,而公德殆阙如[4]。试观《论语》《孟子》诸书,吾国民之木铎[5],而道德所从出者也。其中所教,私德居十之九,而公德不及其一焉。如《皋陶谟》之九德[6],《洪范》之三德[7],《论语》所谓温良恭俭让[8],所谓克己复礼[9],所谓忠信笃敬[10],所谓寡尤寡悔[11],所谓刚毅木讷[12],所谓知命知言[13],《大学》所谓知止慎独,戒欺求慊[14],……凡此之类,关于私德发挥几无余蕴,于养成私人之资格,庶乎备矣[15]。虽然[16],仅有私人之资格,遂足为完全之人格乎?是固不能。今试以中国旧伦理,与泰西新伦理相比较[17]:旧伦理之分类,曰君臣,曰父子,曰兄弟,曰夫妇,曰朋友;新伦理之分类,曰家族伦理,曰社会伦理,曰国家伦理。旧伦理所重者,则一私人对于一私人之事也;新伦理所重者,则一私人对于一团体之事也。夫一私人之所以自处,与一私人之对于他私人,其间必贵有道德者存,此奚待言!虽然,此道德之一部分,而非其全体也。全体者,合公私而兼善之者也。私德公德,本并行而不悖者也。然提倡之者既有所偏,其末流或遂至相妨。……吾中国数千年来,束身寡过主义,实为德育之中心点。范围既日缩日小,其间有言论行事出此范围外,欲为本群本国之公利公益有所尽力者,彼曲士贱儒[18],动辄援"不在其位,不谋其政"等偏义[19],以非笑之[20]、排挤之。谬种流传,习非胜是[21],而国民益不复知公德为何物。

今夫人之生息于一群也,安享其本群之权利,即有当尽于其本群之义务;苟不尔者,则直为群之蠹而已[22]。彼持束身寡过主义者,以为吾虽无益于群,亦无害于群,庸讵知无益之即为害乎[23]!何则?群有以益我,而我无以益群,是我逋群之负而不偿也[24]。夫一私人与他私人交涉,而逋其所应偿之负,于私德必为罪矣,谓其害之将及于他人……束身寡过之善士太多,享权利而不尽义务,人人视其所负于群者如无有焉,人虽多,曾不能为群之利[25],而反为群之累,夫安得不日蹙也[26]!

父母之于子也,生之育之,保之教之,故为子者有报父母恩之义务。人人尽此义务,则子愈多者,父母愈顺,家族愈昌;反是则为家之索矣[27]。故子而逋父母之负者,谓之不孝。此私德上第一大义,尽人能知者也。群之于人也,国家之于国民也,其恩与父母同。盖无群无国,则吾性命财产无所托,智慧能力无所附,而此身将不可以一日立于天地,故报群报国之义务,有血气者之所同具也。苟放弃此责任者,无论其私德上为善人、为恶人,而皆为群与国之蟊贼[28]。

(选自汤志钧、汤仁泽编《梁启超全集》,中国人民大学出版社,2018年版)

【注释】

[1] 奚择:哪里有区别。择,区别。

[2] 本体:形成现象的根本实体,与"现象"相对。

[3] 束身自好廉谨良愿:自我约束、洁身自好、与人为善。

[4] 阙如:不足,空缺。

[5] 木铎(duó):一种以木为舌的大铃,古代宣布政教、法令时,巡行振鸣以引起众人注意。后多喻指宣扬教化的人。

[6] 皋陶(gāo yáo)谟:《尚书·虞书》中的一篇。九德:《皋陶谟》中皋陶(舜的大臣,掌管刑狱)所论人之九德,即宽而栗(宽宏而坚定),柔而立(柔顺而卓立),愿而恭(谨厚而恭肃),乱而敬(多才而敬慎),扰而毅(驯服而刚毅),直而温(正直而温和),简而廉(简易而廉正),刚而塞(刚正而笃实),强而义(坚强而善良)。

[7]洪范:《尚书·周书》篇名。《洪范》"三德"指正直(中正和平)、刚克(过于刚强)、柔克(过于柔顺)。

[8]温良恭俭让:《论语·学而》:"夫子温良恭俭让以得之。"意谓孔子因温和、善良、恭敬、俭朴、谦让而能不断进步。

[9]克己复礼:《论语·颜渊》:"子曰:克己复礼为仁。"指约束自己,使事事本于"礼"。

[10]忠信笃敬:《论语·卫灵公》:"子曰:言忠信,行笃敬。"意谓言语忠诚守信,行为仁厚恭敬。

[11]寡尤寡悔:《论语·为政》:"子曰:言寡尤,行寡悔,禄在其中矣。"意谓言语上减少过失,行为上减少悔恨。

[12]刚毅木讷(nè):《论语·子路》:"子曰:刚毅木讷,近仁。"指内心坚定、行为果决、为人质朴、言语慎重。

[13]知命知言:《论语·尧曰》:"子曰:不知命,无以为君子也;不知礼,无以立也;不知言,无以知人也。"意谓不懂得天命,即难以成为君子;不懂得礼仪,即难以立身处世;不能辨听别人的话语,即难以真正知人识人。

[14]戒欺求慊(qiè):《礼记·大学》:"所谓诚其意者,毋自欺也,如恶恶臭,如好好色,此之谓自慊。故君子必慎其独也。"戒欺,即戒惧于自欺。求慊,即追求心安理得(立身处世不自欺欺人,即能心安理得)。

[15]庶乎备矣:差不多完备了。

[16]虽然:即使如此。

[17]泰西:旧指西方国家。

[18]曲士贱儒:见识鄙陋的读书人。

[19]不在其位,不谋其政:《论语·泰伯》:"子曰:不在其位,不谋其政。"意谓不越职越级行事。后常为人援引为不过问别人之事的借口。

[20]非笑:讥笑。

[21]习非胜是:长期以错误为正确,反而将正确视为谬误。

[22]蠹(dù):蠹虫,蛀虫。

[23]庸讵(jù):何曾,哪里。

[24]逋(bū)群之负而不偿:意谓无公德意识、逃避社会责任。逋,逃避。

[25]曾(zēng)不能:竟不能,终究不能。曾,乃,竟。

[26] 日蹙(cù)：日渐窘迫，日渐危险。

[27] "反是"句：只索取而无回报，类似于今日所言之啃老族。索，索取。

[28] 蟊(máo)贼：害虫，比喻危害国家、人民的人。

【导读】

梁启超(1873—1929)，字卓如，号任公，又号饮冰室主人，广东新会人。中国近代著名思想家、政治家、学者，戊戌变法运动领袖之一，中国近代维新派、新法家的代表。

1902—1906年，梁启超以"中国之新民"为笔名，在《新民丛报》上连续发表二十篇政论文章，后合编为《新民说》。

本文为《新民说》第五篇《论公德》的节录。作者鉴于中国传统道德偏于私德而轻于公德，旨在唤起近代国人对于国家民族的自觉与责任的公德心而作此篇。私德、公德于人皆为必需，私德以立身，公德以立世。而人既为社会之人，则公德显然尤为重要。其实，中国古代在推重私德的同时，并未忽视公德。孟子的"穷则独善其身，达则兼善天下"，霍去病的"匈奴未灭，何以家为"，杜甫的"穷年忧黎元，叹息肠内热"，陆游的"位卑未敢忘忧国"，林则徐的"苟利国家生死以，岂因祸福避趋之"，都鲜明地表达了对国家、民族自觉的公德意识。不过，我们要能理解梁启超先生是在中华民族日趋衰微的特殊时期，实为警醒国民而发此感论。

文章辨析私德与公德的异同，揭出唯重私德者，自以为无害于群，实则有害于群。又从中国传统的子女与父母关系演绎个人与国家的关系，说理实在而明晰，公德的重要性也不言而喻。《新民说》系列文章在近代中国向现代中国转变中，具有重要的文化启蒙意义。

本章思考题及延伸阅读

思考题

1. 如何理解老子的"天地不仁,以万物为刍狗;圣人不仁,以百姓为刍狗"(《老子·第五章》)?
2. 儒家认为爱须有等差,墨家则主张兼爱无等差,你认为谁的主张更合理?为什么?
3. 韩愈《师说》中"师者,所以传道、受业、解惑也"与当代教师的"教书育人"有何异同?
4. 试辨析《朱熹家训》中"守我之分者,礼也;听我之命者,天也"的观点。
5. 梁启超认为:"群之于人也,国家之于国民也,其恩与父母同。盖无群无国,则吾性命财产无所托,智慧能力无所附,而此身将不可以一日立于天地,故报群报国之义务,有血气者之所同具也。苟放弃此责任者,无论其私德上为善人、为恶人,而皆为群与国之蟊贼。"这对你有何启发?

延伸阅读

1. 冯友兰著《中国哲学简史》,北京大学出版社,2012年版。
2. 张岱年、程宜山著《中国文化精神》,北京大学出版社,2015年版。
3. 陈来著《孔夫子与现代世界》,北京大学出版社,2011年版。
4. 朱贻庭主编《中国传统伦理思想史》,华东师范大学出版社,2009年版。

哲学思想　第八

　　在世界哲学史上,中国哲学是独立发展的哲学类型之一。与其他类型的哲学相比,中国哲学有如下特点:1.始于先秦,历史悠久,属于同时期少数达到较高水平的哲学形态之一;2.同经学相结合,而不是同神学相结合;3.重视社会伦理,较少关注本体论,社会伦理色彩浓厚;4.思维方式倾向于整体性、有机性与连续性;5.有自己独特的传统概念范畴和体系,这些独特的概念范畴,如道、气、理、神、虚、诚、明、体、用、太极、阴阳等,凝结着中国思想家的智慧。中国哲学在全世界范围内,特别是在日本、朝鲜、越南及东南亚国家产生了广泛而深远的影响。

　　但是,由于哲学是一个舶来品,作为一门独立的学科,中国哲学产生较迟。因此,在有的人看来,中国是没有哲学的,即使说有,也是极不发达的。本章精选一些哲学作品,意在引导同学们领略中国哲学的精妙。若能因此而入中国哲学之门,则不枉编者一片苦心矣!

一、易经·系辞[1]（选读）

1. 天尊地卑，乾坤定矣。卑高以陈，贵贱位矣。动静有常，刚柔断矣。方以类聚[2]，物以群分，吉凶生矣。在天成象，在地成形，变化见矣。是故刚柔相摩[3]，八卦相荡[4]。鼓之以雷霆，润之以风雨，日月运行，一寒一暑。乾道成男，坤道成女。乾知大始，坤作成物。乾以易知[5]，坤以简能[6]。易则易知，简则易从。易知则有亲，易从则有功。有亲则可久，有功则可大。可久则贤人之德，可大则贤人之业。易简而天下之理得矣。天下之理得而成位乎其中矣[7]。

2. 一阴一阳之谓道，继之者善也，成之者性也。仁者见之谓之仁，知者见之谓之知，百姓日用不知，故君子之道鲜矣。显诸仁，藏诸用，鼓万物而不与圣人同忧[8]，盛德大业，至矣哉！富有之谓大业，日新之谓盛德。生生之谓易[9]，成象之谓乾，效法之谓坤，极数知来之谓占，通变之谓事，阴阳不测之谓神。

3. 子曰："书不尽言，言不尽意；然则圣人之意，其不可见乎？"子曰："圣人立象以尽意，设卦以尽情伪，系辞焉以尽其言，变而通之以尽利，鼓之舞之以尽神。"

4. 是故形而上者谓之道，形而下者谓之器。化而裁之谓之变，推而行之谓之通。举而错[10]之天下之民，谓之事业。

5. 古者包牺氏之王天下也[11]，仰则观象于天，俯则观法于地，观鸟兽之文，与地之宜，近取诸身，远取诸物，于是始作八卦，以通神明之德，以类万物之情。作结绳而为网罟[12]，以佃以渔，盖取诸《离》。包牺氏没，神农氏作[13]，斫木为耜[14]，揉木为耒[15]，耒耨之利，以教天下，盖取诸《益》。日中为市，致天下之民，聚天下之货，交易而退，各得其所，盖取诸《噬嗑》。神农氏没，黄帝、尧、舜氏作，通其变，使民不倦；神而化之，使民宜之。易穷则变，变则通，通则久。是以"自天佑之，吉无不利"。黄帝、尧、舜垂衣裳而天下治[16]，盖取诸《乾》《坤》。

（选自杨天才、张善文译注《周易》，中华书局，2016年版）

【注释】

[1]《系辞》:《易传》之一,相传孔子所作,总论《易经》大义。

[2]方:《周易正义》:"方,谓法术性行。"

[3]摩:相互切摩,意指阴阳交感。

[4]荡:相互推荡,意指(八卦的)运动变化,推演变动。

[5]易知:以平易简略,无所作为为知。

[6]简能:以简省凝静,不须繁劳为能。

[7]成位乎其中:成立卦象于天地之中。

[8]鼓万物:道的功用,能鼓动万物,使之化育。

[9]生生:生而又生,绵绵不绝。

[10]错:置。

[11]包牺(páo xī)氏:华夏民族人文先祖,三皇之一,又名宓羲、庖牺、伏羲,亦称牺皇、皇羲。

[12]罟(gǔ):渔网。

[13]神农氏:炎帝,是中国上古时期姜姓部落的首领,号神农氏,又号魁隗氏、连山氏、列山氏,别号朱襄。作:兴起。

[14]耜(sì):耜为曲柄起土的农器,即手犁。

[15]耒(lěi):耒为木制的双齿掘土工具,起源甚早。

[16]垂衣裳而天下治:衣裳自然下垂,不需亲自动手,即可使天下大治。此句反映了儒家的君主不需亲力亲为的无为而治思想。

【导读】

《周易》一书包括《易经》和《易传》两部分。《周易》经文古奥难懂,春秋时的人读起来已感困难,于是出现解释经文的文字,这便是《易传》。《易传》旧传为孔子所作,今一般认为非一人一时所成。《易传》包括《彖传》《象传》《系辞传》《文言传》《说卦传》《序卦传》《杂卦传》七篇,其中《彖传》《象传》《系辞传》三篇皆分上下篇,这样题名七篇而实际上是十篇,统称为"十翼"。"翼"即"羽翼",有"辅助"之义。

《系辞》被认为是《易传》最主要的部分。"系"为系属之义。孔颖达疏:"系属其辞于爻卦之下。"为《周易》原理的通论。文章以"一阴一阳之谓道"立论,说明任何事物都具有两重性,肯定自然界存在阴阳、动静、刚柔等相反属性的事物,提出"刚柔相推而生变化""生生之谓易"的观点,认为相反事物的"相幸""相荡""相推""相感"的相互作用是事物变化的普遍规律,是万物化生的源泉。文章还提出"是故易有太极,是生两仪,两仪生四象,四象生八卦,八卦定吉凶,吉凶生大业"的宇宙衍生观,认为"穷则变,变则通,通则久",即事物必须经过变革才有前途,强调了变通的重要性,尤其是在历史发展的转折期更是如此。文章中提出的观点对当今社会仍具有指导意义。

二、老子[1]（选读）

1. 道可道，非常道；名可名，非常名。无，名天地之始，有，名万物之母。故常无，欲以观其妙；常有，欲以观其徼[2]。此两者，同出而异名，同谓之玄，玄之又玄，众妙之门。（第一章）

2. 上善若水，水善利万物而不争，处众人之所恶，故几于道[3]。居善地，心善渊[4]，与善仁[5]，言善信，正善治[6]，事善能，动善时。夫唯不争，故无尤[7]。（第八章）

3. 有物混成[8]，先天地生。寂兮寥兮[9]，独立不改，周行而不殆[10]，可以为天下母。吾不知其名，字之曰道[11]，强为之名曰大[12]。大曰逝，逝曰远，远曰反。故道大，天大，地大，人亦大。域中有四大，而人居其一焉。人法地，地法天，天法道，道法自然。（第二十五章）

4. 大成若缺，其用不弊[13]。大盈若冲[14]，其用不穷。大直若屈，大巧若拙，大辩若讷[15]。躁胜寒，静胜热。清静为天下正。（第四十五章）

5. 天之道[16]，其犹张弓欤？高者抑之，下者举之；有余者损之，不足者补之。天之道，损有余而补不足。人之道，则不然，损不足以奉有余。孰能有余以奉天下[17]，唯有道者。是以圣人为而不恃，功成而不处。其不欲见贤！[18]（第七十七章）

（选自王弼注《老子注》，中华书局，1954年版）

【注释】

[1]《老子》：一般认为是老子自著，成书在《论语》之前。老子，姓李名耳，字聃。今本《老子》全书共五千余言，故又称《老子五千文》，反映了老子完整的哲学思想体系，为道家学派的代表作之一。西汉河上公作《老子章句》，分《老子》为八十一章，前三十七章为《道经》，后四十四章为《德经》。由此，《老子》又名《道德经》。但是，1973年出土的帛书《老子》，却是《德经》在前，《道经》在后，且不分章。

[2]徼(jiào)：边界。

[3]几：接近。

[4]渊:沉静。

[5]与:和人相处。

[6]正:为政。

[7]尤:过失。

[8]混成:浑然一体,自然生成。

[9]寥:空旷。

[10]周行:循环运行。

[11]字:取名。

[12]强为之名:勉强地形容描述它。

[13]弊:破败。

[14]冲:空虚。

[15]讷:说话迟钝。

[16]天之道:大自然运行的规律。

[17]奉:供给。

[18]见:显露。

【导读】

　　《老子》以"道"为核心范畴,探寻世界本源,其关于"道"的论说是中国哲学本体论的开始。在老子看来,"道"是宇宙万物的源头根本,"道"永远存在,运行不息。《老子》对人生与社会政治也有深入的思考,以朴素的辩证法来启人心智。对于人生,老子主张清静以修身,教人处世的原则。"成缺""盈冲""直屈""巧拙""辩讷",既相互对立又相互转化,人生正是在对立与相互转化中确定一个合适的位置。对于社会政治,老子认为"损不足以奉有余"的弊端在于违背"天之道",所以他主张圣人须效法"天之道",以"损有余而补不足",面对社会生活中的不平等现象,老子的"均富"愿望虽不可能实现,却包含着深邃的哲理。

　　《老子》的语言平直简约又意旨幽深,常常寥寥几笔就能点出深意,传达出精奥的道理。其论说艺术也有相当的成就,往往赋予理论以生动鲜明的形象,将深奥的理论具象化,通过比喻等方法直接深化论点,显得雄辩有力。此外,《老子》一书全文句式整齐,大致押韵,为诗歌体之经文。读之朗朗上口,易诵易记,体现了中国文字的音韵之美。

宋李涂《文章精义》:《老子》《孙武子》,一句一理,如串八宝珍瑰,间错而不断,文字极难学;唯苏老泉数篇近之。

明胡应麟《少室山房笔丛》卷二七:余谓老聃、庄周、杨朱之学,三者同源而实异流。老聃濡弱,以退为进;庄周诞慢,游方之外;杨朱贵生,毫末不捐。故老流于深刻,庄蔽于狂荡,杨局于卑陬。

三、礼记·大同

昔者仲尼与于蜡宾[1],事毕,出游于观之上[2],喟然而叹[3]。仲尼之叹,盖叹鲁也[4]。言偃在侧[5],曰:"君子何叹?"

孔子曰:"大道之行也[6],与三代之英[7],丘未之逮也[8],而有志焉[9]。"

"大道之行也,天下为公[10],选贤与能[11],讲信修睦[12]。故人不独亲其亲,不独子其子[13],使老有所终,壮有所用,幼有所长,矜寡孤独废疾者,皆有所养[14]。男有分,女有归[15]。货,恶其弃于地也,不必藏于己[16];力,恶其不出于身也,不必为己[17]。是故谋闭而不兴,盗窃乱贼而不作,故外户而不闭[18]。是谓大同。"

"今大道既隐,天下为家[19],各亲其亲,各子其子,货力为己。大人世及以为礼[20],城郭沟池以为固[21],礼义以为纪。以正君臣,以笃父子[22],以睦兄弟,以和夫妇,以设制度,以立田里,以贤勇知,以功为己[23]。故谋用是作[24],而兵由此起。禹、汤、文王、武王、成王、周公由此其选也[25]。此六君子者,未有不谨于礼者也[26]。以著其义,以考其信,著有过,刑仁讲让,示民有常[27]。如有不由此者,在势者去[28],众以为殃[29]。是谓小康[30]。"

(选自阮元校刻《十三经注疏》卷二十一,中华书局,1980年版)

【注释】

[1]昔者:过去,当初。仲尼:孔子。与(yù)于蜡(zhà)宾:作为配祭人员,参与蜡祭。蜡,古代天子或诸侯举行的年终祭礼。宾,陪同祭祀的人。

[2]观(guàn):古代宫门外两侧相对的象征性建筑,又称阙。

[3]喟(kuì)然:叹气的样子。

[4]叹鲁:叹息鲁国礼乐的衰败。鲁国为周公的封地,而周公为周礼的制定者。周王室东迁之后,周礼尽在鲁国。孔子在蜡祭上看到以鲁国为代表的周礼的崩坏,引发了对上古大同社会的向往。

[5]言偃:字子游,吴国人,孔门文学科代表之一,也是七十二贤人中唯一的南方人。

[6]大道之行:儒家大同之道流行的时代,指尧舜以上的上古时代。

[7]三代之英：指夏商周三代的开创者和礼乐制度创立者，即禹、汤、文王、武王、成王和周公。

[8]逮：及，赶上。

[9]有志焉：有志于此。焉：兼词，相当于介词"于"加代词"是"，意为在这方面。

[10]天下为公：天下的一切都是公产。为，是，属于。

[11]与(jǔ)：同"举"。

[12]讲信修睦：讲求诚信，谋求和睦。

[13]"故人不独"二句：人们不只把自己的父母当成父母来孝顺，不只把自己的孩子当成孩子来抚养。两句中的第一个"亲"和"子"都是意动用法，"以……为亲""以……为子"。

[14]"矜寡"二句：社会弱势群体得到供养和保障。矜(guān)，同"鳏"，老而无妻的男子。寡，老而无夫的女子。孤，年幼丧父的孩子。独，年老无子的人。废，失去劳动力的人。疾，有病的人。

[15]分：职责。归：有自己的夫家。

[16]"货，恶其"三句：既不愿意财物扔在地上浪费，也不一定非要藏在自己家里。

[17]"力，恶其"三句：既嫌恶有力不肯出力，也不一定出力就是为了自己。

[18]"是故谋闭"三句：因为这个缘故计谋闭塞而不萌发，盗窃、叛乱、残害之事也不发生，出门时将门从外边合上，而不上锁。

[19]隐：消逝。天下为家：天下的一切都成了私产。

[20]大人世及以为礼：诸侯大夫们把血缘世袭当作礼法制度。世，父传位给子。及，兄传位给弟。

[21]城郭沟池以为固：将内外城墙、壕沟和护城河作为坚固的防御设备。城，内城的城墙。郭，外城的城墙。沟，壕沟。池，护城河。

[22]以正君臣，以笃父子：用来使君臣关系规范，用来使父子关系淳厚。

[23]"以立田里"三句：用来规范乡里，用来把勇敢和智慧的人当作贤才，把为自己做事当作功业。

[24]故谋用是作：所以计谋由此而萌发。用，因，由。

[25]由此其选也：倒装句，同"其选由此也"，他们(指禹、汤等人)因为这个缘故被(时代)选择出来。

[26]"此六君子"二句：这六位君子，没有哪个不郑重认真地对待礼制。

[27]"以著其义"五句：用礼来彰显合乎道义的事情，用礼来考察合乎信义的事情，用礼来揭露有过失的事情，把仁义当作规范，提倡谦让，用礼来向民众昭示一切有常规。刑，同"型"，规范，法则。

[28]在势者去：在位的人被罢免。

[29]众以为殃：民众把它（违反礼制的行为）看成祸害。

[30]是谓小康：这叫作小康社会。小康，小安。

【导读】

本文选自《礼记·礼运》，借助孔子与其弟子言偃的一段对话，表达了战国时期儒家的一种重要的社会发展思想。文章由三部分组成：第一部分追述孔子当年参加鲁国蜡祭后的感慨以及弟子言偃由此发出的疑问；第二部分为孔子对尧舜以上大同社会的追忆，充满激情地详尽描绘了"大道之行也，天下为公"的美好；第三部分则着力描写"大道既隐，天下为家"的小康社会。其时虽不及大同社会理想美好，但礼制兴起，社会仍有着较为规范的秩序，禹、汤、文王、武王等夏商周三代之英是其杰出的代表。

将此前的人类社会划分为大同和小康两个历史阶段，并将大同社会作为最高的社会理想，此为典型的儒家人类社会发展阶段学说，影响深远。近代以来，"大道之行也，天下为公"，成为一代又一代进步思想家的共同追求。康有为、孙中山和中国共产党人都曾对大同和小康做出过基于自己政治理念的阐释和发挥。

《礼记》又名《小戴礼记》，相传为孔子弟子及其后学所作，西汉礼学家戴圣编定，共二十卷四十九篇。该书以对先秦礼制的探讨和阐发为主要内容，保存了大量上古典章制度资料，广泛反映了先秦儒家的哲学思想、社会思想、教育思想及美学思想等，是战国秦汉间儒家思想文献的汇编。

清康有为《礼运注》：大道者何？人理至公，太平世大同之道也。三代之英，升平世小康之道也。孔子生据乱世，而志则常在太平世，必进化至大同，乃孚素志。至不得已，亦为小康。而皆不逮，此所由顾生民而兴哀也。

孙中山《三民主义》：我现在就是用"民生"二字，来讲外国近百十年来所发生的一个最大问题，这个问题就是社会问题，故民生主义就是社会主义，又名共产主义，即是大同主义。

四、孟子(选读)

孟子曰:"人皆有不忍人之心[1]。先王有不忍人之心,斯有不忍人之政矣。以不忍人之心,行不忍人之政,治天下可运之掌上。所以谓人皆有不忍人之心者:今人乍见孺子将入于井[2],皆有怵惕恻隐之心[3];非所以内交于孺子之父母也[4],非所以要誉于乡党朋友也[5],非恶其声而然也。由是观之,无恻隐之心,非人也;无羞恶之心,非人也;无辞让之心,非人也;无是非之心,非人也。恻隐之心,仁之端也;羞恶之心,义之端也;辞让之心,礼之端也;是非之心,智之端也。人之有是四端也,犹其有四体也。有是四端而自谓不能者,自贼者也;谓其君不能者,贼其君者也。凡有四端于我者,知皆扩而充之矣。若火之始然[6],泉之始达。苟能充之,足以保四海[7];苟不充之,不足以事父母。"

(选自朱熹集注《四书集注》,岳麓书社,1985年版)

【注释】

[1]不忍人之心:怜悯心、同情心。
[2]乍:突然、忽然。
[3]怵惕:恐惧警惕。
[4]内(nà)交:"内"同"纳",即结交。
[5]要誉:博取名誉。"要":同"邀",追求、博取之意。
[6]然:同"燃"。
[7]保:定、安定。

【导读】

本文选自《孟子·公孙丑上》,系统地传达了孟子的"四心""四端"的思想。所谓"四心四端",就是"恻隐之心,仁之端也;羞恶之心,义之端也;辞让之心,礼之端也;是非之心,智之端也"。孟子从性善论出发,认为恻隐、羞恶、辞让、是非这四心(四种情感)是仁义礼智的萌芽,仁义礼智这四种德行,即来自这四心,故称四端。四心四端是先天潜在的自性，同时又需后天培养巩固。因为四心只是仁义礼智的发端，还比较弱，不用心加以培养扩充，则很容易夭折。在孟子看来，四心人皆有之，是完美人格心性的起码价值尺度，一个人若无此四心则不配做人。

　　四心人皆有之，此言不虚。冒险入水救人、施舍乞讨者、救助流浪动物是恻隐之心的表现；廉颇负荆请罪、周处除三害则是羞恶之心的典型例子；尧舜让贤、孔融让梨是辞让之心的知名事例；而不为五斗米折腰的陶渊明、慷慨赴死的文天祥，则是有是非之心的优秀呈现。总而言之，一切有利于善性的扩展、良知的培养、正气的弘扬、道德的提升的思想，都应该得到尊崇和发扬。反之，一切不利于善性的扩展、良知的培养、正气的弘扬、道德的提升的思想，都应该毅然决然地抛弃。

五、周易略例（选读）

王弼

夫象者[1]，出意者也[2]。言者[3]，明象者也。尽意莫若象，尽象莫若言。言生于象，故可寻言以观象[4]。象生于意，故可寻象以观意。意以象尽，象以言著。

故言者所以明象，得象而忘言[5]。象者所以存意，得意而忘象。犹蹄者所以在兔[6]，得兔而忘蹄；筌者所以在鱼[7]，得鱼而忘筌也。然则，言者，象之蹄也；象者，意之筌也。是故存言者，非得象者也；存象者，非得意者也。

象生于意而存象焉，则所存者乃非其象也。言生于象而存言焉，则所存者乃非其言也。然则，忘象者，乃得意者也；忘言者，乃得象者也。得意在忘象，得象在忘言。故立象以尽意，而象可忘也。重画以尽情[8]，而画可忘也。

（选自王弼撰、楼宇烈校释《周易注》，中华书局，2011年版）

【注释】

[1]象：就卦而言，是指卦象，推而广之，是指一切可以名状的征兆。

[2]意：这里有两层意思，一是指由卦象或任何物象所显示出来的意义；另一层是指圣人之意，也就是象和言的本源。

[3]言：一是指卦辞和爻辞（狭义）；一是指语言，尤其指书面语言。

[4]观：指"示"，体察的意思。

[5]忘：在这里是不执着。

[6]蹄：兔网，捕兔的工具。

[7]筌：捕鱼器。

[8]重画：指重叠的八卦而成六十四卦。情：指事物的情实。

【导读】

王弼(226—249),字辅嗣,三国曹魏山阳(今河南省焦作市)人,经学家、哲学家,魏晋玄学的主要代表人物及创始人之一。

王弼易学是道家易的代表,其尽扫象数之学,从思辨的哲学高度注释《易经》。这是《易》学研究史上的一次飞跃。王弼认为,事物本体的道是可以认识的,圣人的治世之道也是可以认识的,其认识论集中表现在他对《周易》中的"意""象""言"三个概念关系的论述上。所谓"言"是指卦象的卦辞和爻辞的解释;"象"是指卦象;"意"是卦象表达的思想,即义理。王弼指出,"言""象""意"三者之间是递进表达与被表达的关系。通过"言"可以认识"象";通过"象"可以认识"意"。但明白了意,就不要执着于象;明白了卦象,就不要执着于言辞。

六、六祖坛经[1]（选读）

惠能讲　法海集记[1]

惠能大师于大梵寺讲堂中，升高座，说摩诃般若波罗蜜法[2]，授无相戒[3]。其时座下僧尼、道俗一万余人[4]，韶州刺史韦璩及诸官寮三十余人、儒士三十余人，同请大师说摩诃般若波罗蜜法。刺史遂令门人僧法海集记，流行后代，与学道者承此宗旨，递相传授，有所依约，以为禀承，说此《坛经》。

惠能大师言："善知识！净心念摩诃般若波罗蜜法。"大师不语，自身净心，良久乃言："善知识静听。惠能慈父，本官范阳。左降流于岭南，作新州百姓。惠能幼小，父又早亡。老母孤遗，移来南海。艰辛贫乏，于市卖柴。忽有一客买柴，遂令惠能送至于官店。客将柴去，惠能得钱，却向门前，忽见一客读《金刚经》[5]。惠能一闻，心明便悟。乃问客曰：'从何处来持此经典？'客答曰：'我于蕲州黄梅县东冯墓山[6]，礼拜五祖弘忍和尚[7]。见今在彼，门人有千余众。我于彼听见大师劝僧俗，但持《金刚经》一卷，即得见性，直了成佛。'惠能闻说，宿业有缘，便即辞亲，往黄梅冯墓山，礼拜五祖弘忍和尚。"

弘忍和尚问惠能曰："汝何方人，来此山礼拜吾？汝今向吾边复求何物？"惠能对曰："弟子是岭南人，新州百姓。今故远来礼拜和尚。不求余物，唯求作佛。"大师遂责惠能曰："汝是岭南人，又是獦獠[8]，若为堪作佛？"惠能答曰："人即有南北，佛性即无南北。獦獠身与和尚不同，佛性有何差别？"大师欲更共语，见左右在旁边，大师更不言，遂发遣惠能，令随众作务。时有一行者，遂遣惠能于碓坊，踏碓八个余月。

五祖忽一日唤门人尽来。门人集运，五祖曰："吾向汝说，世人生死事大。汝等门人，终日供养[9]，只求福田[10]，不求出离生死苦海[11]。汝等自性若迷[12]，福门何可救汝[13]？汝总且归房自看，有智惠者，自取本性般若之知[14]，各作一偈呈吾。吾看汝偈，若悟大意者[15]，付汝衣法，禀为六代，火急急！"

门人得处分，却来各至自房，遂相谓曰："我等不须澄心用意作偈，将呈和尚。神秀上座是教授师[16]，秀上座得法后，自可依止，偈不用作。"诸人息心，尽不敢呈偈。时大师堂前有三间房廊，于此廊下供养，欲画楞伽变相[17]，并画五祖大师传授衣法，流行后代，为记。画人卢珍看壁了[18]，明日下手。

上座神秀思惟：诸人不呈心偈，缘我为教授师。我若不呈心偈，五祖如何得见我心中见解深浅？我将心偈上五祖呈意，求法即善，觅祖不善，却同心夺其圣位。若不呈心偈，终不得法。良久思惟，甚难，甚难。夜至三更，不令人见，遂向南廊下中间壁上题作呈心偈，欲求得法。若五祖见偈，言此偈语，若访觅我，我宿业障重[19]，不合得法。圣意难测，我心自息。秀上座三更于南廊下中间壁上，秉烛题作偈。人尽不知。偈曰：

身是菩提树，心如明镜台，时时勤拂拭，勿使惹尘埃。

神秀上座题此偈毕，归卧房，并无人见。五祖平旦，遂唤卢供奉来南壁下，画楞伽变相。五祖忽见其偈，请记。乃谓供奉曰："弘忍与供奉钱三十千，深劳远来，不画变相了。《金刚经》云：'凡所有相，皆是虚妄[20]。'不如留此偈，与迷人诵。依此修行，不堕三恶道[21]。依法修行人，有大利益。"

大师遂唤门人尽来，焚香偈前，令众人见，皆生敬心。"汝等尽诵此偈，方得见性。依此修行，即不堕落。"门人尽诵，皆生敬心，唤言善哉！

五祖遂唤秀上座于堂内问："是汝作偈否？若是汝作，应得我法。"秀上座言："罪过！实是秀作。不敢求祖。愿和尚慈悲，看弟子有小智惠，识大意否？"五祖曰："汝作此偈，见即未到，只到门前，尚未得入。凡夫依此修行，即不堕落。作此见解，若觅无上菩提，即未可得。须入得门，见自本性。汝且去，一两日来思惟，更作一偈来呈吾。若入得门，见自本性，当付汝衣法。"秀上座去数日，作不得。

有一童，于碓坊边过，唱诵其偈。惠能一闻，知未见性，即识大意。能问童子："适来诵者,是何言偈?"童子答能曰："你不知大师言,生死事大,欲传于法,令门人第'各作一偈来呈吾看,悟大意即付衣法,禀为六代祖'。有一上座名神秀,忽于南廊壁下书《无相偈》一首。五祖令诸门人尽诵。悟此偈者,即见自性;依此修行,即得出离。"惠能答曰："我在此踏碓八个余月,未至堂前,望上人引惠能至南廊下,见此偈礼拜,亦愿诵取,结来生缘,愿生佛地。"童子引能至南廊下,能即礼拜此偈。为不识字,请一人读。惠能闻已,即识大意。惠能亦作一偈,又请得一解书人[22],于西间壁上题着,呈自本心。不识本心[23],学法无益。识心见性,即悟大意。惠能偈曰:

菩提本无树,明镜亦非台。本来无一物,何处惹尘埃。

又偈曰:

心是菩提树,身为明镜台。明镜本清净,何处惹尘埃。

院内徒众,见能作此偈,尽怪。惠能却入碓房。五祖忽见惠能偈,即善知识大意。恐众人知,五祖乃谓众人曰："此亦未得了。"

五祖夜至三更,唤惠能堂内,说《金刚经》。惠能一闻,言下便悟。其夜受法,人尽不知,便传顿法及衣:"汝为六代祖,衣将为信禀,代代相传。法以心传心,当令自悟。"五祖言:"惠能!自古传法,气如悬丝。若住此间,有人害汝,汝即须速去。"

能得衣法,三更发去。五祖自送能于九江驿[24],登时便悟[25]。祖处分:"汝去,努力将法向南,三年勿弘此法,难去,在后弘化[26],善诱迷人。若得心开,汝悟无别[27]。"辞违已了,便发向南。

两月中间,至大庾岭。不知向后有数百人来,欲拟头惠能夺衣法[28]。来至半路,尽总却回。唯有一僧,姓陈名惠顺,先是三品将军,性行粗恶,直至岭上,来趁犯著。惠能即还衣法,又不肯取,言:"我故远来求法,不要其衣。"能于岭上,便传法惠顺。惠顺得闻,言下心开。能使惠顺即向北化人来。

　　惠能来依此地,与诸官僚、道俗,亦有累劫之因。教是先圣所传,不是惠能自知。愿闻先圣教者,各须净心。闻了愿自除迷,于先代悟[29]。惠能大师唤言:"善知识!菩提般若之知,世人本自有之,即缘心迷,不能自悟,须求大善知识示道见性。善知识,遇悟即成智[30]。"

(选自郭朋校释《坛经校释》,中华书局,1983年版)

【注释】

[1] 惠能(638—713):禅宗第六代祖师,又称"六祖慧能",禅宗顿悟派(南禅)的创始人。文化史、宗教史上所谓的中国化的佛教禅宗即指惠能所开创的南禅。惠能提倡不立文字、直指人心的开悟方法,主张明心见性、见性成佛的修养境界。"惠能"也作慧能,"慧"同"惠"。法海:惠能弟子。

[2] 摩诃般若波罗蜜法:度人摆脱轮回,达到彼岸的大智慧之法。摩诃,大。般若,智慧。波罗蜜,到彼岸,有终究、彻底的意思。

[3] 授无相戒:传授不著于相的修行方法。无相,惠能说,"无相者,于相而离相"。即不执着于一切现象。戒,佛教中指"诸恶莫作,众善奉行",这里是指修持。

[4] 一万余人:一本作"一千余人"。

[5] 《金刚经》:全称《金刚般若波罗蜜经》,是释迦牟尼为须菩提长老等人说法做的记录,佛自定经名。金刚,即金刚石,佛以其坚固不坏,来比喻般若永恒真实。该经是大乘佛教的重要典籍,经北朝西域鸠摩罗什与唐玄奘等人翻译,流传中国,也是禅宗奉持的重要经典。

[6] 蕲州黄梅县东冯墓山:在今湖北蕲春、黄梅一带。弘忍先住黄梅县东南的东禅寺,后又结庵冯茂山,即冯墓山,后又称五祖山,在黄梅县东北。

[7] 五祖弘忍和尚:弘忍,俗姓周。家寓淮左浔阳,一说黄梅人。

[8] 獦獠(gé liáo):携犬打猎的南方蛮族。獦,一种短喙犬。獠,打猎,尤指夜间打猎。

[9] 终日供养:成天供养佛、法、僧三宝。

[10] 只求福田:言其只想获福也。

[11] 出离生死苦海:解脱生死,超越轮回,获得大智慧。

[12] 自性若迷:如果迷失自性。

[13]福门:当为"福田"的误写。

[14]自取本性般若之知:自己体认本性中具备的大智慧。

[15]大意:佛性。

[16]神秀上座:俗姓李,开封人。少览经史,博学多闻。后出家,从弘忍学禅,深受弘忍器重。弘忍将衣钵传给惠能,惠能发展出顿悟派南禅。而神秀则坚持渐修坐枯禅,最终开创了禅宗渐修派(北禅)。据《景德传灯录》记载,神秀作偈道:"一切佛法,自心本有,将心外求,舍父逃走。"这与惠能的思想基本接近。

[17]画楞伽变相:画佛说《楞伽经》的故事。变相,犹如我们现在的连环画。

[18]画人卢珍:名叫卢珍的画师,即下文中的卢供奉。

[19]宿业障重:前世作孽,业障深重。佛教的因果论认为,人的生命是轮回的,一个人今世再努力修行,但如果前世作孽过多,便会形成障碍,不能在今世解脱。

[20]凡所有相,皆是虚妄:凡是一切形体、表象、现象,都是虚妄的、不真实的。

[21]三恶道:佛教中有"六道轮回",即天、人、阿修罗(非天)三善道;地狱、饿鬼、旁生(畜生)三恶道。修行能使人向着善道轮回,直至解脱,不坠六道,而作恶则会坠入恶道。

[22]解书人:会写字的人。

[23]不识本心:本心即"本性",禅宗所说的本心、本性指人生来便具有的佛性。

[24]九江驿:在江西九江,从黄梅到九江不可能三更出发,当晚即到。这里指五祖亲自送惠能去九江驿的路上。

[25]登时便悟:登上路程时已经天亮了。

[26]难去,在后弘化:等灾难过去之后,再出来弘法。

[27]若得心开,汝悟无别:如能让人的心开觉悟,见性成佛,便与你的境界没有差别了。

[28]头:可能是"向"字的误写。

[29]闻了愿自除迷,于先代悟:一本作"闻了各自除疑,于先代圣人无别",意思是听了我的宣教后,各人摆脱迷妄,便与古代圣人没有差别了。

[30]遇悟即成智:意思是一旦觉悟,便成就了智慧。禅宗主张顿悟,不悟则迷,一悟便见性成佛。

【导读】

　　《六祖坛经》是一部以惠能讲经为核心,经惠能弟子以及其他僧俗在两百多年间集体完成的著作。主要内容可分三个部分:一、大梵寺开示"摩诃般若波罗蜜法";二、回曹溪山传授"无相戒";三、六祖与弟子之间的问答。惠能在曹溪大倡顿悟法门,主张不立文字,教外别传,直指人心,见性成佛,用通俗简易的修持方法,取代烦琐的义学,流行日广,成为佛教禅宗的正系——南禅顿教。《六祖坛经》的问世是南禅形成的标志,它的出现是佛教史上的一次革命,主要禅学思想包括:一、"佛法不二"思想;二、自修自悟"顿悟成佛";三、"不立文字";四、"三无"思想("无念为宗,无相为体,无住为本")等。《六祖坛经》中的禅学思想是宋明理学重要理论渊源之一,后世理学的"知行观"特别是王阳明的"知行合一"论,与六祖惠能的学说有直接联系。《六祖坛经》还对道教的"知行观""定慧双修观"以及后世道教的发展都不同程度产生影响。其所倡导人间佛教,主张和谐相处的思想和传统,与营造和谐社会理念不谋而合。

七、《中庸》"尊德性而道问学"章疏解[1]

朱熹

尊德性,所以存心,而极乎道体之大也。道问学,所以致知,而尽乎道体之细也。二者,修德凝道之大端也。不以一毫私意自蔽,不以一毫私欲自累。涵泳乎其所已知[2],敦笃乎其所已能[3],此皆存心之属也。析理则不使有毫厘之差,处事则不使有过不及之谬,理义则日知其所未知[4],节文则日谨其所未谨,此皆致知之属也。盖非存心无以致知,而存心者又不可以不致知。故此五句,大小相资,首尾相应,圣贤所示入德之方,莫详于此,学者宜尽心焉。

(选自朱熹集注《四书集注》,岳麓书社,1985 年版)

【注释】

[1]选文为朱熹为《中庸》第二十七章"故君子尊德性而道问学,致广大而尽精微,极高明而道中庸,温故而知新,敦厚以崇礼"这段文字所作的注疏。

[2]涵泳:陶冶、品味。

[3]敦笃:厚道、忠厚、笃厚,在句中有忠实履行的意思。

[4]理义:公理、大义。宋代之后,称讲求儒家经义,探究名理的学问为"义理之学"。

【导读】

《礼记·中庸》"君子尊德性而道问学",意谓君子既要尊重与生俱有的善性,又要经由学习、存养发展善性。宋代理学家、心学家据此提出了各自不同的治学与教学路线。朱熹在《中庸》此章疏解说:"尊德性,所以存心,而极乎道体之大也。道问学,所以致知,而尽乎道体之细也。"认为"尊德性"是"存心养性","道问学"是"格物穷理"。教人,应从"道问学"为起点,上达"尊德性",强调"下学"功夫。陆九渊则认为教人以"尊德性"为先,所谓"先立乎其大",然后读书穷理。朱熹指出:"大抵子思以来,教人之法,惟以尊德性、道问学两事为用力之要。今子静(陆九渊)所说专是尊德性事,而熹平日所论却是道问学多了。"(《朱文公文集·答项平父》)明王守仁则认为,"道问学即所以尊德性也"。"如今讲习讨论,下许多功夫,无非只是存此心,不失其德性而已"(《传习录》上),强调两者之统一。

八、王阳明语录[1]

无善无恶心之体,有善有恶意之动,知善知恶是良知,为善去恶是格物[2]。

(选自王守仁撰《王阳明全集》,上海古籍出版社,1992年版)

【注释】

[1] 王阳明:即王守仁(1472—1529),幼名云,字伯安,阳明乃其别号。浙江绍兴府余姚县(今浙江省余姚市)人,因曾筑室于会稽山阳明洞,自号阳明子,学者称之为阳明先生,亦称王阳明。明代著名的思想家、文学家、哲学家和军事家,陆王心学之集大成者。

[2] 格物:穷究事物的道理。《礼记·大学》:"致知在格物,物格而后知至。"格物致知,为儒家重要概念和研究方法。古代儒家有专门研究"物之理"的学科,后失传。

【导读】

本文所选内容即学界所称的"四句教"。王阳明龙场悟道,深刻认识到"圣人之道,吾性自足,向之求理于事物者误也",其于三十八岁首倡"知行合一""知是行之始,行是知之成";五十岁以后专弘"致良知";五十六岁时将自己的思想归纳为"四句教"。"四句教"是王阳明晚年对自己大半生学术思想的概括性论述,若将"四句教"扩展深化,则当读王阳明的《大学问》。王阳明"四句教"指出:心的本体晶莹纯洁、无善无恶,但意念一经产生,善恶也随之而来;能区分何为善、何为恶这种能力,就是孟子所说的"良知",而儒学主张的格物,就是"为善去恶"。对"四句教"之理解阐说历代来存有争议,为有明思想史的一大议题。"有积极的张扬者如王龙溪,有谨慎的存疑者如清儒李绂,有否认者如刘宗周、黄宗羲师徒,有激烈的批判者如王夫之、颜元、张烈之流。"(参见陈立胜《"四句教"的三次辩难及其诠释学义蕴》)

九、童心说(选读)

李贽[1]

龙洞山农叙《西厢》[2],末语云:"知者勿谓我尚有童心可也。"夫童心者[3],真心也,若以童心为不可,是以真心为不可也。夫童心者,绝假纯真[4],最初一念之本心也。若失却童心,便失却真心;失却真心,便失却真人[5]。人而非真,全不复有初矣。童子者,人之初也;童心者,心之初也。夫心之初,曷可失也[6],然童心胡然而遽失也[7]?

盖方其始也[8],有闻见从耳目而入[9],而以为主于其内而童心失[10]。其长也,有道理从闻见而入[11],而以为主于其内而童心失。其久也,道理闻见日以益多,则所知所觉日以益广,于是焉又知美名之可好也,而务欲以扬之而童心失[12];知不美之名之可丑也,而务欲以掩之而童心失。夫道理闻见,皆自多读书识义理而来也[13]。古之圣人,曷尝不读书哉!然纵不读书,童心固自在也,纵多读书,亦以护此童心而使之勿失焉耳,非若学者反以多读书识义理而反障之也[14]。夫学者既以多读书识义理障其童心矣,圣人又何用多著书立言以障学人为耶?童心既障,于是发而为言语,则言语不由衷;见而为政事[15],则政事无根柢[16];著而为文辞,则文辞不能达。非内含于章美也,非笃实生辉光也[17],欲求一句有德之言,卒不可得。所以者何?以童心既障,而以从外入者闻见道理为之心也。

夫既以闻见道理为心矣,则所言者皆闻见道理之言,非童心自出之言也。言虽工,于我何与?岂非以假人言假言,而事假事文假文乎[18]?盖其人既假,则无所不假矣。由是而以假言与假人言,则假人喜;以假事与假人道,则假人喜;以假文与假人谈,则假人喜。无所不假,则无所不喜。满场是假,矮人何辩也[19]?然则虽有天下之至文[20],其湮灭于假人而不尽见于后世者,又岂少哉!何也?天下之至文,未有不出于童心焉者也。苟童心常存[21],则道理不行[22],闻见不立[23],无时不文,无人不文,无一样创制体格文字而非文者[24]。诗何必古《选》,文何必先秦[25]。降而为六朝[26],变而为近体[27],又变而为传奇,变而为院本,为杂剧[28],为《西厢曲》,为《水浒传》,为今之举子业[29],大贤言圣人之道皆古今至文,不可得而时势先后论也。故吾因是而有感于童心者之自文也[30],更说什么六经,更说什么《语》《孟》乎[31]?

(选自张建业译注《焚书》卷三,中华书局,1974年版)

【注释】

[1]李贽(1527—1602):福建泉州人。明代官员、思想家、文学家。他是泰州学派的一代宗师。

[2]龙洞山农:李贽别号甚多,此当是其别号之一。一说可能是泰州学派的学者颜山农,名钧。叙:同"序"。《西厢》:指元代王实甫的《西厢记》。

[3]童心:本指未经事故、未受社会意识濡染的赤子之心。李贽所说的"童心",是指与虚伪的假道学相对立的真心、真情。

[4]绝假纯真:没有一点虚假,纯粹是真实的。

[5]真人:指还没有失去童心的人。

[6]曷(hé):何,什么。

[7]胡然而遽(jù)失:为什么突然失掉。遽,急,突然。

[8]方其始:刚刚开始懂事。

[9]闻见:听到的和看到的。

[10]主于其内:主宰他的内心世界。

[11]长:成长。道理:指的是程朱理学。

[12]务欲:一定要。扬之:张扬自己的美名。

[13]义理:指程朱理学。

[14]障:蒙蔽。

[15]见:通"现",表现。

[16]根柢(dǐ):树木的根。引申为事业或学问的根基。

[17]"非内含于"二句:意谓不是从内心表现出来的文采美,不是由真诚而发出的光辉。

[18]"岂非"二句:意谓人假了,一切都假。前一个"言""事""文"都是动词,"言"即说,"事"即做,"文"即写。后一个"言""事""文"都是实词。

[19]"满场"二句：矮子观场，看不见场内，虽然满场是假，矮子怎能辨别？矮人，指那些盲目崇拜、不了解真相的人。

[20]至文：最好的文章。

[21]苟：如果，假如。

[22]行：流行。

[23]立：树立。

[24]"无一"句：没有哪一样为人们所创新的文体作品不是文章。

[25]"诗何"二句：明复古派前后七子都主张"文必秦汉，诗必盛唐"，结果导致明中叶的文学脱离现实，使文章的内容空洞和僵化。李贽这两句话就是针对复古派主张而发的。

[26]降而为六朝：指六朝的绮丽文体。降，以下。

[27]变而为近体：指诗歌由古体变为近体律体。近体，指近体诗，包括律诗和绝句。

[28]传奇：指唐人的传奇小说。院本：金代行院演出的戏剧脚本。杂剧：指元杂剧。

[29]举子业：指的是明代科举应试所写的八股文。

[30]自文：自然有好文章。

[31]六经、《语》《孟》：六经指儒家的经典《诗》《书》《礼》《乐》《易》《春秋》。《语》指《论语》，《孟》指《孟子》。

【导读】

"童心说"是李贽最著名的文艺观点。在《童心说》中，李贽首先把批评的矛头直指程朱理学，斥之为假道学。他认为"童心"是创作"天下之至文"的内在基础，是一切文学作品的根本。什么是童心呢？李贽认为可释之为"本心"，这就像人在孩提时代那样未经世故，未受社会习俗、社会意识濡染，心里怎么想的，就怎么说，怎么做，至真至纯。既然童心是与生俱来的，那么后来为什么会丧失掉呢？在李贽看来，随着年龄的增长和"闻见道理"的增多，童心便逐渐丧失。"多读书识义理"成为童心丧失的主要原因。其实，李贽并不是一概反对读书识理，他反对的是程朱理学。他认为程朱理学不仅不能"护此童心"，反而"障其童心"。一旦童心被理学障壁，人失去内在的本真，结果必然导致"以假人言假言，而事假事文假文"。李贽更是大胆地怀疑和否定被宋明理学奉为至尊的"六经"、《语》《孟》。

李贽的"童心说"，实质上传达了明末市民阶层反封建、要求个性解放的思想信息，但他反对"道理闻见",反对"多读书识义理",反对"六经"、《语》《孟》,对传统思想文化采取一概的怀疑、否定的态度,使得"童心"成了无源之水。

清顾炎武《日知录》:自古以来,小人之无忌惮,而敢于叛圣人者,莫甚于李贽。

十、戴震论理欲(《孟子字义疏证》卷上"理"第九条)

戴震

问：宋以来之言理也，其说为"不出于理则出于欲，不出于欲则出于理"，故辨乎理欲之界，以为君子小人于此焉分[1]。今以情之不爽失为理[2]，是理者存乎欲者也，然则无欲亦非欤？

曰：孟子言"养心莫善于寡欲"[3]，明乎欲不可无也，寡之而已。人之生也，莫病于无以遂其生[4]。欲遂其生，亦遂人之生，仁也；欲遂其生，至于戕人之生而不顾者[5]，不仁也。不仁，实始于欲遂其生之心；使其无此欲，必无不仁矣。然使其无此欲，则于天下之人，生道穷促，亦将漠然视之[6]。己不必遂其生，而遂人之生，无是情也[7]。然则谓"不出于正则出于邪，不出于邪则出于正"[8]，可也；谓"不出于理则出于欲，不出于欲则出于理"，不可也。欲，其物；理，其则也[9]。不出于邪而出于正，犹往往有意见之偏，未能得理。而宋以来之言理、欲也，徒以为正邪之辨而已矣[10]，不出于邪而出于正，则谓以理应事矣[11]。理与事分为二而与意见合为一，是以害事。夫事至而应者，心也；心有所蔽，则于事情未之能得，又安能得理乎[12]！自老氏贵于"抱一"，贵于"无欲"，庄周书则曰："圣人之静也，非曰静也善，故静也；万物无足以挠心者，故静也。水静犹明，而况精神，圣人之心静乎！夫虚静恬淡，寂寞无为者，天地之平，而道德之至。"[13]周子《通书》曰："'圣可学乎？'曰，'可。''有要乎？'曰，'有。''请问焉。'曰，'一为要。一者，无欲也；无欲则静虚动直。静虚则明，明则通；动直则公，公则溥。明通公溥，庶矣哉！'"[14]此即老、庄、释氏[15]之说。朱子亦屡言"人欲所蔽"[16]，皆以为无欲则无蔽，非《中庸》"虽愚必明"之道也[17]。有生而愚者，虽无欲，亦愚也。凡出于欲，无非以生以养之事，欲之失为私，不为蔽[18]。

自以为得理，而所执之实谬，乃蔽而不明。天下古今之人，其大患，私与蔽二端而已。私生于欲之失，蔽生于知之失；欲生于血气，知生于心[19]。因私而咎欲，因欲而咎血气；因蔽而咎知，因知而咎心[20]，老氏所以言"当使民无知无欲"；彼自外其形骸，贵其真宰[21]；后之释氏，其论说似异而实同。宋儒出入于老、释，故杂乎老、释之言以为言。《诗》曰："民之质矣，日用饮食。"[22]《记》曰："饮食男女，人之大欲存焉。"圣人治天下，体民之情，遂民之欲[23]，而王道备。人知老、庄、释氏异于圣人，闻其无欲之说，犹未之信也；于宋儒，则信以为同于圣人；理、欲之分，人人能言之。故今之治人者，视古贤圣体民之情，遂民之欲，多出于鄙细隐曲，不措诸意，不足为怪[24]；而及其责以理也，不难举旷世之高节，著于义而罪之[25]。尊者以理责卑，长者以理责幼，贵者以理责贱，虽失，谓之顺；卑者、幼者、贱者以理争之，虽得，谓之逆[26]。于是天下之人不能以天下之同情、天下所同欲达之于上；上以理责其下，而在下之罪，人人不胜指数[27]。人死于法，犹有怜之者；死于理，其谁怜之[28]！

(选自戴震著，何文光整理《孟子字义疏证》，中华书局，1982年版)

【注释】

[1]以为君子小人于此焉分：谓宋以来之儒者一律认为君子存理、小人存欲。

[2]情之不爽失为理：意为情感欲望不过度即是理(适度的欲望合于天理)。爽失，差失，差错，实指过度。

[3]养心：保养善心。寡欲：减少欲望。

[4]"人之生也"二句：人生最痛苦的事莫过于无法满足生存的基本欲望。遂：满足。

[5]戕：危害。顾：顾及，考虑。

[6]"然使其无此欲"四句：真正无欲之人，必然对天下百姓的生计困苦漠然置之(即不关心民生)。

[7]"己不必随其生"三句：只满足他人的欲望而自己没有任何欲望，是不符合情理的。

[8]正：指符合常理。邪：指欲望过度而违背常理。

[9]"欲，其物"二句：欲望是客观存在的东西，而理则是衡量欲望是否合度的法则。

[10]"而宋以来"二句：宋朝以来儒者谈论理和欲，不过是将其作为正和邪的区分而已。

[11]应：处理，评判。指评判事情是否合理。

[12]"夫事至而应者"五句:对事情产生反应的是心,心受到蒙蔽对事情就不能真正掌握,又怎能掌握理?

[13]挠心:扰乱思想。虚静恬淡,寂寞无为:空虚安静,无所作为。平:平准,准则。《老子》第二十二章:"曲则全,枉则直;洼则盈,弊则新;少则得,多则惑。是以圣人抱一为天下式。"《老子》第五十七章:"我无欲,人自朴。"所谓"抱一",也即守静无欲。庄子之语见《庄子·天道》。

[14]周子:周敦颐,著有《太极图说》和《通书》等。要:要领。一:指守一,守静。静虚动直:守静无欲,行动合规合理。溥:同"普",普遍,指合乎普遍准则。庶:庶几,差不多。此句意为:行为能明澈、通达、公允、合准,这样就差不多接近圣人了。

[15]释氏:佛教。因佛教创始人为释迦牟尼,故名。释氏也为佛教徒的姓氏。

[16]人欲所蔽:见朱熹《大学章句集注》。意为:人性变坏是由于受人欲蒙蔽所致。

[17]虽愚必明:《礼记·中庸》谓,坚持博学、审问、慎思、明辨、笃行,则虽愚必明、虽柔必强。

[18]私:指过分追求满足个人欲望。蔽:指思想闭塞,认识不清。

[19]血气:血液和气息,指活的身体。戴震此说有其局限,欲望既有生于身体的本能,也有生于心理。由于科学常识的欠缺,这类认识局限十分普遍,尤其是古代长期认为人的心理活动产生于心(心之官则思),直至现代科学的出现才改变了人们的认识。

[20]咎:归咎,归罪于。

[21]"彼自外其形骸"二句:将自己隔离于自己的形体之外,而重视他们真正的主宰(身心之外无形的道)。

[22]民之质矣,日用饮食:出自《诗经·小雅·天保》,意为:百姓淳朴老实,只在追求温饱。

[23]体民之情,遂民之欲:体察百姓的情感,满足百姓的欲望。

[24]"故今之治人者"六句:当今统治者认为古圣贤体民之情、遂民之欲之事多细微不足道,因而根本不把它们放在心上。鄙细隐曲:指细微不足道。措诸意:置之于心上。

[25]旷世之高节:一世遵守的伦理纲常。著于心而罪之:高举"义"的大旗而加罪于他们。

[26]失:错误,不合理。顺:合理。得:得当,合理。逆:悖逆。

[27]"上以理责其下"三句:只要在下者据理力争,就会罪上加罪,遭受人人指责。不胜指数:数不胜数,极其之多。

[28]"人死于法"四句：人死于法，尚且有人能怜悯他们；如果死于理，能有谁怜悯他们呢？（因"天理"高高在上，故无人敢于怀疑批评，而同情死于理之人。）

【导读】

宋明以来，理学流行。理学家普遍将理、气二分，认为理在气先、天理先于宇宙万物而存在；认为天理不可违背，而世俗之人自出生以后即受人欲影响沾染气质之性，逐渐失去义理之性，故欲存天理，必灭人欲。要之，天理、人欲截然不可两立。朱熹有言："圣人千言万语只是教人存天理、灭人欲。"（黎靖德编《朱子语类》卷十一）是将理欲对立、存理灭欲观点追溯至上古圣贤，以显示"存天理、灭人欲"之说的根基深厚、不可动摇。

理、欲是否真的截然对峙、不可两立？天理究竟为何？宋儒所谓"天理"是否真正的天理？"存天理、灭人欲"之说危害究竟如何？诸如此类问题虽间或有人探究，但慑于理学势力的强大和专制统治的严酷，始终缺少真正的勇士进行系统深入的批驳，直至戴震的出现，才给予理学以致命一击，还理、欲以本来面目。

戴震（1724—1777），字东原，安徽休宁隆阜（今黄山市屯溪区黎阳镇隆阜村）人。清代乾嘉朴学的代表人物，杰出的思想家。戴震自幼即矢志于求道明道，而不满足于考据训诂。他因出身于徽州下层商人之家，悉知百姓疾苦，对理学家"存天理、灭人欲"之说的危害感触最深，故而立志追本溯源，探究先秦儒学真义、古圣贤治民之理，揭出后儒与先贤立论的根本不同，并进而暴露宋儒所谓"天理"实为一己（或少数人）之意见，而并非真正的天理；且理、欲并非截然对立，而是相互依存；正常的不逾度的欲望即为天理，理实存于欲中，理并非离开宇宙万物而独存。古圣贤深知此理，故总是能体民之情，遂民之欲；后儒违背此理，故宣扬存天理、灭人欲；宋儒宣扬理、欲对立，实无异于以理杀人，且更甚于酷吏。戴震的大胆言论可谓石破天惊，实是其毕生思考的结果，体现了戴震实事求是的精神和深沉的忧患意识。戴震以《孟子字义疏证》为代表的著作，总结并反思了宋明哲学（理学）的得失，以大无畏的勇气发出醒世呐喊。戴震无疑站在时代的最前列，启导了近代民主思想的曙光。

戴震《孟子字义疏证》假借问答的形式，以疏解阐释儒家经典著作《孟子》关键词来发表自己的思想，实是一种安全的策略。

本章思考题及延伸阅读

思考题

1. 讨论儒家大同思想对我国近代进步思想家的影响。
2. 讨论禅宗对佛教的发展及其影响。
3. "尊德性"和"道问学"治学路径的不同及其影响。
4. 王阳明心学的主要内容及其意义。
5. 戴震提出"体民之情,遂民之欲"思想的学术背景及其理论意义。

延伸阅读

1. 冯友兰著《中国哲学史》,华东师范大学出版社,2000年版。
2. 汤一介著、李中华主编《中国儒学史》,北京大学出版社,2011年版。
4. 李养正著《道教概说》,中华书局,1980年版。
4. 方立天著《佛教哲学》,中国人民大学出版社,1986年版。
5. 印顺著《中国禅宗史》,江西人民出版社,1999年版。
6. 王弼撰,楼宇烈校释《周易注》,中华书局,2011年版。
7. 李镜池著《周易通义》,中华书局,2007年版。
8. 张立文著《宋明理学研究》,人民出版社,2002年版。
9. 左东岭著《王学与中晚明士人心态》,人民文学出版社,2000年版。

附录

一、厚德载物、兼容并包的国学

(一)国学名称由来及其内涵

关于国学的概念,到目前为止,学术界尚未做出明确的界定。

"国学"自古有之,《周礼》《汉书》《后汉书》《晋书》都使用过"国学"概念。庐山有一个南宋朱熹所建的学校,叫白鹿洞书院。但朱熹之前,这个学校不叫白鹿洞书院,而是叫"白鹿洞国学"。由此可知,"国学"本指"国立学校"。现代学术文化意义上的"国学"概念最早起源于何时、出自何人之手,难以确考,但其产生于19世纪末20世纪初当无疑问。其时中国固有的学术因西学之侵入而式微,中国学者为了保存中国固有的学术而纷纷著书立说,希冀挽狂澜于既倒。张之洞、魏源等人提出"中学"(中国之学)概念,主张"中学为体,西学为用",一方面学习西方文明,同时又恢复两汉经学。章炳麟、邓实、刘师培、黄节、黄侃、马叙伦等人则提出"国粹"概念,所谓国粹,即中国固有文化之精华,主要包括中国有史以来的语言文学、典章制度和人物事迹的"可为法式者"三项,主张"用国粹激动种性,增进爱国热肠",强调在效法西方、改革中国政治的同时,必须立足于复兴中国固有文化,从传统文化中发掘中国近代化所需要的东西。由于中国固有的学术并非尽是精华,章太炎(炳麟)特改"国粹"为"国故",所谓国故,乃中国掌故的简称。"掌故"一词始见于《史记》,本指一国之文献,故可用来指所研究的对象,却不可用来指所研究的学科,因此便产生了"古学""旧学""中学""汉学""国故学""国学""中国学"等名词。1934年,章炳麟在苏州创办章氏国学讲习会,对国学做了总结性的讲解。这些演讲经过记录整理,出版了《国故论衡》《国学概论》《章太炎国学演讲录》等书,在20世纪二三十年代影响很大。其所谓的"国学"概念,则越来越为大众所接受。章炳麟所谓国学分为"小学""经学""史学""诸子""文学"五部分,由此可以看出他对国学范围的界定。"国学"一词终被广泛使用后,成为与西学、新学相对的新学科名。1949年新中国成立后,随着批判胡适买办哲学和资产阶级唯心史观,以及历次的文艺批判运动,"国学"作为一个口号或名词已基本消失。一直到20世纪80年代后,随着"爱我中华"之风日炽和"中国崛起"口号之响起,尤其是孔子学院在海外的遍布和祭孔大典在国内的连续上演,"国学"又在海内外以前所未有的热度火起来。

总而言之,何谓"国学"? 以我国固有的文化学术为研究对象,进行科学的研究,使之成为一门科学即是国学。

(二)国学的范围及其分类

国学范围广阔无垠,为了便于研究必须进行分类。

最早给中国学术分类的,当首推庄子《天下篇》。其将中国学术分为:邹鲁之士、缙绅先生之学——《诗》《书》《礼》《乐》《易》《春秋》;墨翟、禽滑厘之学;宋钘、尹文之学;彭蒙、田骈、慎到之学;关尹、老聃之学;庄周之学;惠施多、桓团、公孙龙之学。此后,荀子《荀子·非十二子》,司马谈《论六家要旨》,淮南王刘安《淮南子·要略训》,刘向、刘歆父子《七略》,班固《汉书·艺文志》等皆对中国学术作了各具特色的分类。汉以后学术种类愈加繁复,非《艺文志》六略所能囊括,于是逐步出现了四部分类法,《隋书·经籍志》借鉴这种新的分类法,将其发展定型为经、史、子、集四大部,并为后世沿用。今将清代《四库全书目录》所分门类列下:

(一)经部:易类、书类、诗类、礼类、春秋类、孝经类、五经总义类、四书类、乐类、小学类等10个大类。

(二)史部:正史类、编年类、纪事本末类、杂史类、别史类、诏令奏议类、传记类、史钞类、载记类、时令类、地理类、职官类、政书类、目录类、史评类等15个大类。

(三)子部:儒家类、兵家类、法家类、农家类、医家类、天文算法类、术数类、艺术类、谱录类、杂家类、类书类、小说家类、释家类、道家类等14大类。

(四)集部:楚辞、别集、总集、诗文评、词曲等5个大类。

以上所列为我国典籍的类别。虽然学术以典籍为主体,但学术不等同于典籍,因此学术分类不能等同于典籍分类。近现代学者对国学学科形态和学术范畴有过各种界定,治国学的目的和角度不同、学术渊源与时代背景不同等等,都会导致对国学性质、内容、范畴、功用等有不同的认识。

梁启超在《治国学的两条大路》中指出:国学一是文献的学问;二是德性的学问。前者略相当于西方广义的史学,后者略相当于哲学。其从总体上将国学分成文本材料和思想品质两大部分,所分较为宏观而粗略。

1906年,章太炎在《民报》上刊登"国学振兴社广告",公布国学讲习内容。其内容共分六种:1.诸子学;2.文史学;3.制度学;4.内典学;5.宋明理学;6.中国历史。此分类方法继承传统,涵盖了经史子集诸门的文献材料,也参照西学的形态,用学术史的体系来贯穿传统材料，使国学一开始就呈现出系统性的学科形态，简明而实用，具有开创性和示范作用。

1907年，刘师培等人的"国学保存会"在《国粹学报》三卷一期上所刊"国粹学堂"的课目表上有经学、文字学、伦理学、心性学、哲学、宗教学、政法学、实业学、社会学、史学、典制学、考古学、地舆学、历数学、博物学、文章学、音乐学、国画学、书法学、武事学、译学等21门。每门再按学术史、流派、时代、地域、学术分支等来分小类，如经学分为源流及流派、汉儒经学、宋明经学、近儒经学、经学大义，即以学术分支为纬。这样经纬齐全的国学学科形态虽略显琐碎，但系统、全面、纲目整齐、范畴清晰。"国粹学堂"课目表对近现代中国大学的学科形态影响巨大，很多学科由此而来，至今可资参考。

相关分类很多，难以一一列举。但不管是论述还是列目，是简约还是详细，是宏观还是微观，各家切入点主要有三：一是侧重材料，即章太炎"国学之本体"，重文献或原典，承传统者多用"四部"法来分类，重西学体系者多按一定系统归"四部"典籍于各西式学科门类之下；二是侧重方法，即章太炎"治国学之方法"，主要是传统考据的方法，以通小学为基础，通习文字、音韵、训诂、版本、目录、校勘、辑佚、辨伪、金石以及后出的甲骨、简帛之学等，传统小学或归在"经部"中，或作为治学方法独立出来，如章太炎《国故论衡》"小学、文学、诸子学"三分，以小学十篇列于首；三是侧重学术史，即章太炎"国学的派别"，正所谓知古今学术流变之大势。

中国学术的学科流派研究表现为对学术传统的传承和学术师承的研究，而西学则表现为学科的严密分类和对各门学科发展史的研究。近代中国学术史有纵向、横向两种分类。纵向的，是各时代主流学术派别的发展史，如江林昌分中国学术史为8个时期：1.五帝时代的神巫之学；2.夏、商、西周的史官之学；3.春秋战国的百家之学；4.西汉、东汉的儒学；5.魏、晋时期的玄学；6.南北朝、隋唐的佛学；7.宋明时期的理学；8.清代的汉学。横向的，则如文、史、哲平行的分类，章太炎分为"经学之派别、哲学之派别、文学之派别"。

实际操作中，"材料、方法、学术史"时有交叉，"小学"主要是方法，但小学典籍又是经部中的材料。传统学术的"义理、考据、辞章"实属不同范畴的交叉："义理"重思想道德，偏学术史；"考据"重考证阐释，偏方法；"辞章"是文本内容，偏材料。传统学术注重综合性的融会贯通，故义理、考据、辞章合于一，治国学者必须综合应用，与西学详细分类的形态难平行对应。这正好证明国学具有很强的综合性特点，它是一个完整的文化学术体系而非众多学科的集合。国学有自己的学科形态定位，不能够也没必要用西学尺度来衡量或改造它。国学应在注重文史哲学术分析的基础上打通学科界限，达到互动、互证、互补的融通。20世纪中叶以来,大学文科参照西学设置,拆分综合性的国学学科体系为平列的文、史、哲等,越分越细,不断分出更多完全隔离的分支学科,使培养出的人才的知识结构越来越狭窄,综合能力越来越差。而今返回国学综合性形态的必要性日显,重建国学学科的意义也就不言自明。

(三)研究方法和研究工具

国学研究方法很多,有具体的纯技术性的方法,有宏观的学理性的方法。这里选介一二。

具体的纯技术性的方法,民国马瀛《国学概论》指出有诸如观察、会通、怀疑、辨伪、明诬、勘误、归纳、比较、分类、整理、辑补、统计、调查、发掘、评判等。

宏观的学理性的方法,如章太炎的治学方法:1.辨书籍的真伪;2.通小学;3.明地理;4.知古今人情的变迁;5.辨文学应用。

再如王国维的治学方法。1.治学三境界说。其在《人间词话》中指出,古今之成大事业、大学问者,必经过三种之境界:"昨夜西风凋碧树,独上高楼,望尽天涯路。"此第一境也。"衣带渐宽终不悔,为伊消得人憔悴。"此第二境也。"众里寻他千百度,蓦然回首,那人却在,灯火阑珊处。"此第三境也。2.二重证据法。王国维指出,"吾辈生于今日,幸于纸上之材料外,更得地下之新材料。由此种材料,我辈固得据以补正纸上之材料,亦得证明古书之某部分全为实录,即百家不雅训之言亦不无表示一面之事实。此二重证据法惟在今日始得为之"。陈寅恪说:"一曰取地下之实物与纸上之遗文互相释证";"二曰取异族之故书与吾国之旧籍互相补正";"三曰取外来之观念,以固有之材料互相参证。"

在王国维先生的二重证据法基础上,黄现璠提出三重证据法(又称黄氏三重证据法)三重证据便是:纸上之材料、地下之新材料、口述史料。徐中舒三重证据法则是在二重证据法的基础上,运用边裔的少数民族史料,包括民族史、民族学、民俗学、人类学史料研究先秦史。而饶宗颐的三重证据法是在二重证据法的基础上,将考古材料又分为两部分——考古资料和古文字资料。三重证据便是有字的考古资料、没字的考古资料和史书上的材料。李学勤对此三重证据法十分认同。

叶舒宪的三重证据法是在二重证据法的基础上,再加上文化人类学的资料与方法的运用。叶舒宪的三重证据法是考据学、甲骨学和人类学互相沟通结合的结果。

至于国学研究工具,民国马瀛《国学概论》第三编"研究工具"所列,可资参考。其所列有:1.文字学;2.音韵学;3.训诂学;4.章句学;5.版本学;6.文法学;7.言语学;8.考据学;9.目录学。

(四)科学认识国学价值

1.国学与西学的关系既是对立的,又是互补的。在保证民族文化的独立性前提下,要懂得文化的交流、融合和互补。不能孤芳自赏,自高自大,取长补短才是"人间正道"。

2.国学是一个文化共生矿,有精华也有糟粕。要"批判地继承",要"取其精华,弃其糟粕",如此方是科学主义的立场。

3.传统国学的优势,主要在人文社会科学领域,人文社会科学的辉煌成就足以引起中华儿女的民族自豪感。自然科学虽然也取得一定的成果,但是当代中国人应该有勇气承认,中国自然科学方面的建树,整体上是逊色于西方的。即使在人文社会科学领域,中学亦并非在所有领域都占尽风流。例如逻辑学、纯粹思辨学、经济学、语法学的不够发达,便是不能回避、回护的事实。明长知短,才能扬长补短。

4.复兴国学或曰弘扬传统文化,必须合乎时代价值取向的目的性。应在合理继承、开发、利用传统学术资源的基础上,创造新的民族文化,振奋民族精神,增强民族凝聚力,为构建社会主义和谐社会服务,并为世界文明的发展贡献中华民族的智慧与创造成果。

5.对国学的发展前景可抱乐观的态度,但如何提升、拓展、创新,使其健康发展,则有赖当代中国人与后继者的通力合作,下扎扎实实的功夫。在这个过程中,政府的支持、引领与知识界人士的参与、把握至关重要。

6.在今天这样一个全球化时代,复兴中国传统文化是极其重要的一环,没有这一环中国不可能有新的文化建设,没有强大的中国特色的文化软实力,未来的中华民族是难以屹立于世界先进民族之林的。弘扬和传承中国国学意义重大。重振国学,必然能唤起文化自觉,恢复文化自信,增强民族凝聚力,从而为中华民族的伟大复兴打下坚实的文化基础。

二、诗骚传统与中国文学

诗骚传统又称风骚传统，即《诗经》和以《离骚》为代表的楚辞所形成的文学精神的传统。诗、骚作为中国文学的重要源头，之后的中国文学思想无不是其精神的繁衍和延续。清代学者章学诚在《文史通义》中说："廊庙山林，江湖魏阙，旷世而相感，不知悲喜之所从，文人情深于诗骚，古今一也"，点明了诗、骚乃是历代文人的心灵之寄托以及文人创作和诗、骚的源承关系。那么，诗骚传统为什么会成为中国文学精神的灵魂？其实，《诗经》、楚辞虽然并称，但二者却代表了两种完全不同并构成互补关系的文化类型。基于这种互补关系，基于巨大反差中的强大张力，在情感类型的选择、风格特征的呈现、艺术手法的运用以及文学样式构建上，《诗经》、楚辞给后代确立了文学范式。

（一）情感类型：群体与个体，熔铸诗心

《诗经》维系群体利益，楚辞支撑个体信念。《诗》是周代礼乐文化的产物，所收的作品，最初主要用于典礼、讽谏和娱乐，是周代礼乐文化的重要组成部分，成书以后，广泛地流传各诸侯国，运用于各种祭祀、朝聘、宴饮，以及政治外交活动中。其中，《周颂》和《大雅》之诗，或为祭祖之颂歌，或为籍田礼之乐歌，或为《武》乐之歌辞，或为冠礼之祝辞，均是礼乐制度的表征形式。而《小雅》中的大部分及《国风》之全部则是因为对现实的关注与讽谏的功能而被收入。《周颂》和《大雅》《小雅》仪式乐歌事关礼乐制度，后一类讽谏和颂美之诗则体现了理智的力量对日常生活的呈现。如《诗经》中的燕飨诗，以君臣、亲朋欢聚宴享为主要内容，宴饮中的仪式，体现了礼的规则和人的内在道德风范。燕飨诗赞美守礼有序、宾主融洽的关系，而对不能循礼自制、纵酒失德的宴饮，则是否定的。《小雅·鹿鸣》："呦呦鹿鸣，食野之苹。我有嘉宾，鼓瑟吹笙。吹笙鼓簧，承筐是将。人之好我，示我周行。"燕飨诗以文学的形式，表现了周代礼乐文化的一些侧面。在《诗经》中还有大量的知识分子形象，这些知识分子不但具有很强的政治热情，同时还明察秋毫，具有很强的洞察力，他们关注国家大事，同时更加关心百姓的疾苦，对时局的发展解读也非常透彻，在当时污浊的环境下，他们不畏强权，能够勇敢站出来表现自己的义愤，进行批判。这些在《小雅·节南山》《小雅·十月之交》等诗篇中都有所体现。

楚辞为南楚文化所孕育，其中《九歌》《招魂》《天问》带有浓厚的楚地巫教文化气息，神秘而浪漫。《离骚》《九章》等作品呈现了个体生命的体验，彰显了对现实的质疑和探

索,彰显了悲剧性与崇高感。以《离骚》为例,诗的开头抒情,主人公写自己先天禀性纯美,而且后天汲汲自修,锻炼才能,又将内在之美与外在之美有机结合:"纷吾既有此内美兮,又重之以修能。扈江离与辟芷兮,纫秋兰以为佩。""朝饮木兰之坠露兮,夕餐秋菊之落英。苟余情其信姱以练要兮,长顑颔亦何伤!揽木根以结茝兮,贯薜荔之落蕊。矫菌桂以纫蕙兮,索胡绳之纚纚。謇吾法夫前修兮,非世俗之所服。"诗人既具有内美、修能、信姱、练要的品质,又在现实中,饮坠露、餐落英、佩香草、法前修,从而具有超越凡人的高洁品质。诗人这种奋发自励、苏世独立的人格,源于对生命终极价值的执着追求,而他的这种追求又与对青春生命的珍视紧密地联系在一起。"日月忽其不淹兮,春与秋其代序。惟草木之零落兮,恐美人之迟暮。""老冉冉其将至兮,恐修名之不立。"诗人唯恐草木零落、美人迟暮,建功立业、实现美政的理想,随着生命的凋零而无法实现。虽然现实政治黑暗,楚国君臣昏聩,诗人的理想追求在现实中碰得头破血流,但他仍然以九死未悔的精神捍卫自己的精神追求,"虽不周于今之人兮,愿依彭咸之遗则","亦余心之所善,虽九死其未悔"。诗人所执着追求的生命终极价值就是美政理想。他为实现这一美政理想而上下求索,诗的后半部分写诗人上下求索的经历:叩帝阍,求佚女,向重华陈词,从灵氛吉占,尽管路修远而多艰,仍然眷顾故国,不忍离去。故国是灌溉理想之花的源头,也是结出理想之果的沃土。眷顾故国,从某种意义上说,就是执着理想。而这种理想因为现实的黑暗而无法实现,所以诗人尖锐地批判现实。

《诗经》是对维系群体利益的"礼""义""和""孝""敬""德"等伦常的形象再现,而楚辞则是对支撑个体存在的理想、信念、情感的浪漫表述。这为后世文人抒发的情感类型指明了方向。"诗骚传统"所确立的对群体的关注和对个体的坚守、积极入世的作风,对后世知识分子的思想行为、人格发展、价值取向、生活态度等方面都有着复杂的影响。唐代杜甫的"三吏""三别",表现了战乱年代百姓的痛苦生活,"穷年忧黎元,叹息肠内热""出师未捷身先死,长使英雄泪满襟"等大量诗句表现出诗人忧国忧民的思想核心。宋代范仲淹在文学作品里表现的是"浊酒一杯家万里,燕然未勒归无计"的高远情思,抒写的是"先天下之忧而忧,后天下之乐而乐"的政治家胸怀。岳飞感慨:"靖康耻,犹未雪;臣子恨,何时灭?"立志"收拾旧山河、朝天阙"。文天祥"臣心一片磁针石,不指南方不肯休""人生自古谁无死,留取丹心照汗青",掷地有声。陆游一生"位卑未敢忘忧国",直至他八十六岁高龄怀着深深的怅恨离开人世时,还吟唱"王师北定中原日,家祭毋忘告乃翁"。辛弃疾二十二岁时就聚众抗金,中年后事业无成、罢官闲居时,日夜感叹的是"南共北,正分裂"的可悲局面,念念不忘的是有朝一日要"整顿乾坤""了却君王天下事"。龚自珍

"一箫一剑平生意,负尽狂名十五年"慷慨激昂,黄遵宪"寸寸山河寸寸金"响彻天地。这些荡气回肠的诗句是诗骚传统引领下反复奏响的高亢旋律,是中国文化传统的精神支柱。

(二)风格特征:现实与浪漫,万象同源

《诗经》展现现实精神,楚辞彰显浪漫气质。《诗经》具有强烈的现实色彩,表现在其丰富多彩的内容上,它以海纳百川之势吸纳几乎所有能映入眼帘、纳入耳窗的自然万物,可以说是一本生活的百科全书。据有关学者统计,其中涉及的草有麦、黍、稷、麻等105种,木有桃、李、柏、桑等75种,兽有马、牛、羊、狐等67种,鸟有雎鸠、黄鸟、喜鹊、鸧鹒等39种,虫鱼有螽斯、草虫、鳣鲨、鲂鲤等49种。要想论之有道,须先言之有物,而《诗经》的成功之处正在于它的创作源于人民的所见所闻,这不仅丰实了文章的内容,增强了可读性,而且带着浓厚的生活气息描述了当时纯朴的风貌。同时,《诗经》的内容涵盖生活的方方面面。《诗经》可按题材和内容划分为五类:情歌婚姻诗、劳动歌诗、卫国战争诗、政治讽刺诗、史诗和祭祀诗,由此可见《诗经》内容包罗万象,汇集了生活的点点滴滴。汉代何休说《诗经》中"饥者歌其食,劳者歌其事",即是对《诗经》的现实主义立场的最好概括,它立足于社会现实,没有虚妄与怪诞,极少超自然的神话,展开了当时政治情况、社会生活、民俗风情的形象画卷。特别是国风中的作品,它们来源于现实生活,直接抒发对现实生活的感受,揭示社会生活的本质而毫无矫揉造作之意。国风、大小雅中的怨刺诗,表现出诗人对现实的关注,充满了忧患意识,身处乱世的诗人真实地记录了当时腐朽、黑暗的社会现实。如《硕鼠》:"硕鼠硕鼠,无食我黍!三岁贯女,莫我肯顾。"直呼奴隶主剥削阶级为贪婪可憎的大老鼠、肥老鼠,并以命令的语气发出警告:"无食我黍!"老鼠形象丑陋又狡黠,性喜窃食,借来比拟贪婪的剥削者十分恰当,同时也表现出诗人的愤恨之情。

楚辞突出地表现了浪漫的精神气质,这种浪漫精神主要表现为感情的热烈奔放,对理想的追求,以及主人公形象的塑造、想象的奇幻等。楚辞的浪漫特征还表现在它通过幻想、神话等创造了一幅幅雄伟壮丽的图景。《离骚》中那一次次壮观的天界之游,望舒先驱,飞廉奔属,想象极为大胆奇特,使得屈原的自我形象显得高大圣洁。中国古代神话由于种种原因,传世较少,而楚辞,尤其是《天问》中我国神话材料保存得较为集中。《离骚》《九歌》《招魂》中都有不少神话或神话形象,如《九歌》中,《东皇太一》为至尊天神,《云中君》祭云神丰隆,《湘君》《湘夫人》祭湘水之神,《大司命》祭主寿命之神,《山鬼》祭山神,《国殇》祭阵亡将士之魂,这些意象的融入使得诗歌显出缥缈迷离、诡谲神奇的美学

特征。

《诗经》与《楚辞》虽然在风格上相去甚远,但是诗中所表现出的强烈的关注现实的热情、政治意识和道德意识、真诚积极的人生态度是相近的。尤其是《诗经》,对现实怨诽发愤的风雅精神一直对后世有很大影响。《诗经》中以个人为主体的抒情发愤之作,为屈原所继承,"国风好色而不淫,小雅怨诽而不乱,若《离骚》者可谓兼之矣!"(《史记·屈原列传》)屈原则是用奔放的激情、语言的瑰丽、想象的奇谲、意境的奇幻来展现砥砺不懈、特立独行的节操,逆境中坚持真理、反抗黑暗、批判现实的精神。至汉乐府诗缘事而发,建安诗人的慷慨之音,都是这种精神的直接继承。后世的诗人往往倡导"风雅"精神来进行文学革新。陈子昂感叹齐梁间"风雅不作",他的诗歌革新主张,就是要以风雅广泛深刻的现实性和严肃崇高的思想性,以及质朴自然、刚健明朗的创作风格来矫正诗坛长期流行的颓靡风气。唐代许多其他优秀诗人,也都继承了"风雅"的优良传统。李白慨叹"大雅久不作,吾衰竟谁陈";杜甫更是"别裁伪体亲风雅",其诗以题材的广泛和反映社会现实的深刻而被称为"诗史";白居易称张籍"风雅比兴外,未尝著空文",实际上白居易和新乐府诸家之作所表现出的注重现实生活、干预政治的旨趣和关心人民疾苦的倾向,都是"风雅"精神的体现。而且这种精神在唐以后的诗歌创作中也代不乏人。

(三)艺术手法:比兴与寄托,含蓄蕴藉

比、兴是《诗经》最重要的表现手法。"比者,以彼物比此物也";"兴者,先言他以引起所咏之词也"。赋是铺陈叙述,雅颂多采用此法。比是譬喻,"或喻于声,或方于貌,或拟于心,或譬于事"(《文心雕龙·比兴》)。兴是借助其他事物作为诗歌开头,但此事物必须与诗歌的情感有内在的联系。因此兴往往也有比的意味,故后人常将比兴合用。

《诗经》中比的手法运用得十分广泛,很多作品均以比的手法,或塑造形象,或抒发情感,或二者兼而有之。如《硕鼠》既有不劳而获、贪得无厌的统治者形象,亦有抒情者强烈的愤慨与决绝之情。塑造形象最为生动的可谓《卫风·硕人》,用五个比喻描绘庄姜之美:"手如柔荑,肤如凝脂,领如蝤蛴,齿如瓠犀,螓首蛾眉。"《诗经》中的大量成语,也多半具有生动形象的特点。《诗经》中"兴"的运用情况较为复杂,有时用于开头,起调节韵律、唤起情感的作用,与下文的内容关系并不明显。如《小雅·鸳鸯》:"鸳鸯在梁,戢其左翼。君子万年,宜尔遐福。"《小雅·白华》:"鸳鸯在梁,戢其左翼。之子无良,二三其德。"前者是祝福之语,后者是怨刺之词,其兴与后文关系并不紧密。但在大多数情况下,兴与下文都有委婉隐约的联系,或渲染气氛,或象征题旨,是构成诗歌意境的不可或缺的

质素。《郑风·野有蔓草》写情人在郊野邂逅:"野有蔓草,零露漙兮。有美一人,清扬婉兮。邂逅相遇,适我愿兮。"以绿意浓浓、生机盎然,美丽宜人的郊野景色,渲染一种愉悦的气氛,以田野蔓草晶莹的露珠,象征美人的清纯可爱。《秦风·蒹葭》中赋、比、兴运用得最为圆熟,已达到情景交融、物我相谐的艺术境界。

屈原极大地发展了《诗经》的比兴手法,将简单的比兴转化为寄托与象征,最为典型的是以香草美人,或自喻,或喻君,或喻美好的理想追求。如王逸所说:"善鸟香草,以配忠贞;恶禽臭物,以比谗佞;灵修美人,以媲于君;宓妃佚女,以譬贤臣;虬龙鸾凤,以托君子;飘风云霓,以为小人。"这种以男女君臣相比况的手法成了中国文学史上常见的创作手法。由于屈原卓越的创造能力,使香草美人意象结合着诗人的生平遭遇、人格精神和情感经历,从而更富有现实感,赢得了后世文人的认同,并形成了一个源远流长的香草美人的文学传统。如张衡《四愁诗》效屈原以美人喻君子,曹植《洛神赋》"感宋玉对楚王神女之事,遂作斯赋",李贺诗亦多寄情于香草美人,有凄婉哀绝的《苏小小墓》等,蒲松龄一生不遇,作《聊斋志异》渲染花妖,自云:"知我者,其在青林黑塞间乎!"这些都明显受到了楚辞香草美人传统的影响。

比兴的艺术手法丰富了诗歌的内涵,增强了诗歌的艺术魅力,同时也形成了我国诗歌含蓄蕴藉、韵味无穷的特点。

(四)文学样式:节奏与章法,韵味无穷

齐梁时代的诗人、学者沈约在其《宋书·谢灵运传论》中写道:"自汉至魏,四百余年,辞人才子,文体三变。(司马)相如巧为形似之言,班固长于情理之说,子建(曹植)、仲宣(王粲)以气质为体,并标能擅美,独映当时。是以一世之士,各相慕习。源其飙流所始,莫不同祖风(指《诗经》)、骚(指《楚辞》)。"意思是:自汉代以来的辞赋诗歌,虽然文体各自不同,风格不断变化,但都是源于《诗经》和《楚辞》,都是对先秦文学传统的继承。

从节奏句式来看,诗之所以有节奏是因为它是由劳动时的呼声演变而来,劳动呼声之节奏则是伴随劳动动作节奏而形成的。一般劳动的动作是由一来一往两个行动合成,二拍子(四言)节奏比较短促,它要求句子简洁,语言明确,与劳动节奏最为相协。《诗经》继承了原始时代的诗样式,同时在新的社会条件下得到新的发展,从而使二节拍四言诗的样式日益完善。因此,《诗经》为后代的诗歌创作奠定了坚固的基石。秦汉以后的诗歌在句法、章法、节奏、韵律、对仗方法、语言技巧和形象构思、形象表现等各方面所呈现的民族特点,如考其源,无一不是起于《诗经》。楚辞基本是六言诗。如不将"兮"(呼声)

计算在内,楚辞句法有四言、五言、六言之分。无论在句式还是在结构上,都较《诗经》更为自由且富于变化,因此能够更加有效地塑造艺术形象和抒发复杂、激烈的感情。汉代新兴的"赋",就文体而论乃是一种散文诗形式。它的出现意味着文学的发展和提高。在句法和章法上,赋继承了"诗""骚"传统,交互使用四言和六言句式,将两者混合成为赋的主要句法。

从章法样式来看,《诗经》诗基本是以四句(或四的倍数)为一章。通过社会生活实践,当时的人们发现一般事件在运动过程中大多呈现为"发生(起)、发展(承)、转变(转)、结局(合)"四个阶段。因此,在表述思想或反映事件时往往也自觉或不自觉地使用"起、承、转、合"这一格式。这种诗歌的章法样式曾对后世起着深广的影响。以盛唐诗为例,如孟浩然《春晓》:"春眠不觉晓(起),处处闻啼鸟(承)。夜来风雨声(转),花落知多少(合)。"元杂剧中,剧本一般分为"四折"。第一折是"起",演故事情节的发生;第二折是"承",演情节的发展;第三折是"转",演情节的变化转折,剧的"高潮"一般是放在本折;第四折是"合",演故事的结局,"大团圆"。明代的八股文尤其讲究"起、承、转、合",这些都可以看出它们所遵循的正是诗骚章法。

三、中国艺术类型及其发展规律

纵观古今中外的艺术发展历程，艺术是随着时代历史文化的发展而发展演变的一种精神活动，其发展演变本身又有着一定的规律性。中国艺术的发展就显示出一定的时代性和规律性特征。从广义的艺术的主流特征来看，先秦两汉是象征艺术的时代，魏晋到隋唐抒情性艺术占主流，两宋时期艺术走向哲理化，元明清时代艺术叙事突显。

（一）先秦的象征艺术

黑格尔把象征型艺术定为艺术的开始，主要是从他的哲学本体"理念"的演变出发的，但这又恰恰契合了艺术发展的实际情况。中国古典艺术自诞生以来就带有很大的象征性，这与原始巫术以及奴隶制社会有很大的关系。由于在远古时期，先民缺乏自然知识，生存能力极为低下，对于自然的千变万化，产生一种强烈的恐惧感和敬畏感，于是相信有一种超自然的力量在支配千变万化的大自然，人类为了自身的生存，产生了对大自然的神秘和虚幻的认识，创造了巫术，以期能够寄托和实现某些愿望。恩格斯指出："一切宗教都不过是支配人们日常生活的外部力量在人们头脑中的幻想的反映，在这种反映中，人间的力量采取了超人间的力量的形式。"（《反杜林论》）由于巫术是建立在虚幻认识的基础上，象征思维是其主要的思维形式，巫术活动对原始人类的影响是深刻的，伴随着原始艺术的产生，巫术渗透到原始艺术中，从而形成了象征艺术。所谓象征就是借用某种具体形象的事物暗示特定的人物或事理，以表达深刻的寓意，这种以物征事的艺术表现手法叫象征。象征的表现效果是：寓意深刻，能丰富人们的联想，耐人寻味，使人获得意境无穷的感觉；能给人以简练、形象的实感，能表达人们的感情愿望。例如，原始的岩画大多具有象征的特征，原始人在岩石上画画是表达他们的愿望的，画射野兽被认为是行猎的丰收，如新疆天山以北的岩画、萨尔桥湖的行猎图等。乐舞也是伴随着巫术而产生的，乐舞的目的也是为了通神，具有象征的意义。例如，《吕氏春秋·古乐》云："昔葛天氏之乐，三人操牛尾，投足以歌八阕：一曰载民，二曰玄鸟，三曰遂草木，四曰奋五谷，五曰敬天常，六曰建帝功，七曰依地德，八曰总禽兽之极"，先民的载歌载舞有一种象征的意义，充满着一定的寓意。中国最古老的文化典籍《周易》就是一本象征的集哲学与诗学、占卜于一体的著作，象征是其主要特征，因此，张善文先生说："《周易》卦爻辞是我国古代文学象征的滥觞"。①

　　这一象征思维经过夏商周先民的传承在春秋战国时代也得以保存下来,在以孔子为代表的儒家文艺观念中表现得尤为明显。以孔子为代表的儒家学派把《诗经》作为安身立命的根本,"兴于诗,立于礼,成于乐"(《论语·泰伯》),把"诗乐"引向政治伦理,运用的是象征思维。在儒家学派那里,《诗经》并不是像我们今天所理解的文学作品那样,而是被看作是人生修身养性、人伦政治的法典,"不学诗,无以言"(《论语·季氏》)。先秦的象征艺术在青铜艺术中也能看出,青铜时代从公元前2000年左右形成,经夏、商、西周和春秋时代,在青铜器上的各种雕刻被称为青铜艺术,青铜艺术就是一种典型的象征艺术。比如,在青铜器上雕刻的饕餮的图像,被李泽厚先生称之为具有"狞厉之美",它是一种符号和象征,"它们完全是变了形的、风格化了的、幻想的、可怖的动物形象。它们呈现给你的感受是一种神秘的威力和狞厉之美。它们之所以具有威吓神秘的力量,不在于这些怪异动物形象本身有任何的威力,而在于以这些怪异形象为象征符号,指向了某种似乎是超世间的权威神力的观念。"②李泽厚深刻地认识到这种饕餮之图像并不是写实的,而是一种象征,是奴隶制社会的统治者权威的象征。因此,在先秦时代,华夏艺术的主流是象征艺术,巫术文化以及奴隶社会的现实土壤孕育了这株象征艺术之花,象征是中华艺术的开端。

(二)魏晋时代的抒情艺术

　　魏晋时代是中国思想史上的重要阶段,是中国人性和审美意识觉醒的时代,中国艺术在这个时代发生了转变。东汉末年,政治黑暗,战争频仍,社会经济遭到了严重的破坏。正如毛玠对曹操所说:"天下分崩,国主迁移,生民废业,饥饿流亡,公家无经岁之储,百姓无安固之志,难以持久"(《毛玠传》)。然而,这一时期的思想界尤其活跃,老庄之学抬头引发了儒、道、释融合的玄学兴起,中国文化又一次被整合。在这次思想运动中产生了两个重要的成果就是人类向外认识了自然——发现自然美,向内发现了新的自我——即人性的觉醒。两者互为依存,人只有审美意识觉醒才能发现自然界的美。人性觉醒对于中国艺术有重大的影响,它改变了先秦以来的艺术类型,颠覆了象征艺术的主流地位,转而把抒情作为艺术的主要目的,这就是陆机所说的"诗缘情而绮靡",刘勰所说的"为情

---

　　① 张善文:《〈周易〉卦爻辞的文学象征意义》,载《古代文学理论研究》第八辑,上海古籍出版社,1983年出版。
　　② 李泽厚:《美学三书》,安徽文艺出版社,1999年版,第44页。

而造文"的时代。这一艺术观一直延续下来,在唐代达到高峰,出现了像唐诗那样的高华醇厚的艺术风貌。

魏晋时期的艺术作品大多是表现主体的个性,表现风神的,由于受人物品藻风气的影响,艺术家在对事物神采的描绘时有意突出主体的精神世界,对自然美的赞颂,对个体情感的重视是这个时代的主流风潮。在艺术中个体的精神世界得到了表达。就绘画来说,顾恺之强调绘画的"传神",他标举"传神写照"和"迁想妙得"两个关键词。"传神写照"就是重视个性特征的描写。"迁想妙得"就是强调艺术创作的主体想象和客体对象的关系,"迁想"指画家艺术构思过程中的想象活动,把主观情思"迁入"客观对象之中,获得艺术感受,"妙得"为其结果,即通过艺术家的情感活动和审美观照,使客观之神融合为"传神"的、完美的艺术形象。就音乐来说,在理论上产生了嵇康的《声无哀乐论》和阮籍的《乐论》。《声无哀乐论》站在道家的立场,反对儒家的音乐艺术"工具论",主张艺术的独立性,认为音乐表达人的情感。嵇康说:"然声音和比,感人之最深者也。劳者歌其事,乐者舞其功。夫内有悲痛之心,则激切哀言。言比成诗,声比成音。杂而咏之,聚而听之,心动于和声,情感于苦言。嗟叹未绝,而泣涕流涟矣。夫哀心藏于苦心内,遇和声而后发。和声无象,而哀心有主。夫以有主之哀心,因乎无象之和声,其所觉悟,唯哀而已。"这就明确地表达了音乐艺术的抒情功能。阮籍的《乐论》也认可音乐的表情功能,并认为舞蹈也是表情的艺术,曰:"故歌以叙志,舞以宣情,然后文之以采章,昭之以风雅,播之以八音,感之以太和。"这一时期的诗歌作为艺术家族的一员,其表情功能尤为突出。在理论上有陆机和刘勰的倡导和总结,"诗缘情"是时代的旗帜,"为情造文"是对诗歌创作的总结和倡导。在诗歌创作上,这一时期产生了大量的抒情诗和抒情诗人,如陶渊明、谢灵运、谢朓、鲍照等,这些抒情诗作对后世影响深刻,抒情传统延续后世,并使中华民族赢得了"抒情诗的国度"的称号。

总之,魏晋时期中国抒情艺术的兴起,表现在艺术的各个领域,这一艺术类型进一步发展,逐渐演变发展到唐代,达到了高峰,出现了像黑格尔所钟情的"古典型"艺术,以唐诗为代表的抒情艺术内容和形式的完满统一,达到了世界抒情艺术的顶端,这是中华民族艺术最瑰丽的篇章。

(三)两宋时期艺术的哲理化走向

两宋时期是中国哲学的高峰,理学的兴起对艺术的发展产生了深刻的影响。理学是中国以儒学为主兼容释老的一种新儒学,也称为"道学"。理学高举人伦的大旗,穷理尽性,建构世界的本体论,正如二程所说:"明于庶物,察于人伦。知尽兴至命,必本于孝悌;穷神知化,由通于礼乐。辨异端似是之非,开百代未明之惑。"①这种铺天盖地的理学思潮对中国艺术产生了深刻的影响,促使中国艺术类型的转变,从而走向了哲理化的方向。正如朱良志先生说:"宋人醉心于理,诗人流连于理趣之中,书法创作追求理趣,园林创作也要在大大小小的空间中展示宇宙人生的无穷之理。而在绘画中,这种倾向表现较突出,画家追求以有形之象出内在之理,用当时画论家的话说,就是'观物必造其质,写物必究其理',从而形成一种追求'理中的趣味'的审美取向。"②此言得当。宋代兴起的理学思潮渗透到社会文化的各个层面,艺术首当其冲,在艺术的家族中纷纷形成了对"理"的追寻取向。这主要表现在以下方面:

就文学领域来说,理学家所追求的"理"也成了文艺家所追求的文艺本体。理学家的"理"大致有三种含义:其一指伦理之道,其二指本体之道,其三指自然规律。文学上主张的"文以载道""文道合一"等文学观念较为流行。周敦颐说:"文所以载道也,轮辕饰而人弗庸,徒饰也,况虚车乎。文辞,艺也;道德,实也。"程颐说:"理者,实也,本也;文者,华也,末也。理文若二,而一道也。"朱熹也说:"道者,文之根本;文者,道之枝叶。惟其根本乎道,所以发至于文皆道也。"作为哲学家兼诗人的邵雍,更是提出"以理观物"的方法论。"理"成为文学理论的核心范畴。哲理化理论的自觉,必然带来创作上的更新,因此,宋诗不同于唐诗的风情万种,而是转向哲理化之途,"尚理"是其根本特征。诚如宋朝诗评家严羽所说的"本朝人尚理而病于意兴",宋诗具有"以文字为诗,以议论为诗,以才学为诗"的特征。

就绘画领域来说,宋代的画论每每出现"理趣"的概念,如郭若虚在《图画见闻志》卷一中说:"今之画者,但贵其娇丽之容,是取悦于众目,不达画旨理趣也。"画论家韩拙在《山水纯全集》《论用笔墨格法气韵之病》中说:"其笔太粗,则寡于理趣,其笔细,则绝乎气韵。"可见理趣成了宋人画论的关键词,所以近代研究中国画论的学者郑昶说:"宋人之画论,以讲理为主,欲从理以求神趣。"③当代学者朱良志先生说:"宋人为自己的人格作画,为表达思想而作画,为寻求性灵愉悦而作画。在一定程度上,可以说,理趣乃是宋代绘画的最高审美理想。"④这已成为画学界的共识。表现在绘画创作的实践中,宋代的山

---

① 程颢,程颐:《二程集》,王孝鱼点校,中华书局,1981年版,第638页。
② 朱良志:《扁舟一叶——理学与中国画学研究》,安徽教育出版社,2006年版,第63页。
③ 郑昶:《中国画学全史》,上海书画出版社,1985年,第281页。
④ 朱良志:《扁舟一叶——理学与中国画学研究》,安徽教育出版社,2006年版,第66页。

水、道释、花鸟、墨竹等画科都强调"理"的趣味,如王希孟的《千里江山图》、苏轼的《枯木怪石图》、马远的《踏歌图》《水图》等作品都表现出丰富的理趣神韵。

在书法领域也是以理趣为尚,清人冯班在《钝吟书要》中说:"晋人书取韵,唐人书取法,宋人书取意。"宋书"尚意"是其审美取向,"尚意"书风的内涵中就包括崇尚"情趣"和"理趣"。所以,苏轼说:"吾观颜鲁公书,未尝不想见其风采,非独得其为人而已。凛乎若见其诮卢杞而斥希烈何也,其理与韩非窃斧之说无异。然人之字画工拙之外,盖皆有趣,亦有见其为人邪正之粗云。"苏轼认为颜鲁公的书法不但有凛然方正之理,还有字画工拙之外的趣味,即"理趣"。理趣成为宋代书法的时代追求,"宋四家"的书法作品大多表现这种审美风格。

总之,宋代是个理性精神高涨的时代,理学的深入发展对艺术产生深刻的影响,造成中国艺术在宋代转向哲理化。同时,这也与艺术发展的自律性有一定的关系,艺术总是螺旋发展的。

(四)元明清时代的艺术叙事

元明清时代,是中国封建社会的晚期,中国艺术的类型又发生了一次变化。自宋代以降,市民文化兴起,民间文艺有了很大的发展,宋话本小说在唐传奇和变文的基础上有了新的发展,叙事艺术有了新的提高。元代的民族矛盾尖锐,汉族知识分子地位低下,难入仕途,于是转向文艺领域。元杂剧的诞生促使通俗的叙事艺术进一步发展,逐渐形成一种新的艺术形式——戏曲,标志着中国的戏剧艺术走向成熟。"在元代,叙事性文学万紫千红,呈现一派兴盛的局面,成为当时创作的主流。"[①]当然,戏剧也是一种艺术,戏剧艺术形式的诞生丰富了中国艺术的种类,也改变了中国艺术的表达方式。同时,明清时期,随着商品经济的繁荣和社会的发展,市民文艺进一步繁荣,哲学上,阳明心学的传播,促使知识分子关注自身、重视自我,对艺术产生很大的影响,个性自由和世俗的情欲得到肯定,在这种语境下,艺术呈现世俗化、大众化的趋向。明清时期诞生了另一种新的文艺形式——小说,小说是以刻画人物形象为中心,通过完整的故事情节和环境描写来反映社会生活的体裁,以叙事为主,它也是艺术家族中的一员。戏剧和小说的诞生为艺术的发展增添了新的血液。其他艺术门类如版画、雕刻等也不同程度地受到了叙事艺术的影响,带有叙事的手段,各自以自己的新变化出现在艺术的百花园中。

---

① 袁行霈:《中国文学史》(第三卷),高等教育出版社,1999年版,第230页。

中国的戏剧艺术不同于西方的话剧，它是以载歌载舞的形式，融诗歌、音乐、绘画、设计、舞蹈等多种艺术于一炉的综合艺术。戏剧被认为是一种诗性的人类学，它不仅是对人的外在生活情态的模拟，也是对人的内心灵魂的透视和分析。就语言的言说方式来看，戏剧是史诗的客观叙事性和抒情诗的主观叙事性的统一，叙事性是其主要的艺术特征；就戏剧情节的发展来说，戏剧体现的是故事叙事，即客观叙事，通过故事情节发展演绎人间的悲欢离合；就声腔演唱来说，戏剧体现的是曲调叙事，即主观叙事，通过曲调的演唱，表达人物喜怒哀乐的情感。如徽剧中的"滚调"就是一种独特的戏剧叙述方式，所谓"滚调"，就是在戏剧的唱词和宾白中，改变原来的语言结构，插入一些带解释性的词句，夹在其中滚唱或滚白。"滚调"突破了原有"曲牌体"的制约，使戏剧擅长作长段生动的叙述，促使演员充分地表达剧中人物的情感，增强戏剧艺术的舞台感染力。因此，从这个意义上说，戏剧体现为一种艺术叙事。元明清时期，中国的戏剧艺术非常兴盛，出现了一大批戏曲经典作品和戏曲家，如，"四大传奇"，戏剧家汤显祖等，也产生了像李渔那样的戏曲理论家。

就小说来说，小说是一种叙事艺术，人皆共知，人物、情节、环境构成小说的叙事要素，小说是通过故事情节、人物行动和环境描写诗性地反映社会生活的一种艺术形式。明清时期是中国古典小说的成熟期，产生了一批以《三国演义》《水浒传》《西游记》《红楼梦》为代表的经典的小说著作，尤其是《红楼梦》，达到中国古典小说的艺术高峰。

戏剧和小说的叙事艺术也影响到其他艺术门类，如版画和雕刻等。明清两代是我国版画的高峰期，在众多文人、书商、刻工的共同努力下，版刻出现了各种流派，产生大量优秀的作品，如徽派版画、金陵派版画、建安派版画等。版画的内容除了涉及宗教的，还有画谱、小说、戏曲、传记、诗词等，一时佳作迭出，不胜枚举。尤其是文学名著的刻本插图，版本众多，流行广泛，影响深远。这些刻图采用叙事的手段演绎文学或戏剧故事，如陈洪绶的《水浒叶子》版画，画家以小说《水浒传》中的人物作为牌面图像表现的主体，运用《水浒传》文本中原有的排座次概念及人物的特性，将之与马吊牌中各式关键牌色与组合以及酒令文字作巧妙的搭配，形成各种戏谑嘲讽、影射现实、幽默有趣的文字游戏，深得小说叙事的精髓。此时的雕刻艺术也借助文学的叙事手段，获得新生，著名的如徽派雕刻，题材丰富，很多题材是有情节的小说或戏文故事，如《武松打虎》《郭子仪拜寿》《太白醉酒》等。这些雕刻吸收了小说、戏曲以及民俗故事的叙事手法，增添了雕刻艺术的新的感染力，受到了人们的青睐和高度礼赞。

总之，在元明清时期，戏剧和小说的兴起，使艺术叙事得到凸显，同时也影响了其他艺术门类，实现了中国艺术的新转变，艺术叙事占据主要的位置，这也是中国艺术发展的新阶段和新类型。

综上所述，中国艺术的发展经历了象征艺术、抒情艺术、艺术哲学化和叙事艺术四个阶段，表现出四种不同的艺术类型，这既是受历史文化语境演变影响的结果，也是艺术自身发展规律的表现，艺术在自律和他律双重动力的驱动下伴随着历史文化演变的进程，以不同的面目出现在历史的时空中，但不管以什么面目出现，它总是和人类的精神世界息息相关，在几千年的华夏文明发展历史进程中，艺术始终是华夏子民的精神家园，给世世代代的中华儿女以心灵的慰藉和精神的养分。

四、中国古代科技文化

　　勤劳智慧的中华民族,数千年来贡献给世界的远不止我们熟知的火药、指南针、造纸术、印刷术"四大发明"。英国李约瑟在其巨著《中国科学技术史》中指出:"中国在许多重要方面的科学技术发明,走在那些创造出著名的'希腊文化'的传奇式人物之前,和拥有古代西方世界全部文化财富的阿拉伯人并驾齐驱,并在公元3世纪至13世纪之间保持着一个西方所望尘莫及的科学知识水平。"中国古代在农业、工艺、医学、天文、地理、数学等方面均取得了足以骄人的成绩,当然,儒道二家的重道轻器思想,后期专制统治的进一步加强,都一定程度上抑制了科学思想,制约了科技的发展,致使中国近代科技明显落后于西方。

　　据先秦典籍《世本·作篇》所载:燧人氏造火,伏羲氏做琴、瑟,神农氏和药济人,蚩尤则善做兵器。而黄帝及其臣属发明极多,在精神文明方面的创造有:历数、天文、阴阳五行、十二生肖、甲子纪年、文字、图画、著书、音律、乐器、医药、祭祀、婚丧、棺椁、坟墓、祭鼎、祭坛、祠庙、占卜等。在物质文明方面的发明则更加丰富:农业方面包括发明杵臼,开辟园、圃,种植果木蔬菜,种桑养蚕,饲养兽禽,进行放牧等;缝织方面,发明机杼,进行纺织,制作衣裳、鞋帽、帐幄、毡、衮衣、裘、华盖、盔甲、旗、胄;制陶方面,制造碗、碟、釜、甑、盘、盂、灶等;冶炼方面,炼铜,制造铜鼎、刀、钱币、钲、铫、铜镜、钟、铳;建筑方面,建造宫室、銮殿、庭、明堂、观、阁、城堡、楼、门、阶、蚕室、祠庙、玉房宫等;交通方面,制造舟楫、车、指南车、记里鼓车;兵械方面,制造刀、枪、弓矢、弩、六纛、旗帜、五方旗、号角、鼙、兵符、云梯、楼橹、炮、剑、射御等;日常生活方面,熟食、粥、饭、酒、称、尺、斗、规矩、墨砚、几案、毡、艩、印、珠、灯、床、席、蹴鞠等。虽然对这些发明创造的记载带有很大的传说性质,但无疑彰显了黄帝的文治武功和黄帝作为中华民族人文初祖的崇高地位。

　　夏、商、周时期,科技、发明等有了长足的发展。据1899年以来河南安阳小屯村殷商故都(殷墟)所出土的甲骨文所知,殷商时代已颇为重视观象授时。我国第一部编年体史著《春秋》中有世界最早的日食记载(据不完全统计,自春秋至清代,我国日食观测记录有1000多次,居世界之首)。战国时期,墨家著作《墨子》中包含了诸多弥足珍贵的自然科学内容,其中对光学、力学、声学、工程技术等方面的研究成果遥遥领先西方。而1973年湖南长沙马王堆汉墓出土的帛书中,也不乏珍贵的科技内容,其中《五星占》等反映了秦汉时期对行星运动的精确推算。

中国农耕文明历史悠久,使上古之时天文历法知识极为普及,清初大思想家顾炎武在《日知录》卷三十中说:

> 三代以上,人人皆知天文。"七月流火",农夫之辞也;"三星在天",妇人之语也;"月离于毕",戍卒之作也;"龙尾伏晨",儿童之谣也。后世文人学士,有问之而茫然不知者矣。

司马迁《史记·天官书》详细记载上古三代至秦汉前期天文历法的发展。东汉杰出科学家张衡(78—139)更在前人基础上发明地动仪、浑天仪等观测地理(地震)、天象的科学仪器。张衡并著有影响深远的《浑天说》:

> 浑天如鸡子,天体圆如弹丸,地如鸡中黄,孤居于天内。天大而地小,天表里有水,天之包地,犹壳之裹黄。天地各乘气而立,载水而浮。周天三百六十五度四分度之一,又中分之,则一百八十二度八分之五覆地上,一百八十二度八分之五绕地下。故二十八宿半见半隐。其两端谓之南北极。北极乃天之中也,在正北,出地上三十六度。然则北极上规经七十二度,常见不隐。南极,天之中也,在正南,入地三十六度。南极下规七十二度,常伏不见。两极相去一百八十二度半强。天转如车毂之运也,周旋无端,其形浑浑,故曰浑天也。

夏、商、周三代与世推移,各有自己的历法,但均使用阴阳合历,即综合依据日、月运行周期而制定历法,利用闰月来调节阴、阳二者的差异(民间有"三年两不闰,五年闰两头,十九年七闰"的说法)。由西汉武帝时期的"太初历"到东汉明帝时期的"四分历",体现了中国古代天文历法的高度发展。天文历法在以后仍不断发展,至宋元时期,郭守敬(1231—1316)等编制的《授时历》堪称中国古代历法最为精良的一部。而明代后期至清代,西方历法及数理知识传入东土,既对中国传统历法产生冲击,更对其产生了促进作用。

中国古代科技文化,除了天文历法之外,农业、手工业、纺织业、冶炼业、交通运输业及医学、建筑、数学等,同样有引人瞩目的成就。

数千年的农耕文明,造就了农业科技的发达。农田水利工程方面,各地几乎均有造福人民的各种水利工程,蜀地(今四川)的都江堰更是举世闻名,且福泽至今。农业生产工具方面,春秋战国时代,铁制农具即已普遍使用。西汉时期,人们发明并使用播种工具——耧车。东汉马钧不但发明了指南车,而且研制出引水流向高地的龙骨水车——翻车。而清代徽州大学者戴震(1724—1777)则有关于研制自转车、螺旋车的记载。另外,中国古代尤重对农时的考察与掌握,对土地的合理利用,对种植与养殖品种的培育和选择等。徐光启(1562—1633)编成于明代万历年间的《农政全书》,全面总结了中国古代农业生产技术,堪称集大成的农业科学巨著。

中国古代关于山川地理的考察和记载,自《尚书·禹贡》《山海经》到《史记》《汉书》等历代正史,可谓绵绵不绝,而北魏郦道元的《水经注》更是地理著作的佼佼者。唐代的《元和郡县志》,宋代的《太平寰宇记》《舆地纪胜》,清代的《读史方舆纪要》等同样都是重要的地理著作。

中国古代手工、纺织技艺也发达已久。西周时期即已出现刺绣,长沙马王堆出土的织品非常精细。秦汉以来,桑蚕、丝绸业日渐发达,苏绣、湘绣、蜀绣等闻名遐迩。棉纺织及织染业也不断发展。陶瓷制造堪称中国的伟大发明之一,新石器时代的半坡人已有较高的彩陶制作技术,商周以后,制陶技术又有长足发展。秦兵马俑堪称制陶和雕塑技术的杰作。三国魏晋时期,青瓷、白瓷、黑瓷等均已普遍。唐三彩是隋唐时期陶瓷艺术的代表。宋代以来,以景德镇为代表的陶瓷制作更是不断惊艳世界。明末宋应星(1587—1666)编著的《天工开物》全面载录了农业、手工业,诸如机械、砖瓦、陶瓷、硫黄、烛、纸、兵器、火药、纺织、染色、制盐、采煤、榨油等生产技术,是世界上第一部关于农业和手工业生产的综合性著作,也是中国古代一部综合性的科学技术著作,被国外学者誉为"中国十七世纪的工艺百科全书"。《天工开物》不但记载了明朝中叶以前中国古代的各项技术,包含丰富的科技知识,而且强调人类要和自然相协调,人力要与自然力相配合,蕴含了独特的科技思想和人文精神。

20世纪80年代,在浙江宁波河姆渡文化遗址发现雕花木桨,证明七千年前我国先民已开始使用独木舟。西汉末年,中国则已广泛使用船尾舵,早于西方近千年。指南针技术的发明,不仅对中国,而且对世界航运史都产生深刻影响。明代前期,郑和先后数次下西洋,穿越马六甲海峡,远达西亚、非洲,其船舶技术之先进,航程之长,船舶吨位之大,航海人员之众,组织配备之严密,航海技术之先进,均超越当时的西方。

中国古代的冶炼铸造业异常发达,冶金技术约从新石器时代晚期开始出现。青铜冶铸始自夏朝,历史同样悠久。商周青铜冶铸颇为兴盛,历年出土的商周青铜工具有锄、铲、镬、锛、斧、凿、钻、刀、削、锯等,青铜武器有戈、矛、钺、戟、剑、镞等,礼乐器有鼎、簋、盘、盂、钟等。古代合金冶铸技术高度纯熟,以铸剑为代表的兵器制造,以铜车马为代表的交通工具制造,以编钟为代表的金属乐器制造等各擅胜场。

中国古代医学历来注重综合平衡和辨症施治,以阴阳五行为理论基础,视人体为气、形、神的统一体,强调疗、养结合,以望、闻、问、切为主要诊断方法,以中药、针灸、推拿、按摩等为主要治疗手段。自先秦至明清,涌现出扁鹊、张仲景、华佗、孙思邈、李时珍等医学名家。自战国时期第一部中医理论著作《黄帝内经》诞生后,历代医学著作迭出,而宋代宋慈所著的《洗冤录》更是世界上第一部科学系统的法医学著作,较西方同类著作早出三百多年。

鲁班是中国古代建筑业能工巧匠的代表,历代建筑工匠营造出中国建筑的独特风格。现代著名建筑学家梁思成说:"中国建筑乃一独立之结构系统,历史悠长,散布区域辽阔。……一贯以其独特纯粹之木构系统,随我民族足迹所至,树立文化表志,都会边疆,无论其为一郡之雄,或一村之僻,其大小建置,或为我国人民居处之所托,或为我政治、宗教、国防、经济之所系,上自文化精神之重,下至服饰、车马、工艺、器用之细,无不与之息息相关。中国建筑之个性乃即我民族之性格,即我艺术及思想特殊之一部,非但在其结构本身之材质方法而已。"(《中国建筑史》)中国建筑既有举世瞩目的宏伟长城、峨峨皇宫,更有不计其数的精巧别致的私家园林、民宅乃至庙宇建筑,其中无不体现古代科技文化。千百年来,在地域文化影响下,不同地区的建筑又展现出异彩纷呈的地域特色,以古徽州为中心的徽派建筑即因其风韵独特而成为徽文化的重要体现之一。

中国古代数学历史悠久,成就辉煌。先民在日常生产、生活中逐渐有了数的概念和对几何的初步认识,甲骨文中已有较多的数字出现,并已有十进制的萌芽。传说黄帝之臣倕发明"规矩"和"准绳";《史记·禹本纪》记载大禹治水时,"左准绳""右规矩";春秋战国时期,度量衡工具的使用已极为普遍。战国秦汉之际,数学知识已初步形成体系,《周髀算经》《九章算术》等数学专著的出现,使数学知识得以进一步深化和推广。魏晋南北朝时,刘徽注《九章算术》,首创割圆术以科学计算圆周率,祖冲之更将圆周率精确到小数点后七位,领先西方近千年。唐宋时期,中国数学又有长足发展,在广泛继承前代数学知识的基础上,北宋前期贾宪对开方进行了可贵的探索,北宋中期沈括在其科学名著《梦溪笔谈》中首创隙积术,以解决高阶等差级数求和问题。南宋秦九韶研究高次方程正根数值求法,意义极大。南宋数学家杨辉改进了筹算技术,对数学计算的发展贡献卓著。明清时期,中国数学经历了曲折的复兴与发展,明代八股取士,数学相对衰落,而徽州数学家程大位(1533—1606)著《算法统宗》,大大推进了珠算技术;明朝后期,西方数学传入中国,徐光启等翻译欧洲数学经典《几何原本》,西方传教士又引入三角、对数等,中国传统数学进入中西碰撞和融合的新时期。清康熙年间,安徽宣城杰出的数算家梅文鼎(1633—1721)深入研究中国古代数学,而又能够融汇西方数学成就,很好地将西学中国化、中学科学化。梅文鼎堪称中国传统数学走向近代数学的承上启下的关键人物。乾隆年间,徽州杰出学者戴震参与编纂《四库全书》时,从《永乐大典》中辑出了《周髀算经》《九章算术》《孙子算经》《海岛算经》等诸多汉唐数学著作,带动了乾嘉时期数学著作的整理研究,徽州数学家汪莱(1768—1813)即是参与研究的学者中著名的一位。

　　近代以来,西方数学著作大量传入中国。开展现代数学研究的第一位著名数学家李善兰,著有十多种数学著作,系统解决了高阶等差级数求和等数学难题。近代数学的发展,为中国数学走向现代并在世界数学舞台产生影响奠定了良好基础。

五、中国的婚姻制度及其发展

真正实现美好的人生,要从了解婚姻开始。

什么是婚姻?"夫曰婚,妻曰姻","娶妻之礼以昏为期,因名焉","婚姻之道,谓嫁娶之礼",《礼记》的这种说法只道出了婚姻之名的由来,却未触及其实质。今天人们认为:"只有为一定社会风俗或法律所确认的男女两性的结合以及由此产生的夫妻关系,才是婚姻。其本质并不是单纯的男女两性的自然结合,而是两性关系的社会组织形态。"[①]它有鲜明的特点:

自然性。婚姻存在的重要前提是人类自然的本能性。"窈窕淑女,君子好逑"(《诗经》),这是人类客观存在的属性,是一种本能的反映。"同性相亲,其子不蕃"(《左传》)的道理早已被人们所认识,排除近亲通婚的过程,也表明人类婚姻形态和发展受一定自然规律的制约支配。

社会性。婚姻家庭的本质是一种人与人之间的社会关系,社会性决定了婚姻家庭的性质和特点。社会制度、社会生产方式和生活方式分别决定和制约了婚姻家庭的产生、发展和变化。婚姻家庭在整个发展变化过程中,都要受到由经济条件而带来的风俗习惯、道德意识、法律制度的限制。

阶级性。恩格斯指出,历史上出现的最初的阶级对立,是同个体婚制下的夫妻间的对抗的发展同时发生的。在私有制社会里,婚姻关系总是以男女不平等为标志,只有完全消灭了私有制、消灭了阶级以后,婚姻才能真正实现以爱情为基础,家庭关系才能建立在真正平等的基础上。因此,婚姻家庭制度的发展,也总是伴随着妇女解放的进程的。

(一)中国古代婚姻史

19世纪中叶,欧美研究者注意到婚姻的变化。他们认为,人类在婚姻产生之前,有一个无婚时代,那时男女两性关系,是杂乱的。婚姻产生以后,它又经历了顺序相承的几个阶段。一夫一妻制只是它发展至今的最后形态。中国婚姻发展史也正是这一过程的体现。

1. 原始群的血缘群婚

在原始群时期,我们的祖先实行血缘群婚,这是在生活方式极为简单的原始社会中

---

① 郎太岩、张一兵:《中国婚姻发展史》,黑龙江教育出版社,1990年版,第2页。

的史前人的婚姻状态。"婚姻并不是以感情为基础,而是以方便和需要为基础",满足性的需要,兼及繁衍后代。这算不上真正意义上的婚姻。

在古籍记载中,有一个传说,即"圣人无父"。《春秋公羊传》说,"圣人皆无父,感天而生"。传说中,华胥履人迹而生伏羲,安登感神龙而生神农,女节感流星而生少昊,女枢感虹光而生颛顼,庆都感赤龙而生尧,女嬉吞薏苡而生禹,甚至成吉思汗都是无父而生。这种"感天而生"的说法,反映了两性关系的混乱。人们在实行一夫一妻制之前,是难以确定生父的。《云南志略》记载,元朝时期,中、印、缅交界处的金齿百夷"不重处女。女子红帕首,余发下垂。未嫁而死,所通之男人持一幡相送,幡至百者为绝美,父母哭曰:女爱者众,何朝夭耶!"①据《四疆风土记》记载,清朝时期,某些民族,"男女无别,除生己之母、己生之女外,皆可苟合,亦公然婚配"。

2. 氏族群婚

大约在五万年前,我们的祖先开始结束原始群婚生活,进入氏族社会。男女两性结合也由杂乱性交变为族间"群婚"。

恩格斯转引摩尔根的话说:"没有血缘关系的氏族之间的婚姻,创造出在体质上和智力上都更强壮的人种;两个正在进步的部落混合在一起了,新生一代的颅骨和脑髓便自然地扩大到综合了两个部落才能的程度。"

恩格斯说:"这样,实行氏族制度的部落便自然会对落后的部落取得上风,或者带动它们来仿效自己。"②

近亲结婚者的后代疾病多、体质弱,这是现代医学界公认的。在原始人那里,未必有此认识。但自然界优胜劣汰的自然选择,却逐步废除了族内乱交,实行族间"群婚"。那时的"群婚"的主要形式是两个固定氏族间的异性交媾,并不存在传统意义的婚姻关系和夫妻关系。因为二人之间没有性的权利、义务,也没有经济上的权利、义务。

群婚时期,母亲与父亲都是自己氏族的一员,各在自己的氏族中劳动和生活。父亲和母亲,只有性关系,没有经济关系,所以他们的性生活是自由的。子女靠母亲的氏族生活,和生父没有任何经济关系和社会联系,这也是男女经常更换性伙伴的重要原因之一。

3. 对偶婚

对偶婚的"偶",指的是专偶。它是由"群婚"向一夫一妻制过渡的一种形式,具有一夫一妻制的某些特点。对偶婚有两种形式:走访婚和同居对偶婚。

---

① 尤中:《中国西南的古代民族》,云南人民出版社,1979年版,第391页。
② 《马克思恩格斯选集》,第四卷,人民出版社,1972年版,第42页。

从前,我们的祖先完全靠渔猎和采集过活,但是七八千年之前,我们的祖先开始经营农业和畜牧业。生产方式的转变,便得经济产品出现剩余,工具的改进也使生产组织缩小成为可能。

随着农牧业的出现,男子在生产上变得更为重要,随之也就有了支配剩余产品的较大权力。以前两性交往,只顾感情,不讲实利。现在男子有了东西,自然要给异性伴侣送些礼品,久而久之,相沿成习。这样做,一方面讨得了女性伴侣的欢心;另一方面也限制了女性伴侣的数量,因为男子手中的东西毕竟有限。

这一时期,我国出现一种新的两性关系形式,我国学者一般称它为走访婚。它的特点是:(1)两性结合采取走访形式。《东番记》一书谈到这种走访形式时说,男子"夜造其家……女闻纳宿,天明径去,不见父母。自是宵来晨去,累岁不改"。(2)性伴侣数量有限。这时人们的性伙伴,虽然数量没人为限制,但除少数人外,一般不过数人或十数人,异性结合在一段时间内相对固定,有点类似一夫一妻制。这同母系氏族阶段男女结合自由随意,有了很大不同。(3)经济因素介入异性交往。母系氏族阶段,两性交往不谈实利,现在两性交往,重在感情,也讲实利。男子定期或不定期送给女性伴侣一些礼品,甚至帮女方家干些活。(4)男方同女方亲族开始有些联系。从后三点看,它有一定专偶婚因素,所以我们称它为对偶婚。因为在那时两性结合采取走访形式,所以我们称之为走访婚。

云南省永宁纳西人的走访婚,是这种走访婚的现存典型。在近代,我国四川省盐源县长柏地区的普米族、云南西双版纳的基诺族以及内蒙古阿拉善旗的蒙古族,年轻人婚前都存在类似的走访婚。

经济生产的发展要求承担主要劳动的男子既不能为生活分心,又不能影响生产,而亲族使"人的生产"(包括培养)和"物的生产"相分离,一夫一妻制家庭却可以将二者统一起来,更有利于生产发展。经济发展的需要进一步改变了两性关系的形式,同居对偶婚应运而生。虽然这种婚姻形式有了共同的经济生活,但仍依附于一方的亲族,缺乏独立的经济基础。对于双方而言,即便同居后也没相互的独占,可以任意离异,而子女与过去一样只属于母亲。①

4. 一夫一妻制

韦斯特马克说:"是婚姻起源于家庭,而不是家庭起源于婚姻。"②从形式看,只有男女结婚,才能建立家庭,生儿育女,因而应当说,家庭起源于婚姻。但实际上,婚姻的形式取

---

① 严汝娴、宋兆麟:《永宁纳西族的母系制》,云南人民出版社,1983年版,第264页。
② 韦斯特马克:《人类婚姻简史》,商务印书馆,1992年版,第20页。

决于家庭形式,家庭形式取决于生产力水平。

大约五六千年前,我国开始使用金属工具。金属工具的使用,使私有制得以确立。所谓私有制,实际就是家庭所有制,中国古代家庭,一般在五口人左右,即所谓"五口之家"。比起过去的亲族和大家庭,"五口之家"成员少,较齐心,有利于生产;比起今日的小家庭,成员多,功能全,更便于生产和养育老小。

生产发展需要一个稳定的家庭,要想家庭稳定,首先需要夫妻关系稳定。若夫妻分合无常,则直接影响生产;若家庭内外关系复杂,则血统混乱,辈分不清,家庭供养关系被破坏。总之,一夫一妻制的确立是经济的需要,不是爱情的需要。正如恩格斯所说,一夫一妻制"绝不是个人性爱的结果,它同个人性爱绝没有任何共同之处"[①]。为了生产,为了生存,为了文明,男女的自由和独立必须服从于经济,服从于家庭,建立起一生固定的一夫一妻制。

(二)封建社会的婚姻

中国社会有两千多年的封建统治时期。因此封建社会的婚姻也是我国古代婚姻的主要状态。

1.封建社会的婚姻目的

封建社会婚姻的目的,主要有两个:一是明人伦,别男女。《易卦序》:"有天地然后有万物,有万物然后有男女,有男女然后有夫妇,有夫妇然后有父子,有父子然后有君臣,有君臣然后有上下,有上下然后礼义有所措。"《礼记·经解》中提到,"非礼无以别男女,父子兄弟之称,婚姻疏数之交也"。明确了人伦,强调男女有别。这又为"三纲五常"制定了依据。二是事宗庙,继后世。"合二姓之好,上以事宗庙,下以继后世"。结婚为了传宗接代是头等大事。《孟子·离娄上》:"不孝有三,无后为大。舜不告而娶,为无后也,君子以为犹告也。"这一点可以追溯至周朝,周人所谓"继后世",是为了"万世之嗣也"。古人把婚姻看作是人道之始。

婚姻被重视,还有维护家庭功利的考虑。娶妻,不仅是传宗接代,也是为了增加家中劳动力,便于维持生活。娶妻还要帮助祭祀祖先,祈祷其长久统治。所以诸侯娶夫人,一般要对女子家长说:"请君之玉女,与寡人共有弊邑,事宗庙社稷。"(《礼记·祭统》)而"夫人可以奉祭祠祀,则不失职矣"(《礼记·杂记下》)。古人重视"修婚姻,娶之妃,以奉

---

① 《马克思恩格斯选集》,第四卷,人民出版社,1972年版,第60页。

粢盛"(《左传·文公》)把祭祀看得那么重,仍然是为了"香火不断,子孙万福"。

2.封建社会的婚姻制度

一夫多妻制。我国封建社会,一夫多妻制是统治阶级较为普遍的婚姻现象。从帝王到诸侯、卿大夫,甚至最低官职的"士"也可以讨个小老婆,"士一妻一妾"(《独断》)。限于经济力量,庶人的一夫一妇倒是普遍的观念和现象。

包办买卖婚姻。未婚男女的婚姻由家中父母做主办理,个人只能服从,没有自由可言。《诗经》说:"娶妻之如何?必告父母。"(《齐风·南山》)家庭整体利益是父母必须要权衡的。明清两朝更明确规定:"嫁娶皆由父母、祖父母主婚",子女若不服从,就是不孝。对不孝的子女,父母可随时告官,而官府"即照所控办理,不必审讯"。

《白虎通·嫁娶》说:"男不自专娶,女不自专嫁,必由父母,须媒,为何?远耻防淫佚也。"孟子对此说得更为尖刻。他说:"不待父母之命、媒妁之言,钻穴隙相窥,逾墙相从,则父母、国人皆贱之。"(《孟子·滕文公下》)西汉卓文君与司马相如私奔,卓王孙认为有辱门庭,不给女儿一点嫁妆,实际就反映了古代对男女"私订终身"的一般看法。"天上无云不下雨,地上无媒不成亲。"我国媒人出现较早。《诗经》说:"娶妻之如何,匪媒不得。"(《齐风·南山》)《周礼·地官》:"媒氏,掌万民之判。"判即半的意思,就是谋合两半为偶。《战国策·燕策》则说:"处女无媒,老且不嫁。"

男尊女卑。当女子出嫁成为丈夫家庭中的一员时,就已经注定了地位的不平等。女子来到夫家,不带任何财产,丈夫是有产者,妻子是无产者;丈夫是主要劳动力,妻子主要从事家务,是次要劳动力。而脱离了父母家庭的关系网,进入丈夫家庭的关系网,女子不得不处处依赖丈夫,再加上从小深居闺阁,阅历少,锻炼少,眼界狭窄,目光短浅,遇事难以决断,只好依靠丈夫或老人。礼教的束缚,更是将女子绑得牢牢的,最终只能依靠丈夫,如此又怎能有平等与自由的权利呢?

因此,丈夫可把妻子当作商品一样买卖。南朝太学博士徐孝克卖妻养母。明律规定:奸妇一律断罪,从夫嫁卖。还可殴打和杀伤妻子。明律规定:"若丈夫殴骂,妻妾因而自尽身死者勿论。""杀人者偿命"的道理,只有在夫妻的关系中显得那么格格不入。宋律规定:丈夫杀死犯奸妻子,减刑论处。元律规定:丈夫发现妻子犯奸,"杀之无罪"。明律规定与此相似。更有甚者,如果妻子拒绝卖淫与丈夫发生争斗,误伤丈夫,还要判以重罪。《刑案汇览》记载了一个罗小么逼妻卖淫,其妻阿菊拒不允从,而误伤罗小么致死的案例,判案结果是"王氏仍依殴死夫律拟斩立决"。夫与妻的法律地位何等悬殊!

父权家长制。"在家从父"是封建社会里天经地义的事。妇人生以父母为家,嫁以夫为家。妇女一辈子就守家听家长之命而动。父亲对妻妾子女都有支配权,连夫妻财产,也由家长或宗子为其主持。

(三)现代婚姻的开端

在"家国一体"的社会背景下,婚姻担负着"齐家、治国、平天下"的政治功能,实践着"上以事宗庙、下以继后世"的家庭职能。① 婚姻一直被赋予礼制的意义,维系着中国封建社会几千年的封建纲常。一直到20世纪,婚姻才渐渐走向自由平等。这与戊戌维新、新民主主义革命密切相关。

19世纪90年代初,维新人物康有为写《实理公法全书》,认为"男妇之约,不由自主",全凭"父母定之",或者"男为女纲,妇受制于其夫","一夫可娶数妇,一妇不能配数夫",则"与几何公理不合,无益人道"。他在著名的《大同书》中又系统地提出了改革传统婚姻的主张,认为青年男女满二十岁以上,其婚姻便应"皆由本人做主自择,情志相合,乃立合约,名曰交好之约……"

维新志士梁启超和谭嗣同鲜明地提出了"一夫一妻制"的主张,坚决反对男子纳妾,并认为此举"近可宜家,远可善种"(梁启超语)。"夫妇则自君之民,无置妾之例,又皆出于两厢情愿,故伉俪笃重,无妒争之患"(谭嗣同语)。

戊戌维新对婚姻观念的变迁起到了空前的促进作用,其标志就是女学的兴办,《女学报》的出版和女子不缠足运动的兴起。一些著名的维新人物更以自己的言行,推动和引领了20世纪最初的婚姻时尚,那就是自主婚姻,男女平等,一夫一妻。

秋瑾曾形象生动地描述过中国的传统女性:"……足儿缠得小小的,头儿梳得光光的;花儿、朵儿、扎的、镶的,戴着;绸儿、缎儿、滚的、盘的,穿着;粉儿白白的,脂儿红红的,搽抹着。一生只晓得依傍男子,穿的吃的全靠着男子。身儿是柔柔顺顺的媚着,气虐儿是闷闷的受着,泪珠儿是常常的滴着,生活儿是巴巴结结的做着。一世的囚徒,半生的牛马。"但是这种情况在戊戌维新和新民主主义革命的浪潮下逐渐成为历史,中国婚姻制度翻开了新的一页。人们不断在婚姻中追求自由、平等、责任的精神统一,性、爱情、婚姻的三位一体。

---

① 付红梅:《天伦之变:中国婚姻伦理的历史变迁和未来走向》,中国人口出版社,2008年版,第2页。

六、儒道互补与智慧人生

中国人的一生深受儒道佛三家思想的影响而不自觉。有人说，一位目不识丁的农村老太太身上也许就体现了这三家思想的融合：她中年丧夫，抱怨"命不好"（儒）；其子不孝，感慨"造孽"（佛）；家里面还摆放了一只香炉，上书"太上老君在此"（道）。虽为笑谈，但也从某种角度反映了儒道佛思想已成为"集体无意识"，在中国人身上留下了或深或浅的印记。即使贵为一国之君，也主张"以佛修心，以道养生，以儒治世"（宋孝宗赵昚《原道论》）。

在这三家思想中，本土的儒道思想对中国人的影响无疑更为深远和持久。林语堂在《吾国与吾民》一书中提到："道家精神和孔子精神是中国思想的阴阳两极，中国的民族生命所赖以活动"，"孔子之对待人生的眼光是积极的，而道学家的眼光则是消极的，由于这两种根本不同的元素的煅冶，产生一种永生不灭的所谓民族德性"。不管我们是否认同林氏所说，但中国人在儒道两家思想中进退自如，相互调适，以此度过漫漫风雨人生无疑是不争的事实。

李泽厚在《美的历程》一书中专列一节论述"儒道互补"。他认为，表面看来，儒、道是离异而对立的，前者入世，后者出世；前者乐观进取，后者消极退避；但实际上它们刚好相互补充而协调。后世士大夫不仅选择了"兼济天下"与"独善其身"的互补人生路途，而且还常常体现出悲歌慷慨与愤世嫉俗、"身在江湖"与"心存魏阙"集于一身的心理状态。在《华夏美学》一书中，他进一步发展了他关于中国艺术审美精神的"儒道互补"的思想。他认为，从审美意识层面来看，道家提出"人的自然化"的命题，儒家则强调"自然的人化"，两者对立又互为补充。

（一）儒家：加法人生

以孔孟为代表的儒家面临"社稷无常奉，君臣无常位"（《左传·昭公三十二年》）的社会现状，积极入世，主动作为，希望构建一个"天下有道"的理想社会。孔子希望这个社会"礼乐征伐自天子出"（《论语·季氏》），"君君臣臣父父子子"（《论语·颜渊》），"君使臣以礼，臣事君以忠"（《论语·八佾》），"老者安之，朋友信之，少者怀之"（《论语·公冶长》）。孟子也希望这个社会"乡田同井，出入相友，守望相助，疾病相扶持"（《孟子·滕文公上》）。为了实现这一目标，他们"知其不可而为之"（《论语·宪问》），即使身处逆境,也要不断投身现实以执仁行义。"士不可以不弘毅,任重而道远"(《论语·泰伯》)是他们最鲜明的行动宣言。

儒家把改变社会的希望寄托在君王身上,如果理想不能实现,只有退而求其次,选择"道不行,乘桴浮于海"(《论语·公冶长》)的人生道路。但这是无可奈何之举,大多数情况下,儒家依然希望能够修身齐家治国平天下,依然重视个人品行的砥砺,"岁寒,然后知松柏之后凋也""富贵不能淫,贫贱不能移,威武不能屈""吾善养我浩然之气"等说的就是这个道理。

从积极意义上来看,儒家敢于正视人生的艰难和不易,积极探索,敢于作为,希望不断建功立业,是一种奋发有为、积极进取的"加法人生"。它会激励和鼓舞人胸怀壮志,"风雨如晦,鸡鸣不已",弘道致远。如果社会是昌明盛世,个人的努力和社会的需求是一致的,这样的人生理想也有可能会实现。但是,"人生不如意事常八九",因为各方面的因素影响,不是每一种理想都会实现,特别是在动荡不安的时代,要想不同流合污,只有洁身自好,安贫乐道,退回到自己的精神天地中自得其乐。

从消极意义上来看,人性在不断进取和升华的过程中也会出现异化和扭曲。如"恭敬"是一种美德,但"足恭"(过分的恭敬)则是一种谄媚行为:"巧言令色足恭,左丘明耻之,丘亦耻之。"(《论语·公冶长》)如何把握这一边界和尺度,孔子希望用"好学"来避免"足恭"。同样,"仁""知(智)""信""直""勇""刚"也都是好的品质,但不"好学"就会失之于"愚""荡""贼""绞""乱""狂"。"好仁不好学,其蔽也愚;好知不好学,其蔽也荡;好信不好学,其蔽也贼;好直不好学,其蔽也绞;好勇不好学,其蔽也乱;好刚不好学,其蔽也狂。"(《论语·阳货》)"好学",学到什么程度,孔子没有说,我们只能凭一己之经验去摸索。

世道已多艰,人生实不易,以孔孟为代表的儒家在粗粝的现实人生面前有时也会显得束手无策,他们也会无法理直气壮地回答子路们的"君子亦有穷乎"的愠怒之言。因此,这时需要一种思想予以弥补和纠偏,以便复归人性的淳朴和善良。

(二)道家:减法人生

以老庄为代表的道家认为,社会之所以会出现争斗和巧诈,是因为社会文化的发展,因而主张"绝圣弃智"。之所以有这样的思想,与道家认知社会的视角有关。面对当下的不如意,道家喜欢回到过去,并且通过构想一个美好的过往来抵抗现实社会的黑暗。他们认为人的自然本性是淳朴善良的,社会的原始状态是安宁和谐的。只有回归本然,人性才能纯和,社会才能太平。道家崇尚真实、自然而然、永恒、生生不息的"大道",所谓"人法地,地法天,天法道,道法自然"更是道家思想的集中体现。

老子说:"失道而后德,失德而后仁,失仁而后义,失义而后礼。夫礼者,忠信之薄,而乱之首。"(《老子·三十八章》)儒家推崇的"礼"在道家眼里竟然是祸乱之首。他还说:"大道废,有仁义。智慧出,有大伪。六亲不和,有孝慈。国家昏乱,有忠臣。"(《老子·十八章》)越是"有为",离"大道"越远,故而选择"无为"。

庄子说:"知其不可奈何而安之若命。"(《人间世》)既然拿这个没有办法,那就把它当成命中注定,安然接受吧。"今子有大树,患其无用,何不树之无何有之乡,广莫之野"(《逍遥游》),就像一棵大树,既然担心它没有用,不如将它种在什么都不生长的地方。

以老庄为代表的道家由对儒家政治的彻底否定,转向寻求"天地有大美而不言"的"大美"山水;由否定世俗社会转而寻求精神的无限自由,达到一种"无何有之乡"的逍遥境界。只有这样,他们才能从充满矛盾的现实中返身退出,体认和把握自然之道的境界。在自然山水之中安顿自我、放逐自我。所以很多仕途偃蹇、命运多舛的知识分子都不约而同地接受了道家的这种玄思情趣,把政治生活的挫折转化为心理上对自然境界的向往,从而有效地化解了那种置身于现实冲突的紧张心理,从追求优游自适的精神自由中寻找到了一片心境安宁的天空。

如何保持人性的本然淳朴和社会的宁静平和,克服人性的异化和社会的黑暗,道家认为"返璞归真"是解决之道。具体而言,就是希望人和社会分别回归到"婴儿"和"小国寡民"状态。但问题随之而来,"回归"不等于"倒退",若为了"回归"而牺牲发展进步,这样的"回归"如无源之水、无本之木,难以实现也不切实际。对这个问题,鲁迅看得很清楚:"老子书五千语,要在不撄人心;以不撄人心故,则必先自致槁木之心,立无为之治;以无为之为化社会,而世即于太平。"(《摩罗诗力说》)鲁迅认为中国的问题就出在老子式的"不撄"上面。"不撄"就是无为,就是不介入,不接触,不参与,不进取,不敢面对黑暗,不敢面对强权。"不撄"思想导致"槁木之心",只能使人变得如同石头一样冷漠,没有同情,没有泪水,没有抗争,对现实世界中的种种是非和矛盾都漠然处之、无动于衷。"不撄"哲学影响下产生了"不争之民",因此,我们应正视道家思想存在的一些不足,寻求更好的解决之道。

(三)儒道互补:智慧人生

儒家推崇学而不厌,诲人不倦,为弘扬仁义孝悌,为修己以安百姓而奋斗不息,虽历尽波折而不改初衷,其思想熏陶出一批仁人志士;道家主张超越世俗,大智若愚,大象无形,大音希声,微妙玄通,其思想培养出一批隐逸之士。如何取二者之长,补二者之不足?儒道互补成为一种可能,也成为一种必要。朱熹的一首《鹧鸪天》词给儒道互补做了生动注解:

> 脱却儒冠著羽衣,青山绿水浩然归。看成鼎内真龙虎,管甚人间闲是非!
> 生羽翼,上烟霏,回头只见冢累累。未寻跨凤吹箫侣,且伴孤云独鹤飞。

"学成文武艺,货与帝王家"是历代知识分子的梦想,他们怀揣理想和信念奔走仕途,希望能够经世济民、治国安邦。但现实总是难遂人愿,很多知识分子青灯黄卷,终其一生也壮志难酬。这时他们只能选择回归自然、徜徉山水,在广阔的自然山水中寻求精神上的无限自由。自然山水就像一个"巢",可以躲避政治的险恶、人心的叵测和人世的艰难,也可以成为批判权贵、傲视王侯的尖锐武器。"采菊东篱下,悠然见南山""人生在世不称意,明朝散发弄扁舟""小舟从此逝,江海寄余生"……陶渊明如此,李白也如此,苏轼更是如此。

儒道互补不仅成为知识分子安身立命的生活方式,而且构建了他们"外儒内道"的人格形态,进而投射到文学艺术等领域。林语堂在他的名作《中国人》一书中对此有精到的剖析:

> 所有的中国人在成功时都是儒家,失败时则是道家。我们中的儒家建设、奋斗,道家旁观、微笑。一个中国人在位时说道论德,闲居时赋诗作词,并往往是颇为代表道家思想的诗词。

原因何在?林语堂分析道:

> 是因为道家思想像吗啡一样能神奇地使人失去知觉,于是便有神奇的镇定作用。它减轻了中国人的头痛病与心脏病。道家的浪漫主义,它的诗歌,它对自然的崇拜,在世事离乱时能为中国人分忧解愁,正如儒家的学说在和平统一时做出的贡献一样。这样,当肉体在经受磨难时,道家学说给中国人的心灵以一条安全的退路、一种宽慰。仅仅道家的诗歌就可使儒家严格的生活模式变得可以忍受,它的浪漫主

义使得中国文学不至于变成只是为帝王歌功颂德，或一般道德说教那样的陈词滥调。所有好的中国文学，所有有价值的可读性强、能使人心灵欣慰的中国文学，基本上都充满了道家精神。道教与孔教是使中国人能够生存下去的负正两极，或曰阴阳两极。

中国人在本性上是道家，文化上是儒家，然而其道家思想却更甚于儒家思想。

在中国历史上，这种外儒内道的人格形态构成了士阶层普遍的精神结构。"得志于时而谋天下，则好孔孟；失志于时而谋其身，则好老庄。"（王夫之《庄子通》）得志则坚守孔孟思想，遵君臣大礼，讲孝悌尊卑，心忧天下；失志则信奉老庄学说，卧孤松奇石，伴清风明月，心系山林。

外儒内道也是一种理想的人生态度。这种人生态度在当下仍有很强的指导意义。今天提倡这一点，有利于引导人们走出一窝蜂地选择某个行业或职业的怪圈，从而在更广阔的天地发挥自己的聪明才智。坚持外儒内道、儒道互补的人生态度，入世而不庸俗，出世而不离群索居，无论是对个体还是对整个社会，都有极大的益处。漫漫人生路，既要有"虽千万人吾往矣"的壮志豪情去面对困难挫折，也应有"青山绿水浩然归"的闲情逸致去欣赏月白风清。

后　　记

　　黄山学院为大力弘扬中华优秀传统文化,加大民族文化传统、国学素养培育的力度,增强大学人文教育的针对性和教育效果,特组织一批专家编写了这部《国学与人生》教材。具体分工如下:

　　"家国情怀 第一",张振国编撰。"肝胆人生 第二",朱宏胜编撰。"生命关爱 第三",陈玲编撰。"爱情婚姻 第四",王相飞编撰。"山水田园 第五",乔根编撰。"艺术修养 第六",洪永稳编撰。"伦理道德 第七",潘定武编撰。"哲学思想 第八",由多人共撰,其中陈玲编撰《〈老子〉选读》《〈童心说〉选读》,潘定武编撰《戴震论理欲》,洪永稳编撰《〈周易略例〉选读》,朱宏胜编撰《〈易经·系辞〉选读》《〈孟子〉选读》《〈六祖坛经〉选读》《〈中庸〉"尊德性而道问学"章疏解》《王阳明语录》,张孝进编撰《礼记·大同》。

　　附录部分由多人共撰,其中朱宏胜撰写《厚德载物、兼容并包的国学》,陈玲撰写《诗骚传统与中国文学》,洪永稳撰写《中国艺术类型及其发展规律》,潘定武撰写《中国古代科技文化》,王相飞撰写《中国的婚姻制度及其发展》,乔根撰写《儒道互补与智慧人生》。